新世纪高职高专实用规划教材　机电系列

单片机原理与应用技术

姚国林　主　编

苏　闯　张同光　副主编

卢宇清　主　审

清华大学出版社

北　京

内容简介

本书以国内广泛使用的MCS-51系列单片机中的8051为对象，介绍了它的基本结构、工作原理、指令系统和基本的程序设计方法，以及MCS-51内部的主要资源，包括定时/计数器、中断系统、内部接口、串行通信接口的使用方法，重点介绍了MCS-51单片机的常用接口及控制技术和单片机应用系统开发及应用技术。针对单片机原理及应用，本着理论必须够用的原则，突出实用性、操作性，在编排上由浅入深，循序渐进，精选内容，突出重点，适当增加一些当今流行的新器件和新技术；对于接口技术和应用系统提供了详细的原理说明、电路图、完整的程序代码及程序流程图。

本书可作为高职高专院校自动化、电子信息、机电、电力和计算机等专业的教材，也可以作为工程技术人员的参考书。

图书在版编目(CIP)数据

单片机原理与应用技术/姚国林主编；苏闯，张同光副主编；卢宇清主审. —北京：清华大学出版社，2009.7
(新世纪高职高专实用规划教材　机电系列)
ISBN 978-7-302-20351-3

Ⅰ. 单…　Ⅱ. ①姚…　②苏…　③张…　④卢…　Ⅲ. 单片微型计算机—高等学校：技术学校—教材
Ⅳ. TP368.1

中国版本图书馆CIP数据核字(2009)第095546号

责任编辑：石　伟　宋延清
封面设计：山鹰工作室
版式设计：杨玉兰
责任印制：何　芊
出版发行：清华大学出版社　　**地　址**：北京清华大学学研大厦A座
http://www.tup.com.cn　　**邮　编**：100084
社　总　机：010-62770175　　**邮　购**：010-62786544
投稿与读者服务：010-62776969，c-service@tup.tsinghua.edu.cn
质　量　反　馈：010-62772015，zhiliang@tup.tsinghua.edu.cn
印　装　者：三河市春园印刷有限公司
经　销：全国新华书店
开　本：185×260　**印　张**：16.5　**字　数**：392千字
版　次：2009年7月第1版　**印　次**：2009年7月第1次印刷
印　数：1～4000
定　价：26.00元

本书如存在文字不清、漏印、缺页、倒页、脱页等印装质量问题，请与清华大学出版社出版部联系调换。联系电话：(010)62770177转3103　　产品编号：031887-01

前　言

单片机作为嵌入式微控制器在工业测控系统、智能仪器和家用电器中得到了广泛的应用。虽然单片机的种类很多，但 MCS-51 系列单片机仍然是单片机中的主流机型。

本书以 MCS-51 系列单片机为主介绍单片机的原理与应用，内容系统、全面，论述深入浅出、循序渐进，注重接口技术和应用。

本书由从事教学工作的一线教师编写，在编写过程中，融入了编者多年教学、科研的经验与应用实例。从应用的角度出发，对单片机的硬件结构、工作原理、指令系统进行了简明扼要的介绍；对程序设计方法、接口电路设计、应用系统等进行了详细的介绍。并提供了详细的原理、电路图、完整的程序代码及程序流程图。

本书以单片机应用能力培养为主线，从应用的角度出发，按照“知识为技能服务，技能为综合能力和素质服务”的思想精心组织内容。在教学中，采用“学、练、用”相结合的构架，使学生能够循序渐进地学习和使用单片机，实现学习基础知识与开展课题训练的巧妙融合——在学中做，在做中学，为综合应用打基础；在必要的学习和训练环节结束后，综合运用所学知识完成工程性实习项目的设计和调试。

本书在编写过程中，承蒙青岛伟立精工塑胶有限公司副总经理王明伟、经理田野给予帮助和指导，在此特别致谢。

本书共分 9 章，主要内容包括绪论、单片机系统开发、MCS-51 单片机的体系结构、MCS-51 指令系统、汇编程序设计、MCS-51 中断系统及定时/计数器、MCS-51 单片机的串口通信、单片机接口及控制技术、MCS-51 单片机应用系统的设计。

本书由河南农业职业学院的姚国林老师任主编，由河南农业职业学院的苏闯老师和新乡学院的张同光老师任副主编，河南农业职业学院的张剑锋、陈慕君、王海娜、郑传琴、史兴燕以及南阳幼儿师范学校的刘海申老师也参加了编写。

具体编写分工为：郑传琴编写第 1 章、附录 1 及附录 2，张剑锋编写第 2 章，张同光编写第 3 章，陈慕君编写第 4 章，王海娜编写第 5 章，刘海申编写第 6 章，苏闯编写第 7 章，姚国林编写第 8 章，史兴燕编写第 9 章，最后由姚国林统稿。

本书由河南农业职业学院卢宇清副教授主审，在审稿过程中提出了许多建设性的建议和意见。在编写过程中得到了许多专家和同行的大力支持和热情帮助，同时，我们也参考了有关教材、论文和著作，在此一并表示衷心的感谢。

鉴于一线教师教科研工作繁重，加之新的单片机芯片不断涌现，其应用技术也在不断发展，书中难免会有错误或不妥之处，恳请广大同行及读者不吝指正。

编　者

目　录

第 1 章　绪　论

冯·诺依曼提出了“程序存储”和“二进制运算”的思想，并构建了计算机的经典结构。以此为基础，随着社会的发展，为了满足工业控制的需要，产生了单片机。单片机是一片集成芯片，它具有极适合于在智能仪表和工业控制的前端装置中使用的特点。在当前，80C51 系列单片机应用广泛、生产量大，在单片机领域里具有重要的影响。本章主要介绍有关 80C51 系列单片机学习的基础知识，以及单片机的发展、特点、应用领域及产品近况，和单片机应用系统的开发过程。

1.1　数制与编码的简单回顾

1.1.1　计算机中的数制及相互转换

1. 进位计数制

按进位原则进行计数的方法，称为进位计数制。在我们的日常生活中经常用到的是十进位计数制，简称十进制。十进制数的主要特点如下。

有 10 个不同的数字符号：0、1、2、…、9。

低位向高位进位的规律是“逢十进一”。因此，即使同一个数字符号，若在不同的数位，它所代表的数值也是不同的。如 555.5 中 4 个 5 分别代表 500、50、5 和 0.5，这个数可以写成 $555.5=5\times10^2+5\times10^1+5\times10^0+5\times10^{-1}$，式中的 10 称为十进制的基数，$10^2$、$10^1$、$10^0$、$10^{-1}$ 称为各数位的权。

任意一个十进制数 N 都可以表示成按权展开的多项式：

$$N = d_{n-1}\times10^{n-1} + d_{n-2}\times10^{n-2} + \dots + d_i\times10^i + \dots + d_0\times10^0 + d_{-1}\times10^{-1} + \dots + d_{-m}\times10^{-m}$$

式中，d_i 是 0~9(共 10 个数字)中的任意一个，i 是数位的序数，m 是小数点右边的位数，n 是小数点左边的位数，10 是基数。

如 543.21 可表示为 $543.21=5\times10^2+4\times10^1+3\times10^0+2\times10^{-1}+1\times10^{-2}$。

一般而言，对于用 R 进制表示的数 N，可以按权展开为：

$$N = a_{n-1}\times R^{n-1} + a_{n-2}\times R^{n-2} + \dots + a_i\times R^i + \dots + a_0\times R^0 + a_{-1}\times R^{-1} + \dots + a_{-m}\times R^{-m}$$

式中，a_i 是数字 0、1、…、(R−1)中的任一个，i 是数位的序数，m 是小数点右边的位数，n 是小数点左边的位数，R 是基数。在 R 进制中，每个数字所表示的值是该数字与它相应的权 R^i 的乘积，计数原则是“逢 R 进一”。

(1)　二进制数

当 R=2 时，称为二进位计数制，简称二进制。在二进制数中，只有两个不同数码：0 和 1，进位规律为“逢二进一”。任何一个数 N，用二进制可以表示为：

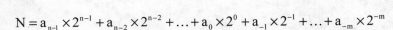

$N = a_{n-1} \times 2^{n-1} + a_{n-2} \times 2^{n-2} + \ldots + a_0 \times 2^0 + a_{-1} \times 2^{-1} + \ldots + a_{-m} \times 2^{-m}$

【例 1.1】 二进制数 1011.01 可表示为：

$(1011.01)_2 = 1\times2^3+0\times2^2+1\times2^1+1\times2^0+0\times2^{-1}+1\times2^{-2}$

(2) 八进制数

当 R=8 时，称为八进制。在八进制数中，有 0、1、2、…、7，共 8 个不同的数码，采用“逢八进一”的原则进行计数。

【例 1.2】 八进制数 503 可表示为：

$(503)_8 = 5\times8^2+0\times8^1+3\times8^0$

(3) 十六进制

当 R=16 时，称为十六进制。在十六进制数中，有 0、1、2、…、9、A、B、C、D、E、F，共 16 个不同的数码，进位方法是“逢十六进一”。

【例 1.3】 $(3A8.0D)_{16}$ 可表示为：

$(3A8.0D)_{16} = 3\times16^2+10\times16^1+8\times16^0+0\times16^{-1}+13\times16^{-2}$

表 1-1 列出了几种常见进制的对应关系。

表 1-1 几种常见进位制的对应关系

十进制	二进制	八进制	十六进制	十进制	二进制	八进制	十六进制
0	0	0	0	9	1001	11	9
1	1	1	1	10	1010	12	A
2	10	2	2	11	1011	13	B
3	11	3	3	12	1100	14	C
4	100	4	4	13	1101	15	D
5	101	5	5	14	1110	16	E
6	110	6	6	15	1111	17	F
7	111	7	7	16	10000	20	10
8	1000	10	8				

一般在书写时，二进制数的后面加字母“B”，八进制数的后面加字母“Q”，十进制数的后面加字母“D”或什么也不加，十六进制数的后面加字母“H”。

2. 不同进制间的相互转换

(1) 二、八、十六进制转换成十进制

【例 1.4】 将$(10.101)_2$、$(46.12)_8$、$(2D.A4)_{16}$转换为十进制数。

$(10.101)_2 = 1\times2^1+0\times2^0+1\times2^{-1}+0\times2^{-2}+1\times2^{-3} = 2.625$

$(46.12)_8 = 4\times8^1+6\times8^0+1\times8^{-1}+2\times8^{-2} = 38.15625$

$(2D.A4)_{16} = 2\times16^1+13\times16^0+10\times16^{-1}+4\times16^{-2} = 45.64062$

(2) 十进制数转换成二、八、十六进制数

任意十进制数 N 转换成 R 进制数时，需将整数部分和小数部分分开，采用不同方法分别进行转换，然后用小数点将这两部分连接起来。

① 整数部分：除基取余倒序法。

分别用基数 R(R=2、8 或 16)不断地去除 N 的整数，直到商为零为止，每次所得的余

数依次排列，即为相应进制的数码。最初得到的为最低位有效数字，最后得到的为最高位有效数字。

【例 1.5】 将$(168)_{10}$分别转换成二、八、十六进制数。

	商		余数
168÷2=	84	…	0
84÷2=	42	…	0
42÷2=	21	…	0
21÷2=	10	…	1
10÷2=	5	…	0
5÷2=	2	…	1
2÷2=	1	…	0
1÷2=	0	…	1

所以$(168)_{10}=(10101000)_2$

	商		余数
168÷8=	21	…	0
21÷8=	2	…	5
2÷8=	0	…	2

所以$(168)_{10}=(250)_8$

	商		余数
168÷16=	10	…	8
10÷16=	0	…	A

所以$(168)_{10}=(A8)_{16}$

② 小数部分：乘基取整法。

分别用基数 R(R=2、8 或 16)不断地去乘 N 的小数，直到积的小数部分为零(或直到所要求的位数)为止，每次乘得的整数依次排列，即为相应进制的数码。最初得到的为最高位有效数字，最后得到的为最低位有效数字。

【例 1.6】 将$(0.645)_{10}$分别转换成二、八、十六进制数。

整数	0.645	整数	0.645	整数	0.645
	× 2		× 8		×16
1 …	1.290	5 …	5.160	A …	10.320
	0.29		0.16		0.32
	× 2		× 8		×16
0 …	0.58	1 …	1.28	5 …	5.12
	0.58		0.28		0.12
	× 2		× 8		×16
1 …	1.16	2 …	2.24	1 …	1.92
	0.16		0.24		0.92
	× 2		× 8		×16
0 …	0.32	1 …	1.92	E …	14.72
	0.32		0.92		0.72
	× 2		× 8		×16
0 …	0.64	7 …	7.36	B …	11.52

所以$(0.645)_{10}=(0.10100)_2=(0.51217)_8=(0.A51EB)_{16}$

【例 1.7】 将$(168.645)_{10}$分别转换成二、八、十六进制数。

根据例 1.5 和例 1.6 可得：

$(168.645)_{10}=(10101000.10100)_2=(250.51217)_8=(A8.A51EB)_{16}$

(3) 二进制与八进制、十六进制之间的相互转换

由于 $2^3=8$(或 $2^4=16$)，故可采用“合三为一”(或合四为一)的原则，即从小数点开始，

分别向左、右两边各以 3(4)位为一组进行二进制与八进制(十六进制)之间的换算：若不足3(4)位的以 0 补足，便可将二进制数转换为八(十六)进制数。反之，采用"一分为三"("一分为四")的原则，每位八(十六)进制数码用三(四)位二进制数表示，就可将八(十六)进制数转换为二进制数。

【例 1.8】 将$(101011.01101)_2$转换为八进制数。

101　011　.　011　010

↓　↓　↓　↓　↓

5　3　.　3　2

所以$(101011.01101)_2=(53.32)_8$

【例 1.9】 将$(123.45)_8$转换成二进制数。

1　2　3　.　4　5

↓　↓　↓　↓　↓　↓

001　010　011　.　100　101

所以$(123.45)_8=(1010011.100101)_2$

【例 1.10】 将$(110101.011)_2$转换为十六进制数。

0011　0101　.　0110

↓　↓　↓　↓

3　5　.　6

所以$(110101.011)_2=(35.6)_{16}$

【例 1.11】 将$(4A5B.6C)_{16}$转换为二进制数。

4　A　5　B　.　6　C

↓　↓　↓　↓　↓　↓　↓

0100　1010　0101　1011　.　0110　1100

所以$(4A5B.6C)_{16}=(100101001011011.011011)_2$

1.1.2　二进制数的运算

1. 二进制数的算术运算

二进制数只有 0 和 1 两个数字，其算术运算较为简单，加、减法遵循"逢二进一"、"借一当二"的原则。

(1)　加法运算

规则：0+0=0；0+1=1；1+0=1；1+1=10(有进位)。

【例 1.12】 求 1001B+1011B。

被加数	1001
加数	+1011
进位	10010
和	10100

所以 1001B+1011B=10100B

(2)　减法运算

规则：0-0=0；1-1=0；1-0=1；0-1=1(有借位)。

【例 1.13】求 1100B-111B。

```
被减数   1100
  减数   -111
  借位   0110
    差   0101
```

所以 1100B-111B=101B

(3)　乘法运算

规则：0×0=0；0×1=1×0=0；1×1=1。

【例 1.14】求 1011B×1101B。

```
被乘数      1011
  乘数     ×1101
          1011
         0000
        1011
      +1011
  积 10001111
```

所以 1011B×1101B=10001111B

(4)　除法运算

规则：0/1=0；1/1=1。

【例 1.15】求 10100101B/1111B。

```
        1011
    ─────────
   ) 10100101
     1111
     1011
     0000
     10110
      1111
      1111
      1111
         0
```

所以 10100101B/1111B=1011B

2. 二进制数的逻辑运算

(1)　“与”运算

“与”运算是实现“必须都有，否则就没有”这种逻辑关系的一种运算，其运算符为“·”，其运算规则为：0·0=0；0·1=1·0=0；1·1=1。

【**例 1.16**】若 X=1011B，Y=1001B，求 X·Y。

```
   1011
 · 1001
 ------
   1001
```

所以 X·Y=1001B

(2) “或”运算

“或”运算是实现“只要其中之一有，就有”这种逻辑关系的一种运算，其运算符为“+”，“或”运算规则为：0+0=0；0+1=1+0=1；1+1=1。

【**例 1.17**】若 X=10101B，Y=01101B，求 X+Y。

```
  10101
+ 01101
-------
  11101
```

所以 X+Y=11101B

(3) “非”运算

“非”运算是实现“求反”这种逻辑的一种运算，如变量 A 的“非”运算记作 $\overline{A}$，其运算规则为 $\overline{1}=0$；$\overline{0}=1$。

【**例 1.18**】若 A=10101B，求 $\overline{A}$。

$\overline{A}=\overline{10101}=01010B$

(4) “异或”运算

“异或”运算是实现“必须不同，否则就没有”这种逻辑的一种运算，运算符为“⊕”，其运算规则为 0⊕0=0；0⊕1=1；1⊕0=1；1⊕1=0。

【**例 1.19**】若 X=1010B，Y=0110B，求 X⊕Y。

```
  1011
 ⊕0110
 -----
  1100
```

即 X⊕Y=1100B

1.1.3 带符号数的表示

1. 机器数及其真值

数在计算机内的表示形式称为机器数。而这个数本身称为该机器数的真值。例如：

正数+100 0101B(+45H)可以表示成 0100 0101B；机器数 45H。

负数−101 0101B(−55H)可以表示成 1101 0101B；机器数 D5H。

“45H”和“D5H”为两个机器数，它们的真值分别为“+45H”和“−55H”。

2. 原码和反码

(1) 原码

带符号二进制数(字节、字或双字)，直接用最高位表示数的符号，数值用其绝对值表

示的形式称为该数的原码。

(2) 反码

正数的反码与其原码相同；负数的反码符号位为1，数值位为其原码数值位逐位取反。

二进制数采用原码和反码表示时，符号位不能同数值一道参加运算。

3. 补码

在计算机中，带符号数的运算均采用补码。正数的补码与其原码相同；负数的补码为其反码末位加1。例如：

正数+100 0101B，反码为0100 0101B，补码为0100 0101B，(45H)。

负数−101 0101B，反码为1010 1010B，补码为1010 1011B，(ABH)。

已知一个负数的补码，求其真值的方法是：对该补码求补(符号位不变，数值位取反加1)即得到该负数的原码(符号位+数值位)，依该原码可知其真值。例如有一数：

补码为1010 1011B

求补得1101 0101B

真值为−55H

补码的优点是可以将减法运算转换为加法运算，同时数值连同符号位可以一起参加运算。这非常有利于计算机的实现。例如：

45H−55H= −10H，用补码运算时表示为：

[45H]补+[−55H]补= [−10H]补

```
        [45H]补：0100 0101
    + [−55H]补：1010 1011
    ─────────────────────
          结果：1111 0000
```

结果1111 0000B为补码，求补得到原码为1001 0000B，真值为−001 0000B(即−10H)。

可见，采用反码时，“0”有两种表示方式，即有“+0”和“−0”之分，单字节表示范围是+127~ −127；而采用补码时，“0”只有一种表示方式，单字节表示的范围是+127 ~ −128。表1-2列出了几个典型的带符号数据的原码、反码和补码。

表1-2 几个典型的带符号数据的8位编码表

真 值	原 码	反 码	补 码
+127	0111 1111B	0111 1111B	0111 1111B (7FH)
+1	0000 0001B	0000 0001B	0000 0001B (01H)
+0	0000 0000B	0000 0000B	0000 0000B (00H)
−0	1000 0000B	1111 1111B	0000 0000B (00H)
−1	1000 0001B	1111 1110B	1111 1111B (FFH)
−127	1111 1111B	1111 0000B	1000 0001B (81H)
−128	...	...	1000 0000B (80H)

1.1.4　带符号数运算时的溢出问题

两个带符号数进行加减运算时，若运算结果超出了机器所允许表示的范围，得出错误的结果，这种情况称为溢出。如 8 位字长的计算机所能表示的有符号数的范围为-128~+127，若运算结果超出此范围，就会发生溢出。

判断的方法：对加(减)运算，判断最高位与次高位的进(借)位情况是否相同，若相同，则无溢出；若不同，则有溢出。

【**例 1.20**】判断下列运算的溢出情况。

(1)　(+93)+(+54)

0101	1101B	[+93]补
+ 0011	0110B	[+54]补
1001	0011B	[-109]补

由上式可以看出次高位有进位，最高位无进位，所以，有溢出发生，结果出错。

(2)　(-63)+(+70)

1100	0001B	[-63]补
+ 0100	0110B	[+70]补
[1]0000	0110B	[+7]补

由上式可以看出次高位有进位，最高位有进位，所以，无溢出发生，结果正确。

1.1.5　定点数和浮点数

1. 定点法

定点法就是规定一个固定的小数点位置，一般来说，小数点规定在哪个位置上并没有限制，但为了方便，通常把数化为纯小数或纯整数，那么定点数就有下面两种表示方法。

符号位	. 数值位

或

符号位	数值位 .

2. 浮点法

浮点法就是数据中的小数点位置不是固定不变的，而是可浮动的。因此，可将任意一个二进制数 N 表示成：

$N = \pm M \cdot 2^{\pm E}$

其中，M 为尾数，为纯二进制小数，E 称为阶码。可见，一个浮点数有阶码和尾数两部分，且都带有表示正负的阶码符与数符，其格式为：

阶符	阶码 E	数符	尾数 M

设阶码 E 的位数为 m 位，尾数 M 的位数为 n 位，则浮点数 N 的取值范围为：

$2^{-n}2^{-2m+1} \leqslant |N| \leqslant (1-2^{-n})2^{2m-1}$

为了提高精度，发挥尾数有效位的最大作用，还规定尾数数字部分原码的最高位为1，叫做规格化表示法。

如0.000101表示为2^{-3}×0.101。

1.1.6 BCD码和ASCII码

1. 字符的二进制编码——ASCII码

字符的编码经常采用美国标准信息交换码(American Standard Code for Information Interchange，ASCII)。

一个字节的8位二进制码可以表示256个字符。当最高位为“0”时，所表示的字符为标准ASCII码，共128个，用于表示数字、英文大写字母、英文小写字母、标点符号及控制字符等，如本书附录2的ASCII表所示。

ASCII码常用于计算机与外围设备的数据传输。如通过键盘的字符输入，通过打印机或显示器的字符输出等，常用字符的ASCII码如表1-3所示。

表1-3 常用字符的ASCII码

字 符	ASCII码	字 符	ASCII码	字 符	ASCII码	字 符	ASCII码
0	30H	A	41H	a	61H	SP(空格)	20H
1	31H	B	42H	b	62H	CR(回车)	0DH
2	32H	C	43H	c	63H	LF(换行)	0AH
⋮	⋮	⋮	⋮	⋮	⋮	BEL(响铃)	07H
9	39H	Z	5AH	z	7AH	BS(退格)	08H

通常，7位ASCII码在最高位添加一个“0”组成8位代码，因此，字符在计算机内部存储正好占用一个字节。在存储和传送时，最高位常用作奇偶校验位，用于检查代码传送过程是否出现差错。偶校验时，每个二进制编码中应有偶数个“1”，奇校验时，每个二进制编码中应有奇数个“1”。例如，字母“F”的ASCII码为1000110，因有3个“1”，若采用偶校验传送该字符，则奇偶校验位应为“1”，传送的代码为11000110；若采用奇校验传送该字符，则奇偶校验位应为“0”，传送的代码为01000110。

应当注意，字符的ASCII码与其数值是不同的概念。例如，字符“9”的ASCII码是00111001B(即39H)，而其数值是00001001B(即09H)。

在ASCII码字符表中，还有许多不可打印的字符，如CR(回车)、LF(换行)及SP(空格)等，这些字符称为控制字符。控制字符在不同的输出设备上可能会执行不同的操作(因为没有非常规范的标准)。

2. 二进制编码的十进制数8421 BCD码

十进制数是人们在生活中最习惯的数制，人们通过键盘向计算机输入数据时，常用十进制输入。显示器显示数据时，也多采用十进制形式。

由于十进制数有十个不同的数码，因此需要 4 位二进制数来表示。而 4 位二进制数码有 16 种不同的组合，所以表示 0~9 这十个数有多种方案。所以，BCD 码也有多种方案。最常用的编码是 8421 BCD 码，它是一种恒权码，8(2^3)、4(2^2)、2(2^1)、1(2^0)分别是 4 位二进制数的权值。用二进制码表示十进制数的代码称为 8421 BCD 码。十进制数 0~9 所对应的 8421 BCD 码如表 1-4 所示。

表 1-4　0~9 所对应的 8421 BCD 码表

十进制数	BCD 码	十进制数	BCD 码
0	0000B	5	0101B
1	0001B	6	0110B
2	0010B	7	0111B
3	0011B	8	1000B
4	0100B	9	1001B

用 1 个字节表示 2 位十进制数的代码，称为压缩的 BCD 码。相对于压缩的 BCD 码，用 8 位二进制码表示的 1 位十进制数的编码称为非压缩的 BCD 码。这时高 4 位无意义，低 4 位是 BCD 码。采用压缩的 BCD 码比采用非压缩的 BCD 码节省存储空间。当 4 位二进制码在 1010B~1111B 范围时，不属于 8421 BCD 码的合法范围，称为非法码。两个 BCD 码的运算可能出现非法码，这时要对所得结果进行调整。

1.2　单片机概述

1.2.1　电子计算机的问世及其经典结构

1946 年 2 月 15 日，第一台电子数字计算机 ENIAC 问世，这标志着计算机时代的到来。ENIAC 是电子管计算机，时钟频率仅有 100kHz，但能在 1 秒钟的时间内完成 5000 次加法运算。与现代的计算机相比，有许多不足，但它的问世开创了计算机科学技术的新纪元，对人类的生产和生活方式产生了巨大的影响。

匈牙利籍数学家冯·诺依曼在方案的设计上做出了重要的贡献。1946 年 6 月，他又提出了“程序存储”和“二进制运算”的思想，进一步构建了计算机由运算器、控制器、存储器、输入设备和输出设备组成这一计算机的经典结构，如图 1-1 所示。

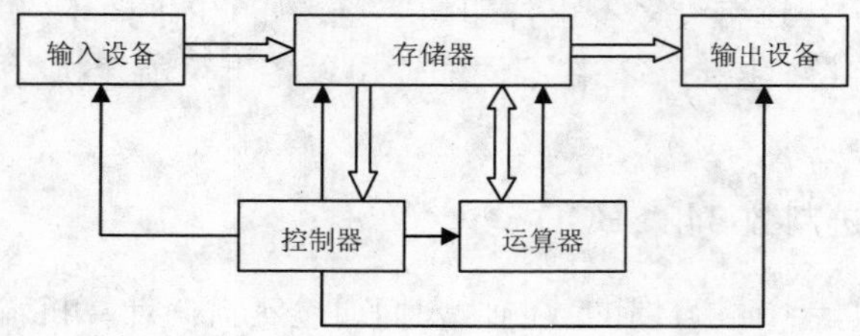

图 1-1　电子计算机的经典结构

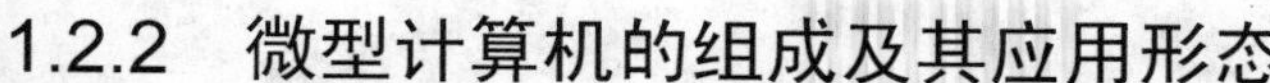

1.2.2 微型计算机的组成及其应用形态

1. 微型计算机的组成

1971 年 1 月，Intel 公司的特德·霍夫在与日本商业通讯公司合作研制台式计算器时，将原始方案的十几个芯片压缩成三个集成电路芯片。其中的两个芯片分别用于存储程序和数据，另一芯片集成了运算器和控制器及一些寄存器，称为微处理器(即 Intel 4004)。微处理器、存储器加上 I/O 接口电路组成微型计算机。各部分通过地址总线(AB)、数据总线(DB)和控制总线(CB)相连，如图 1-2 所示。

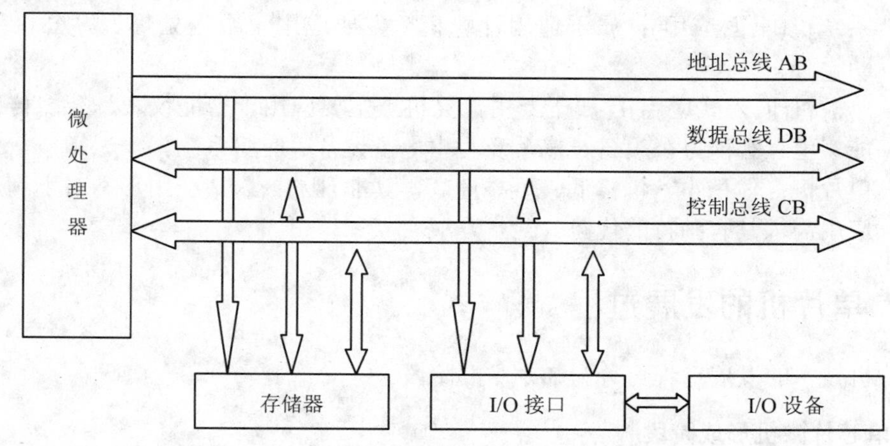

图 1-2 微型计算机的组成

2. 微型计算机的应用形态

从应用形态上，微机可以分成 3 种。

(1) 多板机(系统机)

将 CPU、存储器、I/O 接口电路和总线接口等组装在一块主机板(即微机主板)上。各种适配板卡插在主机板的扩展槽上并与电源、软/硬盘驱动器及光驱等装在同一机箱内，再配上系统软件，就构成了一台完整的微型计算机系统(简称系统机)。个人 PC 机也属于多板机。

(2) 单板机

将 CPU 芯片、存储器芯片、I/O 接口芯片和简单的 I/O 设备(小键盘、LED 显示器)等装配在一块印刷电路板上，再配上监控程序(固化在 ROM 中)，就构成了一台单板微型计算机(简称单板机)。

单板机的 I/O 设备简单，软件资源少，使用不方便。早期主要用于微型计算机原理的教学及简单的测控系统，现在已很少使用。

(3) 单片机

在一片集成电路芯片上集成微处理器、存储器、I/O 接口电路，从而构成了单芯片微型计算机，即单片机。

微型计算机的 3 种应用形态的比较(见图 1-3)如下：

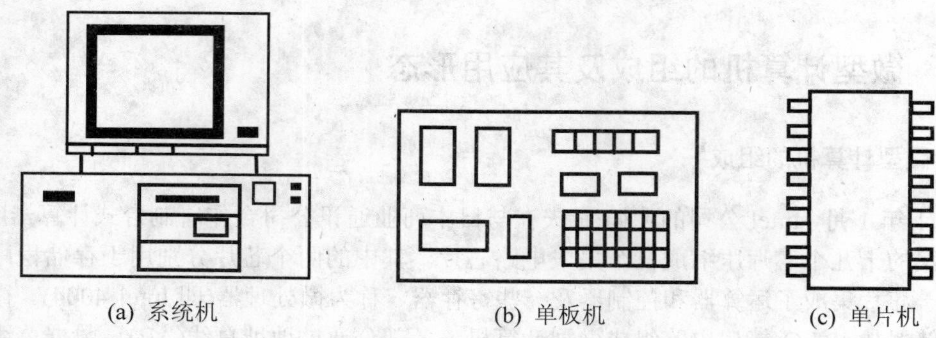

图 1-3 微型计算机的 3 种应用形态

- 系统机(桌面应用)：属于通用计算机，主要应用于数据处理、办公自动化及辅助设计。
- 单板机(嵌入式应用)：属于专用计算机，主要应用于智能仪表、智能传感器、智能家电、智能办公设备、汽车及军事电子设备等应用系统。
- 单片机：体积小、价格低、可靠性高，其非凡的嵌入式应用形态对于满足嵌入式应用需求具有独特的优势。

1.2.3 单片机的发展过程

单片机技术的发展过程可分为 3 个主要阶段。

1. 单芯片微机形成阶段

1976 年，Intel 公司推出了 MCS-48 系列单片机，它包含 8 位 CPU、1KB 的 ROM、64 字节的 RAM、27 根 I/O 线和 1 个 8 位定时/计数器。

其特点是：存储器容量较小，寻址范围小(不大于 4KB)，无串行接口，指令系统功能不强。

2. 性能完善提高阶段

1980 年，Intel 公司推出了 MCS-51 系列单片机，它包含 8 位 CPU、4KB 的 ROM、128 字节的 RAM、4 个 8 位并口、1 个全双工串行口、2 个 16 位定时/计数器。寻址范围为 64KB，并有控制功能较强的布尔处理器。

其特点是：结构体系完善，性能已大大提高，面向控制的特点进一步突出。现在，MCS-51 已成为公认的单片机经典机种。

3. 微控制器化阶段

1982 年，Intel 推出 MCS-96 系列单片机，芯片内集成有 16 位 CPU、8KB 的 ROM、232 字节的 RAM、5 个 8 位并口、1 个全双工串行口、2 个 16 位定时/计数器。寻址范围为 64KB。片上还有 8 路 10 位 ADC、1 路 PWM 输出及高速 I/O 部件等。

其特点是：片内面向测控系统的外围电路增强，使单片机可以方便灵活地用于复杂的自动测控系统及设备。

1.2.4 单片机的特点

1. 控制性能好可靠性高

单片机的实时控制功能特别强，其 CPU 可以对 I/O 端口直接进行操作，位操作能力更是其他计算机无法比拟的。另外，由于 CPU、存储器及 I/O 接口集成在同一芯片内，各部件间的连接紧凑，数据在传送时受干扰的影响较小，且不易受环境条件的影响，所以单片机的可靠性非常高。

近期推出的单片机产品，内部集成有高速 I/O 口、ADC、PWM、WDT 等部件，并在低电压、低功耗、串行扩展总线、控制网络总线和开发方式(如在系统编程 ISP)等方面都有了进一步的增强。

2. 体积小、价格低、易于产品化

单片机芯片实际上就是一台完整的微型计算机，对于批量大的专用场合，一方面可以在众多的单片机品种间进行匹配选择，同时还可以专门进行芯片设计，使芯片的功能与应用具有良好的对应关系；在单片机产品的引脚封装方面，有的单片机引脚已减少到 8 个或更少，从而使应用系统的印制板减小、接插件减少，安装简单方便。

1.2.5 单片机的应用领域

1. 智能仪器仪表

单片机用于各种仪器仪表，一方面提高了仪器仪表的使用功能和精度，使仪器仪表智能化，同时还简化了仪器仪表的硬件结构，从而可以方便地完成仪器仪表产品的升级换代。如各种智能电气测量仪表、智能传感器等。

2. 机电一体化产品

机电一体化产品是集机械技术、微电子技术、自动化技术和计算机技术于一体，具有智能化特征的各种机电产品。单片机在机电一体化产品的开发中可以发挥巨大的作用。典型产品如机器人、数控机床、自动包装机、点钞机、医疗设备、打印机、传真机、复印机等。

3. 实时工业控制

单片机还可以用于各种物理量的采集与控制。电流、电压、温度、液位、流量等物理参数的采集和控制均可以利用单片机方便地实现。在这类系统中，利用单片机作为系统控制器，可以根据被控对象的不同特征采用不同的智能算法，实现期望的控制指标，从而提高生产效率和产品质量。典型应用如电机转速控制、温度控制、自动生产线等。

4. 分布式系统的前端模块

在较复杂的工业系统中，经常要采用分布式测控系统完成大量的分布参数的采集。在这类系统中，采用单片机作为分布式系统的前端采集模块，系统具有运行可靠，数据采集方便灵活，成本低廉等一系列优点。

5. 家用电器

家用电器是单片机的又一重要应用领域，前景十分广阔。如空调器、电冰箱、洗衣机、电饭煲、高档洗浴设备、高档玩具等。

另外，在交通领域中，汽车、火车、飞机、航天器等均有单片机的广泛应用。如汽车自动驾驶系统、航天测控系统、黑匣子等。

1.2.6 单片机的产品近况

迄今为止，世界上的主要芯片厂家已投放市场的单片机产品多达 70 多个系列、500 多个品种。这些产品从其结构和应用对象方面划分，大致可以分为如下 4 类。

1. CISC 结构的单片机

CISC 的含义是复杂指令集(Complex Instruction Set Computer)。CISC 结构的单片机数据线和指令线分时复用，称为冯·诺伊曼结构。

属于 CISC 结构的单片机有 Intel 公司的 MCS-51 系列、Motorola 公司的 M68HC 系列、Atmel 公司的 AT89 系列、中国台湾 Winbond(华邦)公司的 W78 系列、荷兰 Philips 公司的 PCF80C51 系列等。

2. RISC 结构的单片机

采用精简指令集 RISC(Reduced Instruction Set Computer)的单片机数据线和指令线分离，具有所谓的哈佛(Harvard)结构。

属于 RISC 结构的单片机有 Microchip 公司的 PIC 系列、Zilog 公司的 Z86 系列、Atmel 公司的 AT90S 系列、韩国三星公司的 KS57C 系列 4 位单片机、中国台湾义隆公司的 EM78 系列等。

3. 基于 ARM 核心的 32 位单片机

主要是指以 ARM 公司设计为核心的 32 位 RISC 嵌入式 CPU 芯片的单片机。

目前常见的 ARM 芯片有 ARM7、ARM9、ARM10 系列。

4. 数字信号处理器

数字信号处理器(Digital Signal Processor，DSP)是一种具有高速运算能力的单片机，与普通单片机相比，DSP 器件具有较高的集成度，更快的 CPU，更大容量的存储器，内置有波特率发生器和 FIFO(先进先出)缓冲器。

目前国内推广应用最为广泛的 DSP 器件是美国德州仪器(TI)公司生产的 TMS320 系列。

习　题　1

一、简答题

(1) 什么是BCD码和ASCII码？
(2) 什么是原码、反码和补码？为什么要采用补码运算？
(3) 什么是定点数和浮点数？
(4) 根据冯·诺依曼的“存储程序”的思想，微型计算机由哪几部分构成？
(5) 微处理器与微型计算机有何区别？
(6) 什么叫单片机？其主要特点有哪些？
(7) 微型计算机有哪些应用形式？各适用于什么场合？
(8) 当前单片机的主要产品有哪些？各有何特点？

二、计算题

(1) 将下列十进制数分别转化为二进制数和十六进制数。
113
56.125
73.75
(2) 将下列二进制数分别转化为十进制数和十六进制数。
110101.101
10110101
10011111.01
(3) 将下列十六进制数分别转化为十进制数和二进制数。
3AE
24.7C
318

第 2 章　MCS-51 单片机的体系结构

Intel 公司推出的 MCS-51 单片机有其特殊的管理方式，它有典型的结构、完善的总线、特殊功能寄存器，它还有位操作系统和面向控制的指令系统，这些都为单片机的开发奠定了良好的基础。

8051 是 MCS-51 单片机的典型型号。很多单片机生产商以 8051 为基核开发出的单片机产品都是 80C51 系列。本章主要介绍 80C51 单片机的硬件结构和基本原理。

2.1　MCS-51 单片机的基本组成

2.1.1　80C51 单片机的基本结构

1. MCS-51 系列

(1) MCS-51 是 Intel 公司生产的一个单片机系列名称。属于这一系列的单片机有多种，例如 8051/8751/8031、8052/8752/8032、80C51/87C51/80C31、80C52/87C52/80C32 等。

(2) 该系列生产工艺有两种：一是 HMOS 工艺(高密度短沟道 MOS 工艺)。二是 CHMOS 工艺(互补金属氧化物的 HMOS 工艺)。

CHMOS 是 CMOS 和 HMOS 的结合，既保持了 HMOS 高速度和高密度的特点，还具有 CMOS 的低功耗的特点。在产品型号中凡带有字母 C 的即为 CHMOS 芯片，CHMOS 芯片的电平既与 TTL 电平兼容，又与 CMOS 电平兼容。

(3) 在功能上，该系列单片机有基本型和增强型两大类。

- 基本型：包括 8051/8751/8031、80C51/87C51/80C31。
- 增强型：包括 8052/8752/8032、80C52/87C52/80C32。

(4) 在片内程序存储器的配置上，该系列单片机有三种形式，即掩膜 ROM、EPROM 和 ROMLess(无片内程序存储器)。例如：

- 80C51 有 4KB 的掩膜 ROM。
- 87C51 有 4KB 的 EPROM。
- 80C31 在芯片内无程序存储器。

2. 80C51 系列

80C51 是 MCS-51 系列中 CHMOS 工艺的一个典型品种；其他厂商以 8051 为基核开发出的 CMOS 工艺单片机产品统称为 80C51 系列。

当前常用的 80C51 系列单片机的主要产品按厂商分类如下。

- Intel 公司的产品：80C31、80C51、87C51、80C32、80C52、87C52 等。

- Atmel 公司的产品：89C51、89C52、89C2051 等。
- 其他：Philips、华邦、Dallas、Siemens(Infineon)等公司的产品。

3. 80C51 单片机的基本结构

单片机的基本结构如图 2-1 所示。

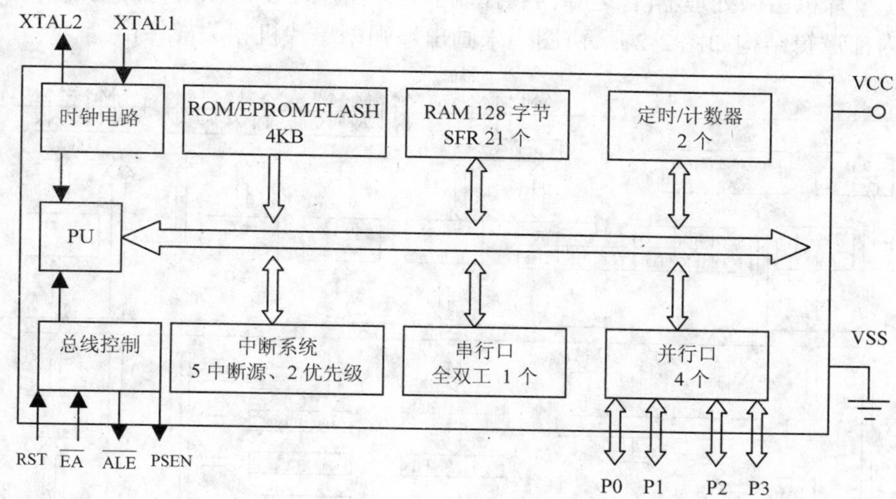

图 2-1　80C51 单片机的基本结构

与并行口 P3 复用的引脚有：

- 串行口输入与输出引脚 RXD 和 TXD。
- 外部中断输入引脚 $\overline{\text{INT0}}$ 和 $\overline{\text{INT1}}$。
- 外部计数输入引脚 T0 和 T1。
- 外部数据存储器写和读控制信号引脚 $\overline{\text{WR}}$ 和 $\overline{\text{RD}}$。

由此可见，80C51 单片机主要由以下几部分组成。

(1)　CPU 系统

8 位 CPU，含布尔处理器。

时钟电路。

总线控制逻辑。

(2)　存储器系统

4KB 的程序存储器(ROM/EPROM/Flash，可外扩至 64KB)。

128B 的数据存储器(RAM，可再外扩 64KB)。

特殊功能寄存器 SFR。

(3)　I/O 口和其他功能单元

4 个并行 I/O 口。

2 个 16 位定时/计数器。

1 个全双工异步串行。

中断系统(5 个中断源、2 个优先级)。

2.1.2　MCS-51 单片机的内部组成及信号引脚

1. 80C51 单片机的内部结构

80C51 单片机由微处理器(含运算器和控制器)、存储器、I/O 口以及特殊功能寄存器 SFR 等构成，内部逻辑结构如图 2-2 所示(图中未画出增强型单片机相关部件)。

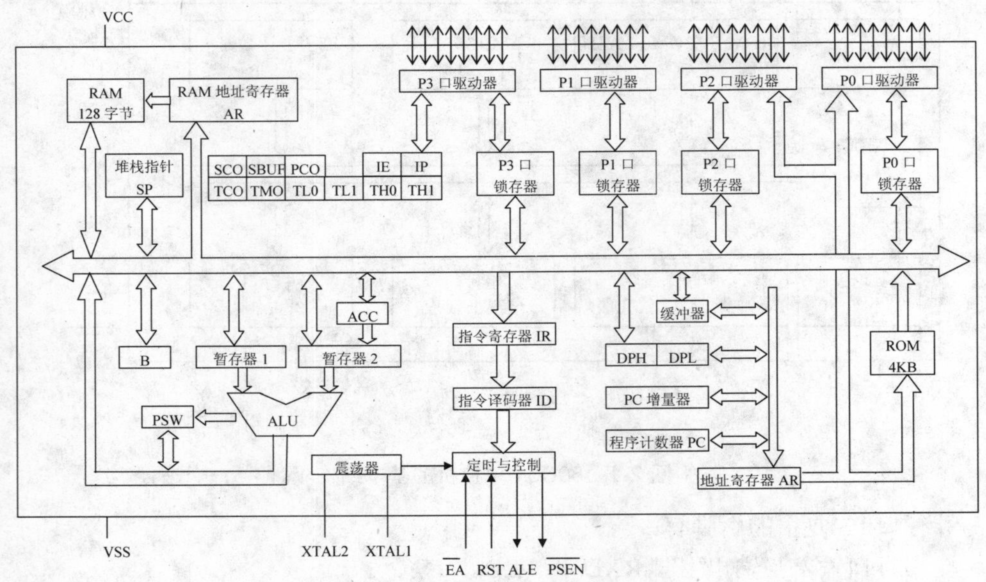

图 2-2　80C51 内部逻辑结构

(1)　80C51 的微处理器

作为 80C51 单片机的核心部分的微处理器是一个 8 位的高性能中央处理器(CPU)。它的作用是读入并分析每条指令，根据各指令的功能控制单片机的各功能部件执行指定的运算或操作。它主要由以下两部分构成。

①　运算器

运算器由算术/逻辑运算单元 ALU、累加器 ACC、寄存器 B、暂存寄存器、程序状态字寄存器 PSW 组成。它完成的任务是实现算术和逻辑运算、位变量处理和数据传送等操作。

80C51 的 ALU 功能极强，既可实现 8 位数据的加、减、乘、除算术运算和与、或、异或、循环、求补等逻辑运算，同时还具有一般微处理器所不具备的位处理功能。

累加器 ACC 用于向 ALU 提供操作数和存放运算的结果。在运算时将一个操作数经暂存器送至 ALU，与另一个来自暂存器的操作数在 ALU 中进行运算，运算后的结果又送回累加器 ACC。同一般微机一样，80C51 单片机在结构上也是以累加器 ACC 为中心，大部分指令的执行都要通过累加器 ACC 进行。但为了提高实时性，80C51 的一些指令的操作可以不经过累加器 ACC，如内部 RAM 单元到寄存器的传送和一些逻辑操作。

寄存器 B 在乘、除运算时用来存放一个操作数，也用来存放运算后的一部分结果。在不进行乘、除运算时，可以作为普通的寄存器使用。

暂存寄存器用来暂时存放数据总线或其他寄存器送来的操作数。它作为 ALU 的数据输入源，向 ALU 提供操作数。

程序状态字寄存器 PSW 是状态标志寄存器，它用来保存 ALU 运算结果的特征(如结果是否为 0，是否有溢出等)和处理器状态。这些特征和状态可以作为控制程序转移的条件，供程序判别和查询。

② 控制器

同一般微处理器的控制器一样，80C51 的控制器也由指令寄存器 IR、指令译码器 ID、定时及控制逻辑电路和程序计数器 PC 等组成。

程序计数器 PC 是一个 16 位的计数器(PC 不属于特殊功能寄存器 SFR 的范畴)。它总是存放着下一个要取的指令的 16 位存储单元地址。也就是说，CPU 总是把 PC 的内容作为地址，从内存中取出指令码或含在指令中的操作数。因此，每当取完一个字节后，PC 的内容自动加 1，为取下一个字节做好准备。只有在执行转移、子程序调用指令和中断响应时例外，那时 PC 的内容不再加 1，而是由指令或中断响应过程自动给 PC 置入新的地址。单片机上电或复位时，PC 自动清 0，即装入地址 0000H，这就保证了单片机上电或复位后，程序从 0000H 地址开始执行。

指令寄存器 IR 保存当前正在执行的一条指令。执行一条指令时，先要把它从程序存储器取到指令寄存器中。指令内容含操作码和地址码，操作码送往指令译码器 ID，并形成相应指令的微操作信号。地址码送往操作数地址形成电路，以便形成实际的操作数地址。

定时与控制逻辑电路是微处理器的核心部件，它的任务是控制取指令、执行指令、存取操作数或运算结果等操作，向其他部件发出各种微操作控制信号，协调各部件的工作。80C51 单片机片内设有振荡电路，只需外接石英晶体和频率微调电容就可产生内部时钟信号。

(2) 80C51 的片内存储器

80C51 单片机的片内存储器与一般微机的存储器的配置不同。一般微机的 ROM 和 RAM 安排在同一空间的不同范围(称为普林斯顿结构)。而 80C51 单片机的存储器在物理上设计成程序存储器和数据存储器两个独立的空间(称为哈佛结构)。

基本型单片机片内程序存储器容量为 4KB，地址范围是 0000H~0FFFH。增强型单片机片内程序存储器容量为 8KB，地址范围是 0000H~1FFFH。

基本型单片机片内数据存储器容量为 128B，地址范围是 00H~7FH，用于存放运算的中间结果、暂存数据和数据缓冲。这 128B 的低 32 个单元用作工作寄存器，32 个单元分成 4 组，每组 8 个单元。在 20H~2FH 共 16 个单元是位寻址区，位地址的范围是 00H~7FH。然后是 80 个单元的通用数据缓冲区。

增强型单片机片内数据存储器容量为 256B，地址范围是 00H~FFH。低 128B 的配置情况与基本型单片机相同。高 128B 为一般 RAM，仅能采用寄存器间接寻址方式访问(与该地址范围重叠的特殊功能寄存器 SFR 空间采用直接寻址方式访问)。

(3) 80C51 的 I/O 口及功能单元

80C51 单片机有 4 个 8 位的并行口，即 P0~P3 口，它们均为双向口，既可作为输入，又可作为输出。每个口各有 8 条 I/O 线。

80C51 单片机还有一个全双工的串行口(利用 P3 口的两个引脚 P3.0 和 P3.1)。

80C51 单片机内部集成有两个 16 位的定时/计数器(增强型单片机有 3 个定时/计数器)。

80C51 单片机还具有一套完善的中断系统。

(4) 80C51 的特殊功能寄存器(SFR)

80C51 单片机内部有 SP、DPTR(可分成 DPH、DPL 两个 8 位寄存器)、PCON、IE、IP 等 21 个特殊功能寄存器单元，它们同内部 RAM 的 128B 统一编址，地址范围是 80H~FFH。

这些 SFR 只用到了 80H~FFH 中的 21B 单元，且这些单元是离散分布的。

增强型单片机的 SFR 有 26B 单元，所增加的 5 个单元均与定时/计数器 2 相关。

2. 80C51 单片机的封装和引脚

80C51 系列单片机采用双列直插式(DIP)、QFP44(Quad Flat Pack)和 LCC(Leaded Chip Carrier)形式封装。

这里介绍常用的总线型 DIP40 封装和非总线型 DIP20 封装，如图 2-3 所示。

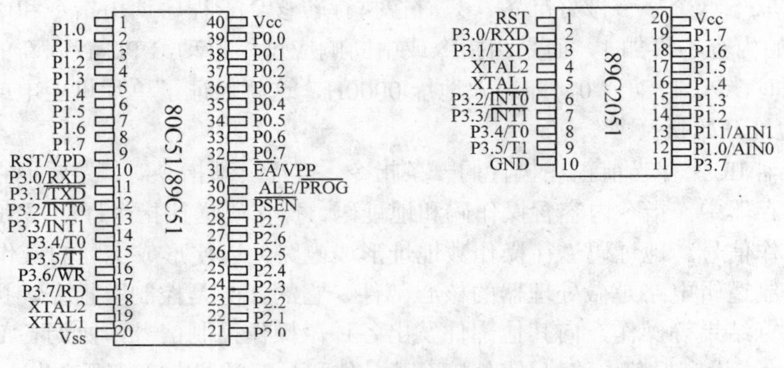

图 2-3　80C51 单片机引脚封装

(1) 总线型 DIP40 引脚封装

① 电源及时钟引脚(4 个)

Vcc：电源接入引脚。

Vss：接地引脚。

XTAL1：晶体振荡器接入的一个引脚(采用外部振荡器时，此引脚接地)。

XTAL2：晶体振荡器接入的另一个引脚(采用外部振荡器时，此引脚作为外部振荡信号的输入端。

② 控制线引脚(4 个)

RST/VPD：复位信号输入引脚/备用电源输入引脚。

ALE/$\overline{\text{PROG}}$：地址锁存允许信号输出引脚/编程脉冲输入引脚。

$\overline{\text{EA}}$/Vpp：内外存储器选择引脚/片内 EPROM(或 FlashROM)编程电压输入引脚。

$\overline{\text{PSEN}}$：外部程序存储器选通信号输出引脚。

③ 并行 I/O 引脚(32 个，分成 4 个 8 位口)

P0.0~P0.7：一般 I/O 口引脚或数据/低位地址总线复用引脚。

P1.0~P1.7：一般 I/O 口引脚。

P2.0~P2.7：一般 I/O 口引脚或高位地址总线引脚。

P3.0~P3.7：一般 I/O 口引脚或第二功能引脚。

(2) 非总线型 DIP20 封装的引脚(以 89C2051 为例)

① 电源及时钟引脚(4 个)

Vcc：电源接入引脚。

GND：接地引脚。

XTAL1：晶体振荡器接入的一个引脚(采用外部振荡器时，此引脚接地)。

XTAL2：晶体振荡器接入的另一个引脚(采用外部振荡器时，此引脚作为外部振荡信号的输入端)。

② 控制线引脚(1 个)

RST：复位信号输入引脚。

③ 并行 I/O 引脚(15 个)

P1.0~P1.7：一般 I/O 口引脚(P1.0 和 P1.1 兼作模拟信号输入引脚 AIN0 和 AIN1)。

P3.0~P3.5、P3.7：一般 I/O 口引脚或第二功能引脚。

2.1.3　存储器结构

存储器是组成计算机的主要部件，其功能是存储信息(程序和数据)。存储器可以分成两大类，一类是随机存取存储器 RAM，另一类是只读存储器 ROM。

对于 RAM，CPU 在运行时能随时进行数据的写入和读出，但在关闭电源时，其所存储的信息将丢失。所以，它用来存放暂时性的输入输出数据、运算的中间结果或用作堆栈。

ROM 是一种写入信息后不易改写的存储器。断电后，ROM 中的信息保留不变。所以，ROM 用来存放程序或常数，如系统监控程序、常数表等。

1. 80C51 单片机的程序存储器配置

80C51 单片机的程序计数器 PC 是 16 位的计数器，所以能寻址 64KB 的程序存储器地址范围。允许用户程序调用或转向 64KB 的任何存储单元。

MCS-51 系列的 80C51 在芯片内部有 4KB 的掩膜 ROM，87C51 在芯片内部有 4KB 的 EPROM，而 80C31 在芯片内部没有程序存储器，应用时要在单片机外部配置一定容量的 EPROM。80C51 程序存储器的配置如图 2-4 所示。

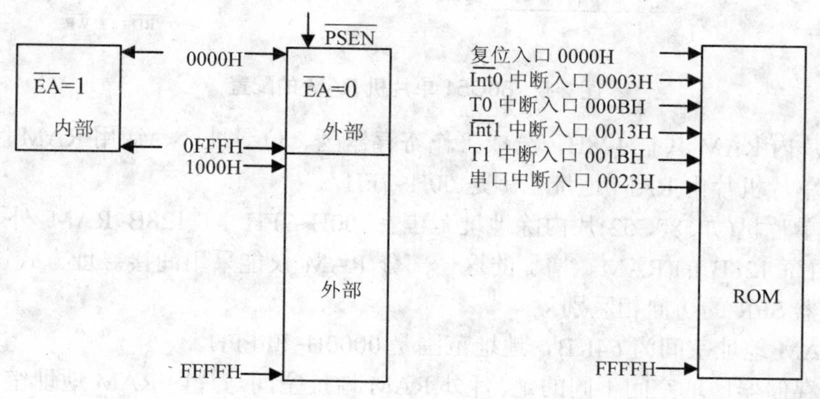

图 2-4　80C51 程序存储器的配置

80C51 的$\overline{EA}$引脚为访问内部或外部程序存储器的选择端。接高电平时，CPU 将首先访问内部存储器，当指令地址超过 0FFFH 时，自动转向片外 ROM 去取指令；接低电平时(接地)，CPU 只能访问外部程序存储器(对于 80C31 单片机，由于其内部无程序存储器，只能采用这种接法)。

外部程序存储器的地址从 0000H 开始编址。

程序存储器低端的一些地址被固定地用作特定的入口地址。

0000H：单片机复位后的入口地址。

0003H：外部中断 0 的中断服务程序入口地址。

000BH：定时/计数器 0 溢出中断服务程序入口地址。

0013H：外部中断 1 的中断服务程序入口地址。

001BH：定时/计数器 1 溢出中断服务程序入口地址。

0023H：串行口的中断服务程序入口地址。

注意：对于增强型，002BH 为定时/计数器 2 溢出或 T2EX 负跳变中断服务程序入口地址。

编程时，通常在这些入口地址开始的 2 或 3 个单元中，放入一条转移指令，以使相应的服务与实际分配的程序存储器区域中的程序段相对应(仅在中断服务程序少于 8B 时，才可以将中断服务程序直接放在相应的入口地址开始的几个单元中)。

2. 80C51 单片机的数据存储器配置

80C51 单片机的数据存储器，分为片外 RAM 和片内 RAM 两大部分，如图 2-5 所示。

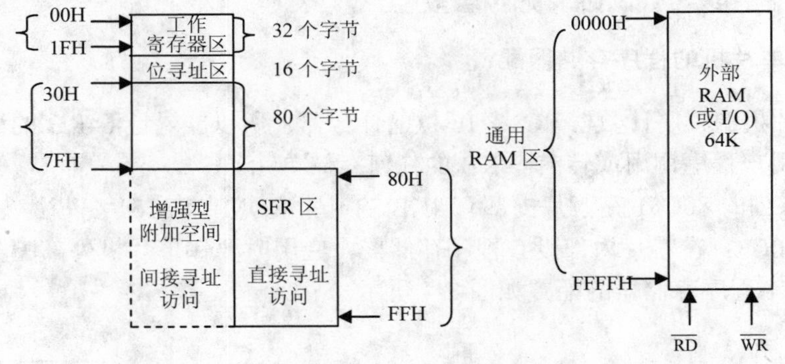

图 2-5　80C51 单片机 RAM 的配置

80C51 片内 RAM 共有 128B，分成工作寄存器区、位寻址区、通用 RAM 区三部分。

基本型单片机片内 RAM 地址范围是 00H~7FH。

增强型单片机(如 80C52)片内除地址范围在 00H~7FH 的 128B RAM 外，又增加了 80H~FFH 的高 128B 的 RAM。增加的这一部分 RAM 仅能采用间接寻址方式访问(以与特殊功能寄存器 SFR 的访问相区别)。

片外 RAM 地址空间为 64KB，地址范围是 0000H~FFFFH。

与程序存储器地址空间不同的是，片外 RAM 地址空间与片内 RAM 地址空间在地址的低端 0000H~007FH 是重叠的。这就需要采用不同的寻址方式加以区分。

访问片外 RAM 时采用专门的指令 MOVX 实现，这时读($\overline{RD}$)或写($\overline{WR}$)信号有效；而访问片内 RAM 使用 MOV 指令，无读写信号产生。另外，与片内 RAM 不同，片外 RAM 不能进行堆栈操作。

在 80C51 单片机中，尽管片内 RAM 的容量不大，但它的功能多，使用灵活，是单片机应用系统设计时必须要周密考虑的。

(1) 工作寄存器区

80C51 单片机片内 RAM 低端的 00H~1FH 共 32B，分成 4 个工作寄存器组，每组占 8 个单元。

寄存器 0 组：地址 00H~07H。

寄存器 1 组：地址 08H~0FH。

寄存器 2 组：地址 10H~17H。

寄存器 3 组：地址 18H~1FH。

每个工作寄存器组都有 8 个寄存器，分别称为 R0、R1、...、R7。程序运行时，只能有一个工作寄存器组作为当前工作寄存器组。

当前工作寄存器组的选择由特殊功能寄存器中的程序状态字寄存器 PSW 的 RS1、RS0 位来决定。

可以对这两位进行编程，以选择不同的工作寄存器组。工作寄存器组与 RS1、RS0 的关系及地址如表 2-1 所示。

表 2-1 80C51 单片机工作寄存器地址表

组号	RS1	RS0	R7	R6	R5	R4	R3	R2	R1	R0
0	0	0	07H	06H	05H	04H	03H	02H	01H	00H
1	0	1	0FH	0EH	0DH	0CH	0BH	0AH	09H	08H
2	1	0	17H	16H	15H	14H	13H	12H	11H	10H
3	1	1	1FH	1EH	1DH	1CH	1BH	1AH	19H	18H

当前工作寄存器组从某一工作寄存器组换至另一工作寄存器组时，原来工作寄存器组的各寄存器的内容将被屏蔽保护起来。利用这一特性可以方便地完成快速现场保护任务。

(2) 位寻址区

内部 RAM 的 20H~2FH 共 16B 是位寻址区。其 128 位的地址范围是 00H~7FH。对被寻址的位可进行位操作。

人们常将程序状态标志和位控制变量设在位寻址区内。对于该区未用到的单元也可以作为通用 RAM 使用。

位地址与字节地址的关系如表 2-2 所示。

(3) 通用 RAM 区

位寻址区之后的 30H~7FH 共 80B 为通用 RAM 区。这些单元可以作为数据缓冲器使用。这一区域的操作指令非常丰富，数据处理方便灵活。

在实际应用中，常需在 RAM 区设置堆栈。80C51 的堆栈一般设在 30H~7FH 的范围内。栈顶的位置由堆栈指针 SP 指示。复位时 SP 的初值为 07H，在系统初始化时可以重新设置。

表 2-2 80C51 单片机的位地址表

字节地址	位地址							
	D7	D6	D5	D4	D3	D2	D1	D0
20H	07H	06H	05H	04H	03H	02H	01H	00H
21H	0FH	0EH	0DH	0CH	0BH	0AH	09H	08H
22H	17H	16H	15H	14H	13H	12H	11H	10H
23H	1FH	1EH	1DH	1CH	1BH	1AH	19H	18H
24H	27H	26H	25H	24H	23H	22H	21H	20H
25H	2FH	2EH	2DH	2CH	2BH	2AH	29H	28H
26H	37H	36H	35H	34H	33H	32H	31H	30H
27H	3FH	3EH	3DH	3CH	3BH	3AH	39H	38H
28H	47H	46H	45H	44H	43H	42H	41H	40H
29H	4FH	4EH	4DH	4CH	4BH	4AH	49H	48H
2AH	57H	56H	55H	54H	53H	52H	51H	50H
2BH	5FH	5EH	5DH	5CH	5BH	5AH	59H	58H
2CH	67H	66H	65H	64H	63H	62H	61H	60H
2DH	6FH	6EH	6DH	6CH	6BH	6AH	69H	68H
2EH	77H	76H	75H	74H	73H	72H	71H	70H
2FH	7FH	7EH	7DH	7CH	7BH	7AH	79H	78H

2.1.4 80C51 单片机的特殊功能寄存器

在 80C51 中设置了与片内 RAM 统一编址的 21 个特殊功能寄存器(SFR)，它们离散地分布在 80H~FFH 的地址空间中。字节地址能被 8 整除的(即十六进制的地址码尾数为 0 或 8 的)单元是具有位地址的寄存器。在 SFR 地址空间中，有效的位地址共有 83 个，如表 2-3 所示。访问 SFR 只允许使用直接寻址方式。

特殊功能寄存器(SFR)的每一位的定义和作用与单片机各部件直接相关。这里先概要说明一下，详细用法在相应的章节中进行说明。

1. 与运算器相关的寄存器(3 个)

(1) 累加器 ACC，8 位，它是 80C51 单片机中最繁忙的寄存器，用于向 ALU 提供操作数，许多运算的结果也存放在累加器中。

(2) 寄存器 B，8 位，主要用于乘、除法运算，也可以作为 RAM 的一个单元使用。

(3) 程序状态字寄存器 PSW，8 位，其各位含义如下。

- CY：进位、借位标志，有进位、借位时 CY=1，否则 CY=0。
- AC：辅助进位、借位标志(高半字节与低半字节间的进位或借位)。
- F0：用户标志位，由用户自己定义。
- RS1、RS0：当前工作寄存器组选择位。

- OV：溢出标志位，有溢出时 OV=1，否则 OV=0。
- P：奇偶标志位，存于 ACC 中的运算结果有奇数个 1 时 P=1，否则 P=0。

表 2-3　80C51 特殊功能寄存器位地址及字节地址表

SFR	位地址/位符号(有效位 83 个)								字节地址
P0	87H	86H	85H	84H	83H	82H	81H	80H	80H
	P0.7	P0.6	P0.5	P0.4	P0.3	P0.2	P0.1	P0.0	
SP									81H
DPL									82H
DPH									83H
PCON	按字节访问，但相应位有特定含义								87H
TCON	8FH	8EH	8DH	8CH	8BH	8AH	89H	88H	88H
	TF1	TR1	TF0	TR0	IE1	IT1	IE0	IT0	
TMOD	按字节访问，但相应位有特定含义								89H
TL0									8AH
TL1									8BH
TH0									8CH
TH1									8DH
P1	97H	96H	95H	94H	93H	92H	91H	90H	90H
	P1.7	P1.6	P1.5	P1.4	P1.3	P1.2	P1.1	P1.0	
SCON	9FH	9EH	9DH	9CH	9BH	9AH	99H	98H	98H
	SM0	SM1	SM2	REN	TB8	RB8	T1	R1	
SBUF									99H
P2	A7H	A6H	A5H	A4H	A3H	A2H	A1H	A0H	A0H
	P2.7	P2.6	P2.5	P2.4	P2.3	P2.2	P2.1	P2.0	
IE	AFH	—	—	ACH	ABH	AAH	A9H	A8H	A8H
	EA	—	—	ES	ET1	EX1	ET0	EX0	
P3	B7H	B6H	B5H	B4H	B3H	B2H	B1H	B0H	B0H
	P3.7	P3.6	P3.5	P3.4	P3.3	P3.2	P3.1	P3.0	
IP	—	—	—	BCH	BBH	BAH	B9H	B8H	B8H
	—	—	—	PS	PT1	PX1	PT0	PX0	
PSW	D7H	D6H	D5H	D4H	D3H	D2H	D1H	D0H	D0H
	CY	AC	F0	RS1	RS0	OV	—	P	
ACC	E7H	E6H	E5H	E4H	E3H	E2H	E1H	E0H	E0H
	ACC.7	ACC.6	ACC.5	ACC.4	ACC.3	ACC.2	ACC.1	ACC.0	
B	F7H	F6H	F5H	F4H	F3H	F2H	F1H	F0H	F0H
	B.7	B.6	B.5	B.4	B.3	B.2	B.1	B.0	

2. 指针类寄存器(2 个)

(1) 堆栈指针 SP，8 位。它总是指向栈顶。80C51 单片机的堆栈常设在 30H~7FH 这一段 RAM 中。堆栈操作遵循“后进先出”的原则，入栈操作时，SP 先加 1，数据再压入 SP 指向的单元。出栈操作时，先将 SP 指向的单元的数据弹出，然后 SP 再减 1，这时 SP 指向的单元是新的栈顶。由此可见，80C51 单片机的堆栈区是向地址增大的方向生成的(这与常用的 80X86 微机不同)。

(2) 数据指针 DPTR，16 位。用来存放 16 位的地址。它由两个 8 位的寄存器 DPH 和 DPL 组成。通过 DPTR 利用间接寻址或变址寻址方式可对片外的 64KB 范围的 RAM 或 ROM 数据进行操作。

3. 与接口相关的寄存器(7 个)

(1) 并行 I/O 接口 P0、P1、P2、P3，均为 8 位。通过对这 4 个寄存器的读/写，可以实现数据从相应接口的输入/输出。

(2) 串行接口数据缓冲器 SBUF。

(3) 串行接口控制寄存器 SCON。

(4) 串行通信波特率倍增寄存器 PCON(一些位还与电源控制相关，所以又称为电源控制寄存器)。

4. 与中断相关的寄存器(3 个)

(1) 中断允许控制寄存器 IE。

(2) 中断优先级控制寄存器 IP。

5. 与定时/计数器相关的寄存器(6 个)

(1) 定时/计数器 T0 的两个 8 位计数初值寄存器 TH0、TL0，它们可以构成 16 位的计数器，TH0 存放高 8 位，TL0 存放低 8 位。

(2) 定时/计数器 T1 的两个 8 位计数初值寄存器 TH1、TL1，它们可以构成 16 位的计数器，TH1 存放高 8 位，TL1 存放低 8 位。

(3) 定时/计数器的工作方式寄存器 TMOD。

(4) 定时/计数器的控制寄存器 TCON。

2.2 并行输入/输出口结构

80C51 单片机有 4 个 8 位的并行 I/O 接口 P0、P1、P2 和 P3。各接口均由接口锁存器、输出驱动器和输入缓冲器组成。各接口除可以作为字节输入/输出外，它们的每一条接口线也可以单独地用作位输入/输出线。各接口编址于特殊功能寄存器中，既有字节地址又有位地址。对接口锁存器进行读写，就可以实现接口的输入/输出操作。

虽然各接口的功能不同，且结构也存在一些差异，但每个接口的位结构是相同的。所以，接口结构的介绍均以其位结构进行说明。

当不需要外部程序存储器和数据存储器扩展时(如 80C51/87C51 的单片应用)，P0 接口、P2 接口可用作通用的输入/输出接口。

当需要外部程序存储器和数据存储器扩展时(如 80C31 的应用)，P0 接口作为分时复用的低 8 位地址/数据总线，P2 接口作为高 8 位地址总线。

P1 接口是 80C51 的唯一的单功能接口，仅能用作通用的数据输入/输出接口。

P3 接口是双功能接口，除具有数据输入/输出功能外，每一接口线还具有特殊的第二功能。

2.2.1 P0 口

P0 接口由 1 个输出锁存器、1 个转换开关 MUX、2 个三态输入缓冲器、输出驱动电路和 1 个与门及 1 个反相器组成，如图 2-6 所示。

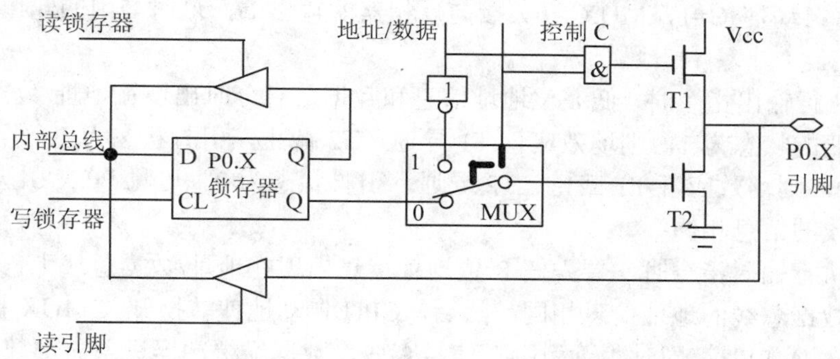

图 2-6 P0 接口的位结构

图中的控制信号 C 的状态决定转换开关的位置。当 C=0 时，开关处于图中所示位置；当 C=1 时，开关拨向反相器输出端位置。

1. P0 用作通用 I/O 接口

当系统不进行片外的 ROM 扩展(此时 $\overline{EA}$ =1)，也不进行片外的 RAM 扩展(内部 RAM 传送使用 MOV 类指令)时，P0 作为通用 I/O 口使用，在这种情况下，单片机硬件自动使控制 C=0，MUX 开关接向锁存器的反相输出端，另外，与门输出的“0”使输出驱动器的上拉场效应管 T1 处于截止状态。因此，输出驱动级工作在需外接上拉电阻的漏极开路状态。

作为输出接口时，CPU 执行接口的输出指令，内部数据总线上的数据在“写存储器”信号的作用下由 D 端进入锁存器，经锁存器的反相端送至场效应管 T2，再经 T2 反相，在 P0.X 引脚出现的数据正好是内部总线的数据。

作为输入接口时，数据可以读自接口的锁存器，也可以读自接口的引脚。这要根据输入操作采用的是“读锁存器”指令还是“读引脚”指令来决定。

CPU 在执行“读-修改-写”类输入指令时(如 ANL P0, A)，内部产生的“读锁存器”操作信号使锁存器 Q 端数据进入内部数据总线，在与累加器 A 进行逻辑运算之后，结果又送回 P0 的接口锁存器并出现在引脚上。读接口锁存器可以避免因外部电路原因使原接口引脚

的状态发生变化造成的误读(例如，用一根接口线驱动一个晶体管的基极，在晶体管的射极接地的情况下，当向接口线写 1 时，晶体管导通，并把引脚的电平拉低到 0.7V。这时若从引脚读数据，会把状态为 1 的数据误读为 0。若从锁存器读，则不会读错)。

CPU 在执行“MOV”类输入指令时(如 MOV A, P0)，内部产生的操作信号是“读引脚”。这时必须注意，在执行该类输入指令前要先把锁存器写入 1，目的是使场效应管 T2 截止，从而使引脚处于悬浮状态，可以作为高阻抗输入。否则，在作为输入方式之前曾向锁存器输出过 0，则 T2 导通会使引脚钳位在 0 电平，使输入高电平下无法读入。所以，P0 接口在作为通用 I/O 接口时，属于准双向接口。

2. P0 用作地址/数据总线

当系统进行片外的 ROM 扩展(此时 $\overline{EA}$ =0)或进行片外 RAM 扩展(外部 RAM 传送使用“MOVX @DPTR”或“MOVX @Ri”类指令)时，P0 用作地址/数据总线。在这种情况下，单片机内硬件自动使 C=1，MUX 开关接向反相器的输出端，这时与门的输出由地址/数据线的状态决定。

CPU 在执行输出指令时，低 8 位地址信息和数据信息分时出现在地址/数据总线上。若地址/数据总线的状态为 1，则场效应管 T1 导通、T2 截止，引脚状态为 1；若地址/数据总线的状态为 0，则场效应管 T1 截止、T2 导通，引脚状态为 0。可见 P0.X 引脚的状态正好与地址/数据线的信息相同。

CPU 在执行输入指令时，首先低 8 位地址信息出现在地址/数据总线上，P0.X 引脚的状态与地址/数据总线的地址信息相同。然后，CPU 自动地使转换开关 MUX 拨向锁存器，并向 P0 接口写入 FFH，同时“读引脚”信号有效，数据经缓冲器进入内部数据总线。

由此可见，P0 接口作为地址/数据总线使用时是一个真正的双向接口。

2.2.2 P1 口

P1 接口的位结构如图 2-7 所示。

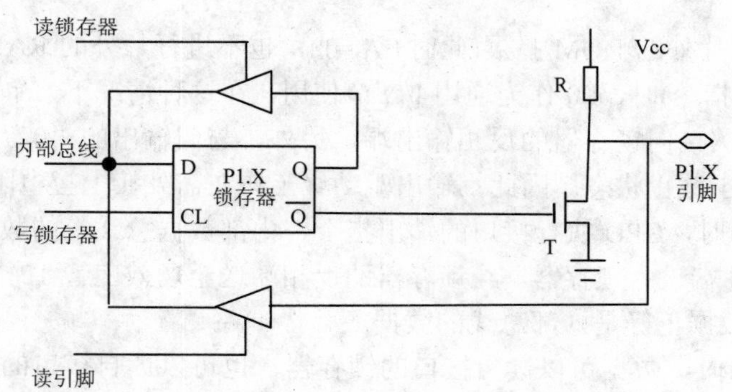

图 2-7 P1 接口的位结构

由图 2-7 可见，P1 接口由 1 个输出锁存器、2 个三态输入缓冲器和输出驱动电路组成，在内部设有上拉电阻。

P1 接口是通用的准双向 I/O 接口。输出高电平时，能向外提供拉电流负载，不必再接上拉电阻。当接口用作输入时，须向锁存器写入 1。

2.2.3 P2 口

P2 接口由 1 个输出锁存器、1 个转换开关 MUX、2 个三态输入缓冲器、输出驱动电路和 1 个反相器组成。P2 接口的位结构如图 2-8 所示。

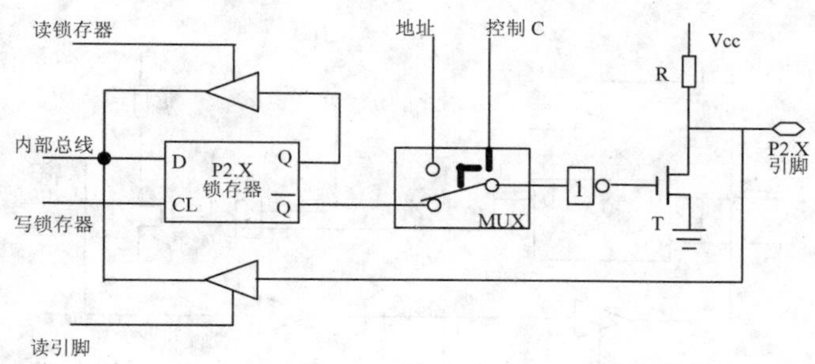

图 2-8 P2 接口的位结构

图中的控制信号 C 的状态决定转换开关的位置。当 C=0 时，开关处于图中所示的位置；当 C=1 时，开关拨向地址线位置。由图 2-8 可见，输出驱动电路与 P0 接口不同，内部设有上拉电阻(由两个场效应管并联构成，图中用等效电阻 R 表示)。

1. P2 用作通用 I/O 接口

当不需要在单片机芯片外部扩展程序存储器(对于 80C51/87C51，$\overline{EA}$=1)，仅可能扩展 256B 的片外 RAM 时(此时访问片外 RAM 不用 MOVX, @DPTR 类指令，而是利用 MOVX, @Ri 类指令来实现)，只用到了地址线的低 8 位，P2 接口仍可以作为通用 I/O 接口使用。

CPU 在执行输出指令时，内部数据总线的数据在“写锁存器”信号的作用下由 D 端进入锁存器，经反相器反相后送至场效应管 T，再经 T 反相，在 P2.X 引脚出现的数据正好是内部数据总线的数据。

P2 接口用作输入时，数据可以读自接口的锁存器，也可以读自接口的引脚。这要根据输入操作采用的是“读锁存器”指令还是“读引脚”指令来决定。

CPU 在执行“读-修改-写”类输入指令时(如 ANL P2, A)，内部产生的“读锁存器”操作信号使锁存器 Q 端数据进入内部数据总线，在与累加器 A 进行逻辑运算之后，结果又送回 P2 的接口锁存器并出现在引脚上。

CPU 在执行“MOV”类输入指令时(如 MOV A, P2)，内部产生的操作信号是“读引脚”。应在执行输入指令前把锁存器写入 1，目的是使场效应管 T 截止，从而使引脚处于高阻抗输入状态。

所以，P2 接口在作为通用 I/O 接口时，属于准双向接口。

2. P2 用作地址总线

当需要在单片机芯片外部扩展程序存储器($\overline{EA}$=0)或扩展的 RAM 容量超过 256B 时(读/

写片外 RAM 或 I/O 接口要采用“MOVX @DPTR”类指令)，单片机内硬件自动使控制 C=1，MUX 开关接向地址线，这时 P2.X 引脚的状态正好与地址线的信息相同。

2.2.4 P3 口

P3 接口的位结构如图 2-9 所示。P3 接口由 1 个输出锁存器、3 个输入缓冲器(其中 2 个为三态)、输出驱动电路和 1 个与非门组成。输出驱动电路与 P3 接口和 P1 接口相同，内部设有上拉电阻。

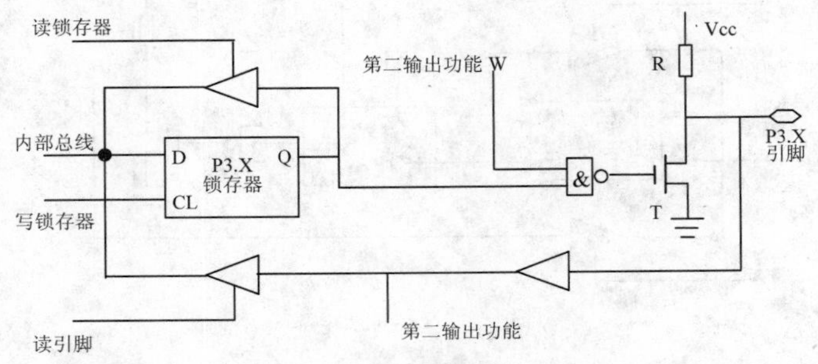

图 2-9 P3 接口的位结构

1. P3 用作第一功能的通用 I/O 接口

当 CPU 对 P3 接口进行字节或位寻址时(多数应用场合是把几条接口线设为第二功能，另外几条接口线设为第一功能，这时宜采用位寻址方式)，单片机内部的硬件自动将第二功能输出线的 W 置 1。这时，对应的接口线为通用 I/O 接口方式。

作为输出时，锁存器的状态(Q 端)与输出引脚的状态相同；作为输入时，也要先向接口锁存器写入 1，使引脚处于高阻输入状态。输入的数据在“读引脚”信号的作用下，进入内部数据总线。所以，P3 接口在作为通用 I/O 接口时，也属于准双向接口。

2. P3 用作第二功能使用

当 CPU 不对 P3 接口进行字节或位寻址时，单片机内部硬件自动将接口锁存器的 Q 端置 1。这时，P3 接口可以作为第二功能使用。各引脚的定义如下。

P3.0：RXD(串行接口输入)。

P3.1：TXD(串行接口输出)。

P3.3：$\overline{\text{INT0}}$(外部中断 0 输入)。

P3.3：$\overline{\text{INT1}}$(外部中断 1 输入)。

P3.4：T0(定时/计数器 0 的外部输入)。

P3.5：T1(定时/计数器 1 的外部输入)。

P3.6：$\overline{\text{WR}}$(片外数据存储器“写”选通控制输出)。

P3.7：$\overline{\text{RD}}$(片外数据存储器“读”选通控制输出)。

P3 接口相应的接口线处于第二功能，应满足的条件如下。

(1) 串行 I/O 接口处于运行状态(RXD、TXD)。

(2) 外部中断已经打开($\overline{INT0}$、$\overline{INT1}$)。

(3) 定时器/计数器处于外部计数状态(T0、T1)。

(4) 执行读/写外部 RAM 的指令($\overline{RD}$、$\overline{WR}$)。

作为输出功能的接口线(如 TXD)，由于该位的锁存器已自动置 1，与非门对第二功能输出是畅通的，即引脚的状态与第二功能输出是相同的。

作为输入功能的接口线(如 RXD)，由于此时该位的锁存器和第二功能输出线均为 1，场效应晶体管 T 截止，该接口引脚处于高阻输入状态。引脚信号经输入缓冲器(非三态门)进入单片机内部的第二功能输入线。

2.2.5 并行接口的负载能力

P0、P1、P2、P3 接口的输入和输出电平与 CMOS 电平和 TTL 电平均兼容。

P0 接口的每一位接口线可以驱动 8 个 LSTTL 负载。在作为通用 I/O 接口时，由于输出驱动电路是开漏方式，由集电极开路(OC 门)电路或漏极开路电路驱动时需外接上拉电阻；当作为地址/数据总线使用时，接口线输出不是开漏的，无须外接上拉电阻。

P1、P2、P3 接口的每一位能驱动 4 个 LSTTL 负载。它们的输出驱动电路设有内部上拉电阻，所以可以方便地由集电极开路(OC 门)电路或漏极开路电路所驱动，而无须外接上拉电阻。

由于单片机接口线仅能提供几毫安的电流，当作为输出驱动一般的晶体管的基极时，应在接口与晶体管的基极之间串接限流电阻。

2.3 时钟及复位电路

2.3.1 时钟电路及时序

单片机的工作过程是：取一条指令、译码、进行微操作，再取一条指令、译码、进行微操作，这样自动地、一步一步地由微操作依序完成相应指令规定的功能。各指令的微操作在时间上有严格的次序，这种微操作的时间次序称作时序。单片机的时钟信号用来为单片机芯片内部各种微操作提供时间基准。

1. 80C51 的时钟产生方式

80C51 单片机的时钟信号通常有两种产生方式：即内部时钟方式和外部时钟方式。

内部时钟方式如图 2-10(a)所示。

在 80C51 单片机内部有一振荡电路，只要在单片机的 XTAL1 和 XTAL2 引脚外接石英晶体(简称晶振)，就构成了自激振荡器并在单片机内部产生时钟脉冲信号。图中电容器 C1 和 C2 的作用是稳定频率和快速起振，电容值在 5~30pF，典型值为 30pF。晶振 CYS 的振荡频率范围在 1.2~12MHz 间选择，典型值为 12MHz 和 6MHz。

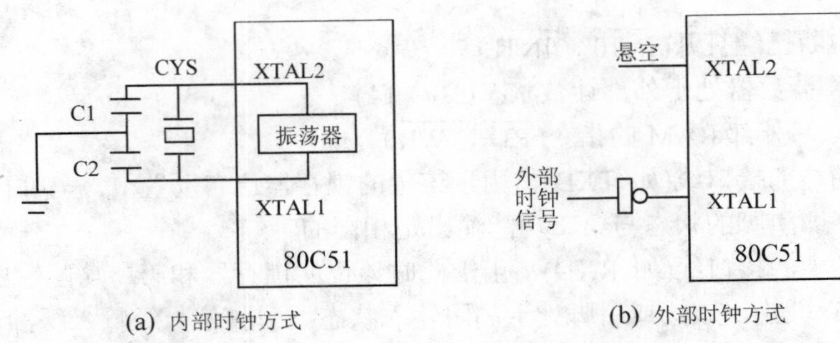

(a) 内部时钟方式　　(b) 外部时钟方式

图 2-10　80C51 单片机的时钟信号

外部时钟方式是把外部已有的时钟信号引入到单片机内，如图 2-10(b)所示。此方式常用于多片 80C51 单片机同时工作，以便于各单片机的同步。一般要求外部信号高电平的持续时间大于 30ns，且为频率低于 12MHz 的方波。对于 CHMOS 工艺的单片机，外部时钟要由 XTAL1 端引入，而 XTAL2 引脚应悬空。

2. 80C51 的时钟信号

晶振周期(或外部时钟信号周期)为最小的时序单位，如图 2-11 所示。

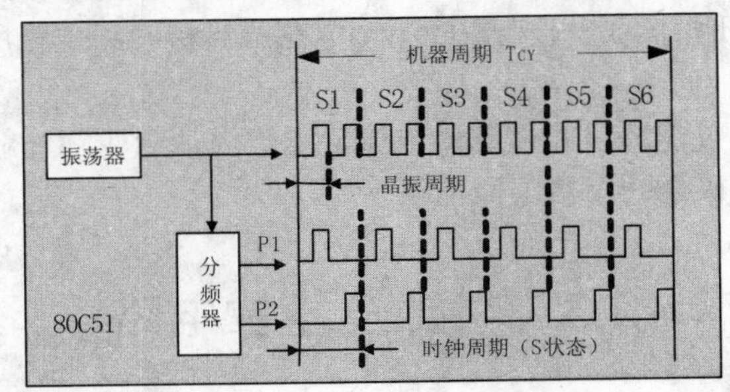

图 2-11　80C51 单片机的时钟信号

晶振信号经分频器后形成两相错开的时钟信号 P1 和 P2。时钟信号的周期也称为 S 状态，它是晶振周期的两倍，即一个时钟周期包含两个晶振周期。在每个时钟周期的前半周期，相位 1(P1)信号有效，在每个时钟周期的后半周期，相位 2(P2)信号有效。每个时钟周期有两个节拍(相)P1 和 P2，CPU 以 P1 和 P2 为基本节拍，指挥各个部件协调地工作。

晶振信号 12 分频后形成机器周期，即一个机器周期包含下两个晶振周期或 6 个时钟周期。因此，每个机器周期的 12 个振荡脉冲可以表示为 S1P1、S1P2、S2P1、S2P2、...、S6P2。

指令的执行时间称作指令周期。80C51 单片机的指令按执行时间可以分为三类：单周期指令、双周期指令和四周期指令(四周期指令只有乘、除两条指令)。

晶振周期、时钟周期、机器周期和指令周期均是单片机时序单位。机器周期常用作计算其他时间(如指令周期)的基本单位。如晶振频率为 12MHz 时，机器周期为 1μs，指令周期为 1~4 个机器周期，即 1~4μs。

3. 80C51 的典型时序

(1)　单周期指令时序

单字节指令时序如图 2-12(a)所示。在 S1P2 开始把指令操作码读入指令寄存器，并执

行指令。但在 S4P2 开始读的下一指令的操作码要丢弃，且程序计数器 PC 不加 1。

双字节指令时，如图 2-12(b)所示。在 S1P2 开始把指令操作码读入指令寄存器，并执行指令。在 S4P2 开始再读入指令的第二字节。

单字节、双字节指令均在 S6P2 结束操作。

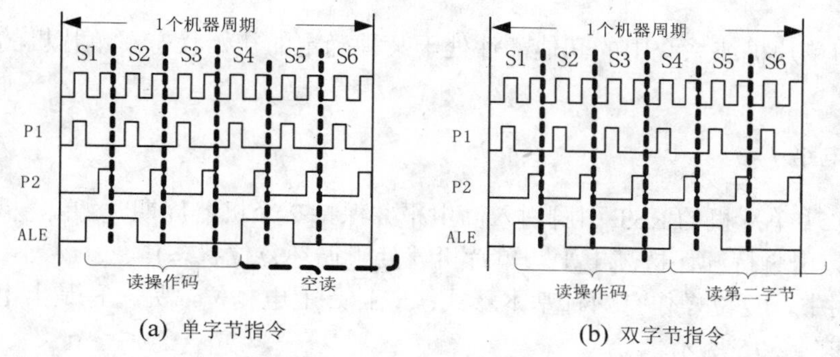

图 2-12　单周期指令时序

(2)　双周期指令

对于单字节指令，在两个机器周期之内要进行 4 次读操作。

只是后 3 次读操作无效，如图 2-13 所示。

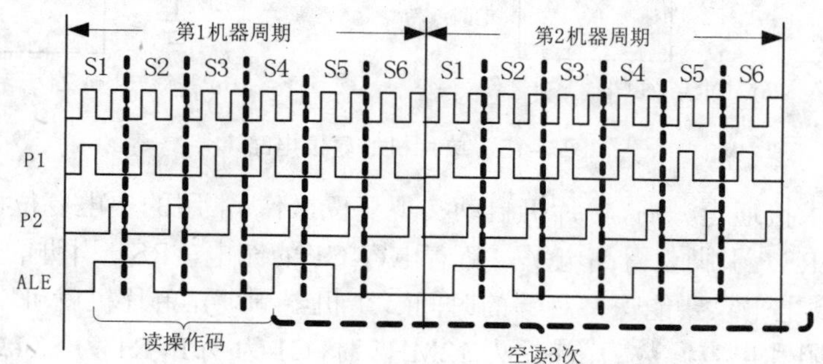

图 2-13　单字节双周期指令时序

由图中可以看到，每个机器周期中 ALE 信号有效两次，具有稳定的频率，可以将其作为外部设备的时钟信号。但应注意，在对片外部 RAM 进行读/写操作时，ALE 信号会出现非周期现象，如图 2-14 所示。

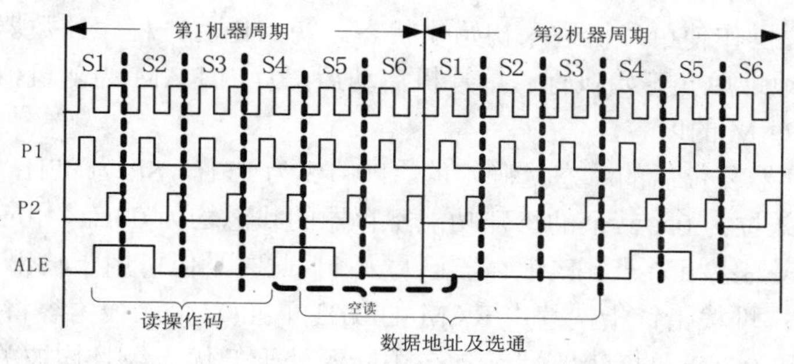

图 2-14　访问外部 RAM 的双周期指令时序

由图可见，在第 2 个机器周期无读操作码的操作，而是进行外部数据存储器的寻址和数据选通，所以在 S1P2~S2P1 间无 ALE 信号。

2.3.2 单片机的复位电路

复位是使单片机或系统中的其他部件处于某种确定的初始状态。单片机的工作就是从复位开始的。

1. 复位电路

当在 80C51 单片机的 RST 引脚引入高电平并保持 2 个机器周期时，单片机内部就执行复位操作(若该引脚持续保持高电平，单片机就处于循环复位状态)。

实际应用中，复位操作有两种基本形式：一种是上电复位，另一种是上电与按键均有效的复位，如图 2-15 所示。

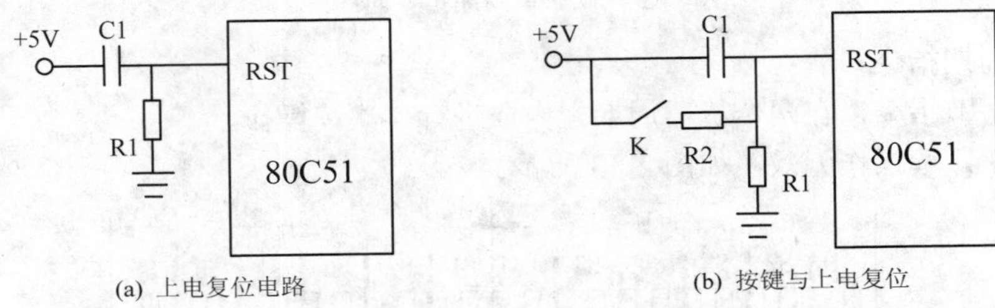

(a) 上电复位电路　　(b) 按键与上电复位

图 2-15　单片机的复位电路

上电复位要求接通电源后，单片机自动实现复位操作。常用的上电复位电路如图 2-15(a)所示。上电瞬间 RST 引脚获得高电平，随着电容 C1 的充电，RST 引脚的高电平将逐渐下降。RST 引脚的高电平只要能保持足够的时间(2 个机器周期)，单片机就可以进行复位操作。该电路典型的电阻和电容参数为：晶振为 12MHz 时，C1 为 9μF，R1 为 8.3kΩ；晶振为 6MHz 时，C1 为 33μF，R1 为 1kΩ。

上电与按键均有效的复位电路如图 2-15(b)所示。上电复位原理与图 2-15(a)相同，在单片机运行期间，还可以利用按键完成复位操作。晶振为 6MHz 时，R2 为 300Ω。

2. 单片机复位后的状态

单片机的复位操作使单片机进入初始化状态。初始化后，程序计数器 PC=0000H，所以程序从 0000H 地址单元开始执行。单片机启动后，片内 RAM 为随机值，运行中的复位操作不改变片内 RAM 的内容。

特殊功能寄存器复位后的状态是确定的。P0~P3 为 FFH，SP 为 07H，SBUF 不定，IP、IE 和 PCON 的有效位为 0，其余的特殊功能寄存器的状态均为 00H。相应的意义如下。

- P0~P3=FFH：相当于各口锁存器已写入 1，此时不但可用于输出，也可用于输入。
- SP=07H：堆栈指针指向片内 RAM 的 07H 单元(首个入栈内容将写入 08H 单元)。
- IP、IE 和 PCON 的有效位为 0：各中断源处于低优先级且均被关断，串行通信的波特率 PSW=00H，当前工作寄存器为 0 组。

2.4　MCS-51 单片机的最小系统

单片机加上适当的外围器件和应用程序，构成的应用系统称为最小系统。

2.4.1　单片机最小应用系统举例

8051 最小应用系统如图 2-16 所示。

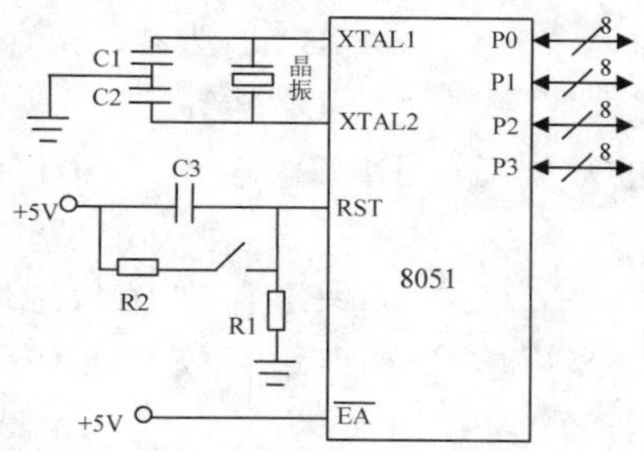

图 2-16　8051 最小应用系统

其应用特点如下。

(1)　有较多的 I/O 口线，P0、P1、P2、P3 均作为用户 I/O 口使用。

(2)　内部存储器容量有限。

(3)　应用系统开发具有特殊性。如 8051 的应用软件须依靠半导体厂家用半导体掩膜技术置入，故 8051 应用系统一般用作大批量生产的应用系统。另外，P0、P3 口的应用与开发环境差别较大。

2.4.2　最小应用系统设计

【例 2.1】开关量输出回路(见图 2-17)。

开关量输出通常采用并行接口输出来控制有接点的继电器的方法。

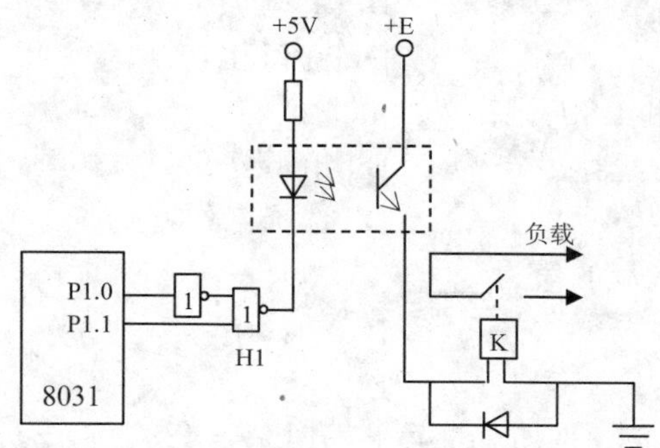

图 2-17　开关量输出回路

为了提高抗干扰能力，并行接口与继电器之间用光电隔离。

图 2-17 的功能是用中间继电器驱动一个大容量的电器装置，只要由软件使 P1.0 输出“0”，P1.1 输出“1”，就可使与非门 H1 输出低电平，光敏三极管导通，继电器 K 吸合。

习 题 2

一、单项选择题

(1) MCS-51 单片机的 CPU 主要的组成部分为______。

A. 运算器、控制器　　B. 加法器、寄存器

C. 运算器、加法器　　D. 运算器、译码器

(2) MCS-51 单片机的数据指针 DPTR 是一个 16 位的专用地址指针寄存器，主要用来______。

A. 存放指令　　B. 存放 16 位地址，作间址寄存器使用

C. 存放下一条指令地址　　D. 存放上一条指令地址

(3) 单片机中的程序计数器 PC 用来______。

A. 存放指令　　B. 存放正在执行的指令地址

C. 存放下一条指令地址　　D. 存放上一条指令地址

(4) 单片机上电复位后，PC 的内容和 SP 的内容为______。

A. 0000H，00H　　B. 0000H，07H

C. 0003H，07H　　D. 0800H，08H

(5) 单片机 8031 的 ALE 引脚是______。

A. 输出高电平　　B. 输出矩形脉冲，频率为 fosc 的 1/6

C. 输出低电平　　D. 输出矩形脉冲，频率为 fosc 的 1/3

(6) 单片机 8031 的引脚______。

A. 必须接地　　B. 必须接+5V

C. 可悬空　　D. 以上三种视需要而定

(7) 访问外部存储器或其他接口芯片时，作数据线和低 8 位地址线的是_____。

A. P0 口　　B. P1 口

C. P3 口　　D. P0 口和 P3 口

(8) PSW 中的 RS1 和 RS0 用来_____。

A．选择工作寄存器区号　　B. 指示复位

C. 选择定时器　　D. 选择工作方式

(9) 上电复位后，PSW 的值为_____。

A. 1　　B. 07H

C. FFH　　D. 0

(10) Intel 8031 的 P0 口当使用外部存储器时是一个______。

A. 传输高 8 位地址口　　B. 传输低 8 位地址口

C. 传输高 8 位数据口　　D. 传输低 8 位地址/数据口

(11) P0 口作数据线和低 8 位地址线时______。

A. 应外接上拉电阻　　B. 不能作 I/O 口

C. 能作 I/O 口　　D. 应外接高电平

(12) 单片机上电后或复位后，工作寄存器 R0 是在______。

A. 0 区 00H 单元　　B. 0 区 01H 单元

C. 0 区 09H 单元　　D. SFR

(13) MCS-51 复位后，程序计数器 PC=______。即程序从______开始执行指令。

A. 0001H　　B. 0000H

C. 0003H　　D. 0033H

(14) 单片机的 P0、P1 口作输入用途之前必须______。

A. 在相应端口先置 1　　B. 在相应端口先置 0

C. 外接高电平　　D. 外接上拉电阻

(15) 当程序状态字寄存器 PSW 状态字中 RS1 和 RS0 分别为 0 和 1 时，系统先用的工作寄存器组为______。

A. 组 0　　B. 组 1

C. 组 3　　D. 组 3

(16) 8051 单片机中，唯一一个用户可使用的 16 位寄存器是______。

A. PSW　　B. ACC

C. SP　　D. DPTR

二、简答题

(1) 如果单片机晶振频率为 13MHz，机器周期为多少？

(2) 开机复位后，使用的是哪组工作寄存器组？地址为多少？如何选择当前工作寄存器组？

(3) 单片机的控制总线信号有哪些？各信号的作用如何？

(4) 简述 MCS-51 单片机的中断入口地址。

(5) MCS-51 单片机内部包含哪些主要逻辑功能部件？

第 3 章　MCS-51 指令系统

指令是 CPU 按照人们的意图来完成某种操作的命令。一台计算机的 CPU 所能执行的全部指令的集合称为这个 CPU 的指令系统。指令系统功能的强弱决定了计算机性能的高低。MCS-51 单片机具有 111 条指令，其指令系统有执行时间短、指令编码字节少和位操作指令丰富的特点。本章主要介绍单片机的指令系统。

3.1　指令系统概述

3.1.1　机器指令编码格式

机器指令由操作码和操作数(或操作数地址)两部分构成。操作码用来规定指令执行的操作功能，如加、减、比较、移位等；操作数是指参与操作的数据(在指令编码中通常给出该数据的不同寻找方法)。

MCS-51 的机器指令按指令字节数分为 3 种格式：单字节指令、双字节指令和三字节指令。

1. 单字节指令

单字节指令有两种编码格式。

(1)　8 位编码仅为操作码：

位号	76543210	
字节	opcode	注：opcode 表示操作码

这种指令的 8 位编码仅为操作码，指令的操作数隐含在其中(opcode 表示操作码)。

例如：

```
INC A
```

该指令的编码为 00000100B，其十六进制表示为 04H，累加器 A 隐含在操作码中。指令的功能是累加器 A 的内容加 1。

注意：在指令中用“A”表示累加器，而用“ACC”表示累加器对应的地址(E0H)。

(2)　8 位编码含有操作码和寄存器编码：

位号	76543210		
字节	opcode	rrr	注：rrr 表示寄存器编码

这种指令的高 5 位为操作码，低 3 位为存放操作数的寄存器编码(rrr 表示寄存器编码)。

如指令 MOV A, R0 的编码为 11101000B，其十六进制表示为 E8H(低 3 位 000 为寄存器 R0 的编码)。该指令的功能是将当前工作寄存器 R0 中的数据传送到累加器 A 中。

2. 双字节指令

格式如下：

注：data 或 direct 表示操作数或其地址

这类指令的第一字节表示操作码，第二个字节表示参与操作数的数据或数据存放的地址(data 或 direct 表示操作数或其地址)，如数据传送指令 MOV A, #50H 的两字节编码为 01110100B 和 01010000B。其十六进制表示为 74H 和 50H。该指令的功能是将立即数 50H 传送到累加器 A 中。

3. 三字节指令

格式如下：

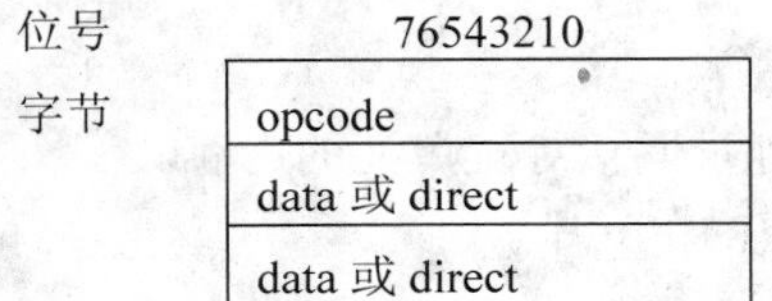

注：data 或 direct 表示操作数或其地址

这类指令的第一字节表示该指令的操作码，后两个字节表示参与操作的数据或数据存放的地址。如数据传送指令 MOV 20H, #50H 的 3 个字节编码为 0111 010lB、00100000B、0101 0000B。其十六进制表示为 75H、20H、50H。该指令的功能是将立即数“50H”传送到内部 RAM 的 20H 单元中。

3.1.2　符号指令格式

MCS-51 系统的符号指令通常由操作助记符、目的操作数、源操作数及指令的注释几部分构成。一般指令格式为：

［标号：］ 操作助记符 ［目的操作数］，［源操作数］；［注释］

操作助记符表示指令的操作功能；操作数是指令执行某种操作的对象，它可以是操作数本身，可以是寄存器，也可以是操作数的地址。

在 MCS-51 的指令系统中，多数指令为两操作数指令；当指令操作数隐含在操作助记符中时，在形式上这种指令无操作数；另有一些指令为单操作数指令或三操作数指令。在指令的一般格式中使用了可选择符号“[]”，其包含的内容因指令的不同可以有或无。

在两个操作数的指令中，通常目的操作数写在左边，源操作数写在右边。

如指令 ANL A, #40H 完成的任务是将立即数“40H”同累加器 A 中的数进行与操作，结果送回累加器。这里 ANL 为与操作的助记符，立即数“40H”为源操作数，累加器 A 为目的操作数(在指令中，多数情况下累加器用“A”表示，仅在直接寻址方式中，用“ACC”

表示累加器在 SFR 区的具体地址 E0H。试比较：指令 MOV A, #30H 的机器码为 74H、30H；而指令 MOV ACC, #30H 的机器码为 75H、E0H、30H)。

3.1.3 符号指令格式及注释中的常用符号

符号指令及其注释中常用的符号及含义如下所示：

- Rn(n=0~7)　当前选中的工作寄存器组中的寄存器 R0~R7 之一。
- N(i=0,1)　当前选中的工作寄存器组中的寄存器 R0 或 R1。
- @　间址寄存器前缀。
- #data　8 位立即数。
- #datal6　16 位立即数。
- Direct　片内低 128 个 RAM 单元地址及 SFR 地址(可用符号名称表示)。
- Addr11　11 位目的地址。
- Addr16　16 位目的地址。
- Rel　补码形式表示的 8 位地址偏移量，其值在-128~+127 范围内。
- Bit　片内 RAM 位地址、SFR 的位地址(可用符号名称表示)。
- /　位操作数的取反操作前缀。
- (x)　表示 X 地址单元或寄存器中的内容。
- ((x))　表示以 X 单元或寄存器内容为地址间接寻址单元的内容。
- ←　将箭头右边的内容送入箭头左边的单元中。

3.2 寻 址 方 式

寻址方式就是寻找操作数或指令地址的方式。寻址方式包含两方面内容：一是操作数的寻址，二是指令地址的寻址(如转移指令、调用指令)。寻址方式是计算机性能的具体体现，也是编写汇编语言程序的基础，必须非常熟悉并灵活运用。

对于两操作数指令，源操作数有寻址方式，目的操作数也有寻址方式。若不特别声明，后面提到的寻址方式均指源操作数的寻址方式。

MCS-51 单片机的寻址方式有 7 种，即寄存器寻址、直接寻址、寄存器间接寻址、立即寻址、基址寄存器加变址寄存器变址寻址、相对寻址和位寻址。这些寻址方式所对应的寄存器和存储空间如表 3-1 所示。

表 3-1　寻址方式所对应的寄存器和存储空间

序　号	寻址方式		寄存器或存储空间
1	基本方式	寄存器寻址	寄存器 R0~R7、A、AB、DPTR 和 C
2		直接寻址	片内 RAM 低 128B、SFR
3		寄存器间接寻址	片内 RAM(@R0、@R1、SP) 片内 RAM(@R0、@R1、@DPTR)
4		立即寻址	ROM

续表

序 号	寻址方式		寄存器或存储空间
5	扩展方式	变址寻址	ROM(@A+DPTR、@A+PC)
6		相对寻址	ROM(PC 当前值的-128~+127B)
7		位寻址	可寻址位(内部 RAM 20H~2FH 单元的位和部分 SFR 的位)

在表 3-1 中，前 4 种寻址方式完成的是操作数的寻址，属于基本寻址方式；变址寻址实际上是间接寻址的推广；位寻址的实质是直接寻址；相对寻址是指令地址的寻址。

3.2.1 寄存器寻址

操作数存放在寄存器中，指令中直接给出该寄存器名称的寻址方式称为寄存器寻址。采用寄存器寻址可以获得较高的传送和运算速度。

在寄存器寻址方式中，用符号名称表示寄存器。在形成的操作码中隐含有指定寄存器的编码(该编码不是该寄存器在内部 RAM 中的地址)。

【例 3.1】 若(R0)=30H，指令 MOV A, R0 执行后，(A)=30H，如图 3-1 所示。

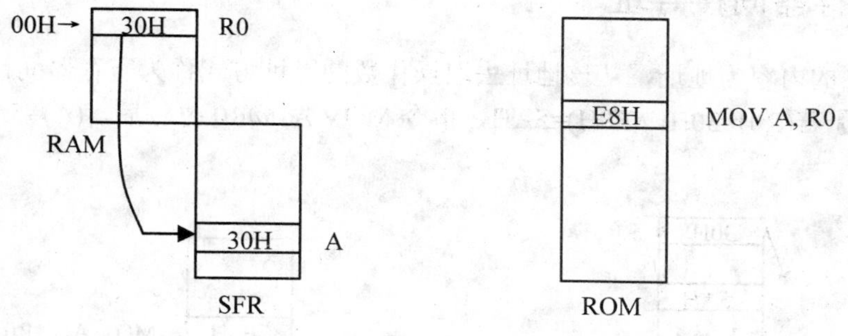

图 3-1 指令 MOV A, R0 的执行示意图

采用寄存器寻址的寄存器有：

- 工作寄存器 R0~R7。
- 累加器 A(使用符号 ACC 表示累加器时属于直接寻址)。
- 寄存器 B(以 AB 寄存器对形式出现)。
- 数据指针 DPTR。

3.2.2 直接寻址

指令操作码之后的字节存放的是操作数的地址，操作数本身存放在该地址指示的存储单元中的寻址方式称为直接寻址。

【例 3.2】 若(50H)=3AH，指令 MOV A, 50H 执行后，(A)=3AH，如图 3-2 所示。

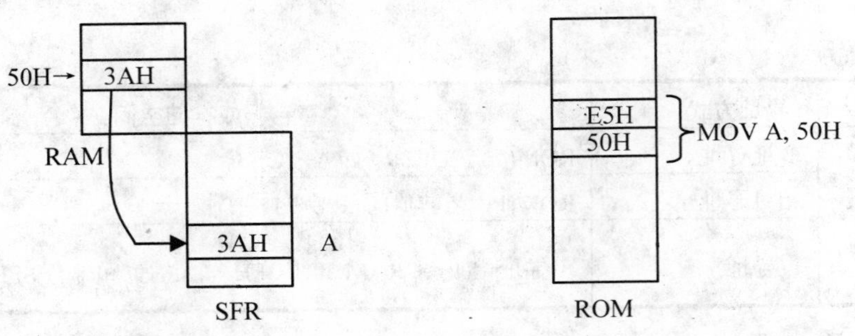

图 3-2　指令 MOV A, 50H 的执行示意图

在直接寻址方式中的 SFR 经常采用符号形式表示。

例如，MOV A, P1(此指令又可以写成 MOV A, 90H。这里 90H 是 P1 接口的地址)需要特别注意的是，片内 RAM 的高 128B(对于 80C32 或 80C52 的情况)必须采用寄存器间接寻址方式。

采用直接寻址的存储空间为：

- 片内 RAM 的低 128B(以地址形式表示)。
- SFR(以地址形式或 SFR 的符号形式表示，但符号将转换为相应的 SFR 地址)。

3.2.3　寄存器间接寻址

寄存器中的内容为地址，从该地址去取操作数的寻址方式称为寄存器间接寻址。

【例 3.3】若(R0)=30H，(30H)=5AH，指令 MOV A, @R0 执行后，(A)=5AH，如图 3-3 所示。

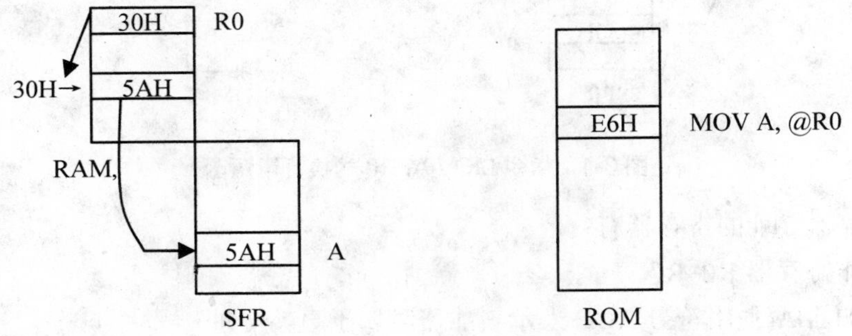

图 3-3　指令 MOV A, @R0 的执行示意图

寄存器间接寻址对应的空间为：

- 片内 RAM(采用@R0、@R1 或 SP)。
- 片外 RAM(采用@R0、@R1 或@DPTR)。

寄存器间接寻址的存储空间为片内 RAM 或片外 RAM。片内 RAM 的数据传送采用“MOV”类指令，间接寻址寄存器采用寄存器 R0 或 R1(堆栈操作时采用 SP)。片外 RAM 的数据传送采用“MOVX”类指令，这时，间接寻址寄存器有两种选择，一是采用 R0 和 R1 作间址寄存器，这时 R0 或 R1 提供低 8 位地址(外部 RAM 多于 256B 采用页面方式访问

时，可由 P2 口未使用的 I/O 引脚提供高位地址)；二是采用 DPTR 作为间址寄存器。

采用“MOVX”类操作的片外 RAM 的数据传送指令如下所示：

MOVX A, @R0;

MOVX A, @DPTR;

3.2.4　立即寻址

指令编码中直接给出操作数的寻址方式称为立即寻址。在这种寻址方式中，紧跟在操作码之后的操作数称为立即数。立即数可以为一个字节，也可以是两个字节，并要用符号“#”来标识。由于立即数是一个常数，所以只能作为源操作数。

【例 3.4】分析 MOV A, #50H 指令。

该指令的功能是将 8 位的立即数“50H”传送到累加器。指令的操作数采用立即寻址方式，如图 3-4 所示。

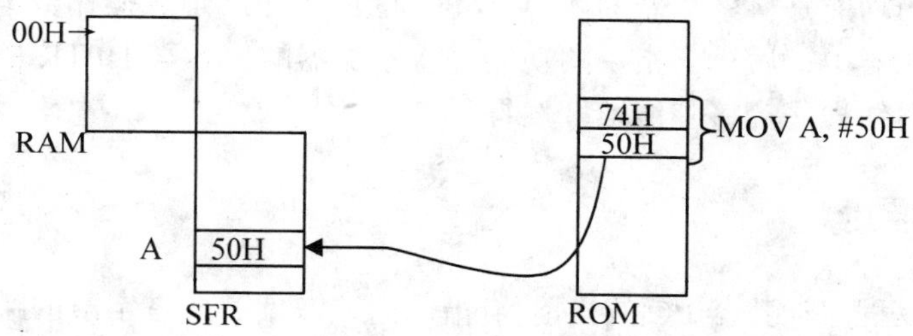

图 3-4　指令 MOV A, #50H 的执行示意图

又如，MOV DPTR, #1100H; DPTR←1100H。

该指令的功能是将 16 位的立即数“1100H”传送到数据指针寄存器 DPTR 中，立即数的高 8 位“11H”装入 DPH 中，低 8 位“00H”装入 DPL 中。

立即寻址所对应的寻址空间为 ROM 空间。

3.2.5　变址寻址

以一个基地址加上一个偏移量地址形成操作数地址的寻址方式称为变址寻址。在这种寻址方式中，以数据指针 DPTR 或程序计数器 PC 作为基址寄存器，累加器 A 作为偏移量寄存器，基址寄存器的内容与偏移量寄存器的内容之和作为操作数地址。

变址寻址方式用于对程序存储器中的数据进行寻址。由于程序存储器是只读存储器，所以变址寻址操作只有读操作而无写操作。

变址寻址所对应的寻址空间为 ROM 空间(采用@A+DPTR, @A+PC)。

【例 3.5】若(A)=0FH，(DPH)=24H，(DPL)=00H，即(DPTR)=2400H。执行指令 MOVC A, @A+DPTR 时，首先将 DPTR 的内容 2400H 与累加器 A 的内容 0FH 相加，得到地址 240FH。然后将该地址的内容 88H 取出传送到累加器。这时，(A)=88H，原来 A 的内容 0FH 被冲掉，如图 3-5 所示。

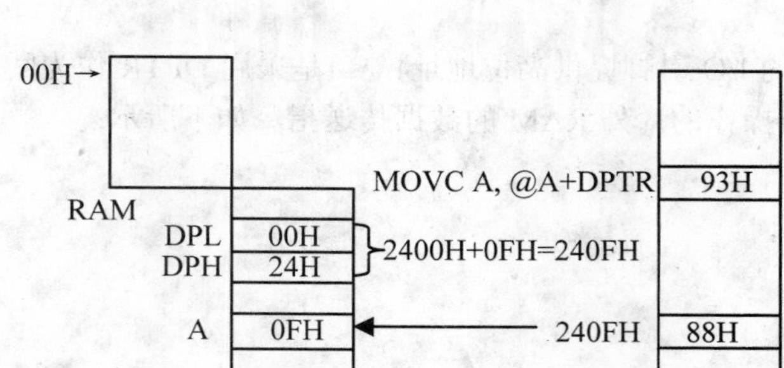

图 3-5　指令 MOVC A, @A+DPTR 的执行示意图

另外两条变址寻址指令为：

- MOVC A, @A+PC;
- JMP @A+DPTR;

前一条指令的功能是将累加器的内容与 PC 的内容相加形成操作数地址，把该地址中的数据传送到累加器中；后一条指令的功能是将累加器的内容与 DPTR 的内容相加形成指令跳转地址，从而使程序转移到该地址运行。

3.2.6　相对寻址

相对寻址是以程序计数器 PC 的当前值(指读出该双字节或三字节的跳转指令后，PC 指向的下条指令的地址)为基准，加上指令中给出的相对偏移量 rel 形成目标地址的寻址方式。此种寻址方式的操作是修改 PC 的值，所以主要用于实现程序的分支转移。

在跳转指令中，相对偏移量 rel 给出相对于 PC 当前值的跳转范围，其值是一个带符号的 8 位二进制数，取值范围是-128~+127，以补码形式置于操作码之后存放。执行跳转指令时，先取出该指令，PC 指向当前值。再把 rel 的值加到 PC 上以形成转移的目标地址，如图 3-6 所示。此例中 CY(PSW.7)为 1。

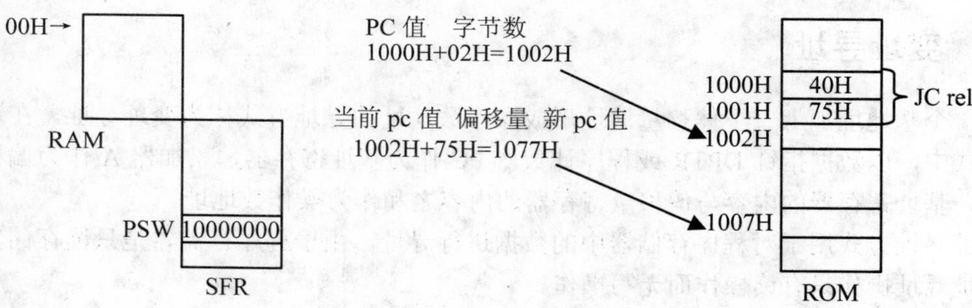

图 3-6　指令 JC REL 的执行示意图

在图 3-6 中，在程序存储器的 1000H 和 1001H 单元存放的内容分别为 40H 和 75H，且(CY)=1。“40H”为指令“JC rel”的操作码，偏移量 rel=75H。 CPU 取出该双字节指令后，PC 的当前值已是 1002H。所以，程序将转向(PC)+75H 单元，即目标地址为 1077H 单元。而 1000H 单元可以称作指令 JC rel 的源地址。

实际应用中，经常需要根据已知的源地址和转向的目的地址计算偏移量 rel。正向跳转时，目的地址大于源地址，地址差为目的地址减源地址，对于双字节指令有：

Rel = 地址差 −2

反向跳转时，目的地址小于源地址，地址差为负值，rel 则应以补码表示：

rel = FEH − 地址差的绝对值

例如，源地址为 1005H，目的地址为 0F87H，当执行指令“JC rel”时，rel 为多少？

由公式可知，rel=FEH−地址差的绝对值=FEH−7EH=80H。应当注意的是：对于三字节相对转移指令，正向跳转时，rel=地址差−3；反向跳转时，rel=FDH−地址差的绝对值。

3.2.7 位寻址

对位地址中的内容进行操作的寻址方式称为位寻址。采用位寻址指令的操作数是 8 位二进制数中的某一位。指令中给出的是位地址。位寻址方式实质属于位的直接寻址。

位寻址所对应的空间为：

- 片内 RAM 的 20H~2FH 单元中的 128 个可寻址位。
- SFR 的可寻址位。

习惯上，特殊功能寄存器的寻址位常用符号位地址来表示。例如：

```
CLR  ACC.0
MOV  30H, C
```

第一条指令的功能都是将累加器 ACC 的第 0 位清 0。第二条指令的功能是把位累加器(在指令中用“C”表示)的内容传送到片内 RAM 位地址为 30H 的位置。

3.3 数据传送类指令

在 MCS-51 单片机中，传送类指令占有较大的比重。数据传送是进行数据处理的最基本的操作，这类指令一般不影响标志寄存器 PSW 的状态。

传送类指令可以分成两大类。一是采用 MOV 操作符，称为一般传送指令；二是采用非 MOV 操作符，称为特殊传送指令，如 MOVC、MOVX、PUSH、POP、XCH、XCHD 及 SWAP。

3.3.1 一般传送类指令

一般传送指令采用的指令助记符用 MOV(含义是英文的“Move”)表示。

1. 十六位传送

十六位传送的通用格式是：

```
MOV  DPTR, #data16    ; DPTR←data16
```

这条指令的功能是将源操作数 data16(通常是地址常数)送入目的操作数 DPTR 中。源操作数的寻址方式为立即寻址。

【**例 3.6**】执行指令 MOV DPTR, #1234H 后，(DPTR)=1234H，(DPH)=12H，(DPL)=34H。

2. 八位传送

八位的传送指令属于字节传送，指令完成的任务是将源字节内容拷贝到目的字节，而源字节的内容不变。通用的格式为：

```
MOV  <目的字节>, <源字节>
```

由于目的字节和源字节都能够采用多种寻址方式，所以这类指令可以扩展成多条指令。为了方便记忆，先考察下面的关系：

操作码	目的字节	源字节
	A	A
	Rn	Rn
MOV	direct	direct
	@Ri	@Ri
	...	#data

由于在 5 种源字节中，只有#data 不能用作目的字节，所以可以用 4 种目的字节为基础构造 4 类指令。相应的源字节选择依据是：源字节与目的字节不相同(除 direct 外)；寄存器寻址与寄存器间接寻址间不相互传送。也就是 A、Rn、direct、@Ri 均可作为目的操作数；一条指令中不能出现两个 R；两 direct 之间可以相互传送数据。

依此构造的 4 类指令如下。

(1) 以 A 为目的：

```
MOV  A, Rn      ; A←(Rn)
MOV  A, direct  ; A←(direct)
MOV  A, @Ri     ; A←(@Ri)
MOV  A, #data   ; A←data
```

这组指令的功能是把源字节送入累加器中，源字节的寻址方式分别为直接寻址、寄存器寻址、寄存器间接寻址和立即寻址 4 种基本寻址方式。

【**例 3.7**】若(R1)=50H，(50H)=55H，执行指令 MOV A, @R1 后，(A)=55H。

(2) 以 Rn 为目的：

```
MOV  Rn, A      ; Rn←(A)
MOV  Rn, direct ; Rn←(direct)
MOV  Rn, #data  ; Rn←data
```

这组指令的功能是把源字节送入 Rn 寄存器中，源字节的寻址方式分别为直接寻址、寄存器寻址、寄存器间接寻址和立即寻址 4 种基本寻址方式。

【**例 3.8**】若(50H)=40H，执行指令 MOV R6, 50H 后，(R6)=40H。

(3) 以 direct 为目的：

```
MOV  direct, A          ; direct←(A)
MOV  direct, Rn         ; direct←(Rn)
MOV  direct, direct1    ; direct←(direct1)
MOV  direct, @Ri        ; direct←(@Ri)
MOV  direct, #data      ; direct←data
```

这组指令的功能是把源字节送入 direct 中。源字节的寻址方式分别为立即寻址、直接

寻址、寄存器间接寻址和寄存器寻址。

【例 3.9】若(R1)=50H，(50H)=18H，执行指令 MOV 40H, @R 后，(40H)=18H。

(4) 以@Ri 为目的：

```
MOV  @Ri, A          ; (Ri)←(A)
MOV  @Ri, direct     ; (Ri)←(direct)
MOV  @Ri, #data      ; (Ri)←data
```

这组指令的功能是把源字节送入以 Ri 内容为地址的单元，源字节寻址方式为立即寻址、直接寻址和寄存器寻址(因目的字节采用寄存器间接寻址，故源字节不能是寄存器及其间址寻址)。

【例 3.10】若(R1)=30H，(A)=20H，执行指令 MOV @R1, A 后，(30H)=20H。

3.3.2 特殊传送类指令

特殊传送指令的操作符为 MOVC、MOVX、PUSH、POP、XCH、XCHD 和 SWAP。它们可以分为 ROM 查表、外部 RAM 读写、堆栈操作和交换指令。

1. ROM 查表

通常 ROM 中可以存放两方面的内容：一是单片机执行的程序代码；二是一些固定不变的常数(如表格数据、字段代码等)。访问 ROM 实际上指的是读 ROM 中的常数。在 MCS-51 单片机中，读 ROM 中的常数采用变址寻址，并需经过累加器完成。

指令助记符为：MOVC，含义为 MoveCode。

(1) DPTR 内容为基址：

```
MOVC  A, @A+DPTR    ; A←((A)+(DPTR))
```

该指令首先执行 16 位无符号数加法，将获得的基址与变址之和作为 16 位的程序存储器地址，然后将该地址单元的内容传送到累加器 A。指令执行后 DPTR 的内容不变。但应注意，累加器 A 原来的内容被破坏。

【例 3.11】若(DPTR)=3000H，(A)=20H，执行指令 MOVC A, @A+DPTR 后，程序储器 3020H 单元的内容送入 A。

(2) PC 内容为基址：

```
MOVC  A, @A+PC    ; A←((A)+(PC))
```

取出该单字节指令后 PC 的内容增 1，以增 1 后的当前值去执行 16 位无符号数加法，将获得的基址与变址之和作为 16 位的程序存储器地址。然后将该地址单元的内容传送到累加器 A。指令执行后 PC 的内容不变。但应注意，累加器 A 原来的内容被破坏。

此两条指令主要用于程序存储器的查表。

2. 读写片外 RAM

在单片机的片外 RAM 中经常存放数据采集和处理的一些中间数据。访问片外 RAM 的操作可以有读和写两大类。在 MCS-51 单片机中，读和写片外 RAM 均采用 MOVX 指令，均须经过累加器完成，只是传送的方向不同。数据采用寄存器间接寻址。

指令助记符为：MOVX，含义是MoveExternal。

(1) 读片外RAM：

```
MOVX  A, @DPTR       ; A←((DPTR))
MOVX  A, @Ri         ; A←((Ri))
```

第一条指令以16位DPTR为间址寄存器读片外RAM，可以寻址整个64KB的片外RAM空间。指令执行时，在DPH中的高8位地址由P2接口输出，在DPL中的低8位地址由P0接口分时输出，并由ALE信号锁存在地址锁存器中。

第二条指令以R0或R1为间址寄存器，也可以读整个64KB的片外RAM空间。指令执行时，低8位地址在R0或Rl中，由P0接口分时输出，ALE信号将地址信息锁存在地址锁存器中(多于256B的访问，高位地址由P2接口提供)。

读片外RAM的MOVX操作，使P3.7引脚输出的$\overline{\text{RD}}$信号选通片外RAM单元，相应单元的数据从P0接口读入累加器中。

【例3.12】若(DPTR)=3000H，(3000H)=30H，执行指令MOVX A, @DPTR后，A的内容为30H。

(2) 写片外RAM：

```
MOVX  @DPTR, A       ; ((DPTR))←(A)
MOVX  @Ri, A         ; ((Ri))←(A)
```

第一条指令以16位DPTR为间址寄存器写外部RAM，可以寻址整个64KB的片外RAM空间。指令执行时，在DPH中高8位地址由P2接口输出，在DPL中的低8位地址由P0接口分时输出，并由ALE信号锁存在地址锁存器中。

第二条指令以R0或R1为间址寄存器，也可以写整个64KB的片外RAM空间。指令执行时，低8位地址在R0或R1中由P0接口分时输出，ALE信号将地址信息锁存在地址锁存器中(多于256B的访问，高位地址由P2接口提供)。

写片外RAM的“MOVX”操作，使P3.6引脚的$\overline{\text{WR}}$信号有效，累加器A的内容从P0接口输出并写入选通的相应片外RAM单元。

注：当片外扩展的I/O端口映射为片外RAM地址时，也要利用这4条指令进行数据的输入输出。

【例3.13】若(P2)=20H，(R1)=48H，(A)=66H，执行指令“MOVX @R1, A”后，外部RAM单元2048H的内容为66H。

3. 堆栈操作

堆栈是在内部RAM中按“后进先出”的规则组织的一片存储区。此区的一端固定，称为栈底；另一端是活动的，称为栈顶。栈顶的位置(地址)由栈指针SP指示(即SP的内容是栈顶的地址)。

在MCS-51单片机中，堆栈的生长方向是向上的(地址增大)。入栈操作时，先将SP的内容加1，然后将指令指定的直接地址单元的内容存入SP指向的单元；出栈操作时，先将

SP 指向的单元内容传送到指令指定的直接地址单元，然后 SP 的内容减 1。

系统复位时，SP 的内容为 07H。通常用户应在系统初始化时对 SP 重新设置。SP 的值越小，堆栈的深度越深。

堆栈操作指令助记符为 PUSH 和 POP：

```
PUSH  direct     ; SP←(SP)+1, (SP)←(direct)
POP  direct      ; direct←((SP)), SP←(SP)-1
```

这两条指令可以实现操作数入栈和出栈操作。前一条指令的功能是先将栈指针 SP 的内容加 1，然后将直接地址指出的操作数送入 SP 所指示的单元。后一条指令的功能是将 SP 所指示的单元的内容先送入指令中的直接地址单元，然后再将栈指针 SP 的内容减 1。

【例 3.14】若(SP)=31H，(40H)=88H，执行指令 PUSH 40H 后，(SP)=32H，(32H)=88H。若(SP)=5FH，(5FH)=90H，执行指令 POP 70H 后，(70H)=90H，(SP)=5EH。

4. 数据交换

对于单一的 MOV 类指令，传送通常是单向的，即数据是从一处(源)到另一处(目的)的拷贝。而交换类指令完成的传送是双向的，是两字节间或两半字节间的双向交换。

指令助记符为 XCH(Exchange)、XCHD(Exchangelow-orderDigit)和 SWAP。

(1) 单字节交换：

```
XCH  A, Rn         ; (A)⟷(Rn)
XCH  A, direct     ; (A)⟷(direct)
XCH  A, @Ri        ; (A)⟷(@Ri)
```

这三条指令的功能是字节数据交换，实现 3 种寻址操作数内容与 A 的内容互换。

(2) 半字节交换：

```
XCHA  A, @Ri      ; (A3~0)⟷((Ri)3~0)
SWAP  A           ; (A3~0)⟷(A7~4)
```

前一条指令的功能是间址操作数的低半字节与 A 的低半字节内容互换。

后一条指令的功能是累加器的高、低 4 位互换。

【例 3.15】若(R0)=30H，(30H)=67H，(A)=20H。

执行指令 XCHD A, @R0 后，(A)=27H，(30H)=60H。

3.4 算术运算类指令

算术运算指令可以完成加、减、乘、除及加 1 和减 1 等运算。这类指令多数以 A 为源操作数之一，同时又使 A 为目的操作数。

进位(借位)标志 CY 为无符号整数的多字节加法、减法、移位等操作提供了方便。使用软件监视溢出标志可方便地控制补码运算。辅助进位标志用于 BCD 码运算。算术运算操作将影响程序状态字 PSW 中的溢出标志 OV、进位(借位)标志 CY、辅助进位(辅助借位)标志 AC 和奇偶标志位 P 等，影响情况如表 3-2。

表 3-2　算术运算指令对标志位的影响

	ADD	ADDC	SUBB	DA	MUL	DIV
CY	√	√	√	√	0	0
AC	√	√	√	√	×	×
OV	√	√	√	×	√	√
P	√	√	√	√	√	√

在表 3-2 中，符号√表示相应的指令操作影响标志；符号 0 表示相应的指令操作对该标志清 0。符号×表示相应的指令操作不影响标志。另外，累加器加 1(INC A)和减 1(DEC A)指令影响 P 标志。

3.4.1　加法

1. 不带进位加法

不带进位加法包括下列指令格式：

```
ADD  A, Rn          ; A←(A)+(Rn)
ADD  A, direct      ; A←(A)+(direct)
ADD  A, @Ri         ; A←(A)+((Ri))
ADD  A, #data       ; A←(A)+data
```

这组指令的功能是把源操作数与累加器的内容相加再送入累加器中，源操作数的寻址方式分别为立即寻址、直接寻址、寄存器间接寻址和寄存器寻址。

影响程序状态字 PSW 中的 CY、AC、OV 和 P 的情况如下。

- 进位标志 CY：和的 D7 位有进位时，(CY)=1；否则，(CY)=0。
- 辅助进位标志 AC：和的 D3 位有进位时，(AC)=1；否则，(AC)=0。
- 溢出标志 OV：和的 D7、D6 位只有一个有进位时，(OV)=1；和的 D7、D6 位同时有进位或同时无进位时，(OV)=0。溢出表示运算的结果超出了数值所允许的范围，如两个正数相加结果为负数或两个负数相加结果为正数时属于错误结果，此时(AC)=1。
- 奇偶标志 P：当累加器 ACC 中“1”的个数为奇数时，(P)=1；为偶数时，(P)=0。

【例 3.16】若(A)=13H，(30H)=22H，执行指令 ADD A, 30H 之后，(A)=35H，(CY)=0，(AC)=0，(OV)=0(D7 有进位，D6 无进位)，(P)=0。

2. 带进位的加法

带进位的加法包括下列指令格式：

```
ADDC  A, Rn          ; A←(A)+(Rn)+(CY)
ADDC  A, direct      ; A←(A)+(direct)+(CY)
ADDC  A, @Ri         ; A←(A)+((Ri))+(CY)
ADDC  A, #data       ; A←(A)+data+(CY)
```

这组指令的功能是把源操作数与累加器 A 的内容相加再与进位标志 CY 的值相加，结

果送入目的操作数A中，源操作数的寻址方式分别为立即寻址、直接寻址、寄存器间接寻址和寄存器寻址。

这组指令的操作影响程序状态字PSW中的CY、AC、OV和P标志。

需要说明的是，这里所加的进位标志CY的值是在该指令执行之前已经存在的进位标志的值，而不是执行该指令过程中产生的进位。换句话说，若这组指令执行之前(CY)=0，则执行结果与不带进位位CY的加法指令的结果相同。

【例3.17】试编写计算6655H+11FFH的程序。

分析：加数和被加数是16位数，需两步完成运算：低8位数相加，若有进位保存在CY中；高8位采用带进位加法，结果放入50H、51H中。

具体程序如下：

```
MOV  A, #55H
ADD  A, #0FFH
MOV  50H, A
MOV  A, #66H
ADDC  A, #11H
MOV  51H, A
```

3. 加1指令

加1指令包括如下几种格式：

```
INC  A              ; A←(A)+1
INC  Rn             ; Rn←(Rn)+1
INC  direct         ; direct←(direct)+1
INC  @Ri            ; (Ri)←((Ri))+1
INC  DPTR           ; DPTR←(DPTR)+1
```

这组指令的功能是把源操作数的内容加1，结果再送回原单元。这些指令仅INC A影响标志位的状态。

4. 十进制调整

十进制调整指令的格式如下：

```
DA  A               ; 调整A的内容为正确的BCD码
```

该指令的功能是对累加器A中刚进行的两个BCD码的加法的结果进行十进制调整。

两个压缩的BCD码按二进制相加后，必须经过调整方能得到正确的压缩BCD码的和调整。要完成的任务如下。

(1) 当累加器A中的低4位数出现了非BCD码(1010~1111)或低4位产生进位(AC=1时)，则应在低4位加6调整，以产生低4位正确的BCD结果。

(2) 当累加器A中的高4位数出现了非BCD码(1010~1111)或高4位产生进位(CY=1时)，则应在高4位加6调整，以产生高4位正确的BCD结果。

十进制调整指令执行后，PSW中的CY表示结果的百位值。

【例3.18】若(A)=0101 0110B，表示的BCD码为(56)BCD，(R2)=0110 0111B，表示的BCD码为(67)BCD，(CY)=0。执行以下指令：

```
ADD  A, R2
DA  A
```

由于(A)=00100011B，即(23)BCD，且(CY)=1，

```
  (A)         0101 0110
+(R3)         0110 0111
              1011 1101
调整:         0110 0110
结果: 1       0010 0011
```

所以，结果为 BCD 码 123。

> 注意：DA 指令不能对减法指令进行十进制调整。当需要进行减法运算时，可以采用十进制补码相加。如 50−20=50+(20)补码=50+(100−20)=50+80=130。

3.4.2 减法

1. 带借位减法

带借位减法包括下列指令格式：

```
SUBB  A, Rn          ; A←(A)-(Rn)-(CY)
SUBB  A, direct      ; A←(A)-(direct)-(CY)
SUBB  A, @Ri         ; A←(A)-((Ri))-(CY)
SUBB  A, #data       ; A←(A)-data-(CY)
```

这组指令的功能是把累加器 A 的内容减去指令指定的单元的内容，结果再送入目的操作数。对于程序状态字 PSW 中标志位的影响情况如下。

- 借位标志 CY：差的位 7 需借位时，(CY)=1；否则，(CY)=0。
- 辅助借位标志 AC：差的位 3 需借位时，(AC)=1；否则，(AC)=0。
- 溢出标志 OV：若位 6 有借位而位 7 无借位或位 7 有借位而位 6 无借位时，(OV)=1 如果要用此组指令完成不带借位的减法，只需先清 CY 为 0 即可。

【例 3.19】若(A)=C9H，(R2)=54H，(CY)=1，执行指令 SUBB A, R2 之后，由于：

$$A \leftarrow (A)-(R2)-(CY)$$

即(A)=74H，(CY)=0，(AC)=1，(OV)=1(位 6 有借位，位 7 无借位)，(P)=0。

【例 3.20】试编写计算 0EE33H−A0E0H 的程序。

分析：16 位减法运算也需要分两步完成：在进行低 8 位运算前应清进位位，低 8 位运算后 CY 保存借位，借位位同时参与运算。

程序如下：

```
CLR     C                  ; (CY)←0
MOV     A,       #33H      ; (A)←33H
SUBB    A,       # 0E0H    ; (A)←(A)-E0H
MOV     50H,     A         ; (50H)←(A)
MOV     A,       #0EEH
SUBB    A,       #0A0H
MOV     51H,     A
```

2. 减 1 指令

减 1 指令包括下列指令格式：

```
DEC  A            ; A←(A)-1
DEC  Rn           ; Rn←(Rn)-1
DEC  direct       ; direct←(direct)-1
DEC  @Ri          ; (Ri)←((Ri))-1
```

这组指令的功能是把操作数的内容减 1，结果再送入原单元。

这组指令仅 DEC A 影响 P 标志，其余指令都不影响标志位的状态。

3.4.3 乘法

乘法指令的格式如下：

```
MUL  AB           ; 累加器 A 与 B 寄存器相乘
```

该指令的功能是将累加器 A 与寄存器 B 中的无符号 8 位二进制数相乘，乘积的低 8 位在累加器 A 中，高 8 位存放在寄存器 B 中。

当乘积大于 FFH 时，溢出标志位(OV)=1。而标志 CY 总是被清 0。

【例 3.21】若(A)=50H，(B)=A0H，执行指令 MUL AB 后，(A)=00H，(B)=32H，(OV)=1，(CY)=0。

3.4.4 除法

除法指令的格式如下：

```
DIV  AB           ; 累加器 A 除以寄存器 B
```

该指令的功能是将累加器 A 中的无符号 8 位二进制数除以寄存器 B 中的无符号 8 位二进制数，商的整数部分存放在累加器 A 中，余数部分存放在寄存器 B 中。

当除数为 0 时，则结果 A 和 B 的内容不定，且溢出标志位(OV)=1。而标志 CY 总是被清 0。

【例 3.22】若(A)=FBH(251)，(B)=12H(18)，执行指令 DIV AB 后，(A)=0DH，(B)=11H，(OV)=0，(CY)=0。

3.5 逻辑运算与循环类指令

逻辑运算指令完成与、或、异或、清 0 和取反操作，当累加器 A 为目的操作数时，对 P 标志有影响。循环指令是对累加器 A 的循环移位操作，包括左、右方向以及带进位与不带进位等移位方式。移位操作时，带进位的循环移位对 CY 和 P 标志有影响。累加器清 0 操作对 P 标志有影响。

3.5.1 逻辑与

1. 以 direct 为目的操作数

以 direct 为目的操作数的逻辑与指令包括下列格式：

```
ANL   direct, A       ; direct←(direct)∧(A)
ANL   direct, #data   ; direct←(direct)∧data
```

这两条指令的功能是源操作数与直接地址指示的单元内容相与，结果送入直接地址指示的单元。

2. 以 A 为目的操作数

以 A 为目的操作数的逻辑与指令包括下列格式：

```
ANL   A, Rn           ; A←(A)∧(Rn)
ANL   A, direct       ; A←(A)∧(direct)
ANL   A, @Ri          ; A←(A)∧((Ri))
ANL   A, #data        ; A←(A)∧data
```

这 4 条指令的功能是把源操作数与累加器 A 的内容相与，结果送入累加器 A 中。

【例 3.23】若(A)=C3H，(R0)=AAH，执行指令 ANL A, R0 后，(A)=82H。

3.5.2 逻辑或

1. 以 direct 为目的操作数

以 direct 为目的操作数的逻辑或指令包括下列格式：

```
ORL   direct, A       ; direct←(direct)∨(A)
ORL   direct, #data   ; direct←(direct)∨data
```

这两条指令的功能是源操作数与直接地址指示的单元内容相或，结果送入直接地址指示的单元。

2. 以 A 为目的操作数

以 A 为目的操作数的逻辑或指令包括下列格式：

```
ORL   A, Rn           ; A←(A)∨(Rn)
ORL   A, direct       ; A←(A)∨(direct)
ORL   A, @Ri          ; A←(A)∨((Ri))
ORL   A, #data        ; A←(A)∨data
```

这 4 条指令的功能是把源操作数与累加器 A 的内容相或，结果送入累加器 A 中。

【例 3.24】若(A)=C3H，(R0)=AAH，执行指令 ORL A, R0 后，(A)=D7H。

3.5.3 逻辑异或

1. 以 direct 为目的操作数

以 direct 为目的操作数的逻辑异或指令包括下列格式：

```
XRL   direct, A           ; direct←(direct)⊕(A)
XRL   direct, #data       ; direct←(direct)⊕data
```

这两条指令的功能是源操作数与直接地址指示的单元内容相异或，结果送入直接地址指示的单元。

2. 以A为目的操作数

以A为目的操作数的逻辑异或指令包括下列格式：

```
XRL  A, Rn          ; A←(A) ⊕ (Rn)
XRL  A, direct      ; A←(A) ⊕ (direct)
XRL  A, @Ri         ; A←(A) ⊕ ((Ri))
XRL  A, #data       ; A←(A) ⊕ data
```

这4条指令的功能是把源操作数与累加器A的内容相异或，结果送入累加器A中。

【例3.25】若(A)=C3H，(R0)=AAH；执行指令XRL A, R0后，(A)=69H。

3.5.4 累加器清0和取反

累加器清0和取反指令包括下列格式：

```
CLR  A              ; A ← 0
CPL  A              ; A 的内容逐位取反
```

这两条指令的功能分别是把累加器A的内容清0和取反，结果仍在A中。

【例3.26】若(A)=A5H，执行指令CLR A之后，(A)=00H。

3.5.5 累加器循环移位

累加器循环移位指令包括下列格式：

```
RR   A              ; 不带借位的循环右移
RRC  A              ; 带借位的循环右移
RL   A              ; 不带借位的循环左移
RLC  A              ; 带借位的循环左移
```

该组循环移位指令执行情况如图3-7所示。

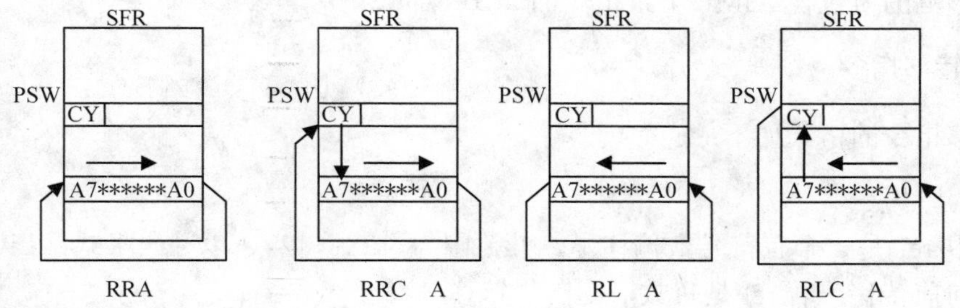

图3-7 循环移位指令的执行情况

【例3.27】若(A)=C5H，执行指令RL A后，(A)=8BH。若(A)=C5H，(CY)=1，执行指令RLC A后，(A)=8BH，(CY)=0。若(A)=C5H，执行指令RR A后，(A)=E2H。若(A)=C5H，(CY)=1，执行指令RRC A后，(A)=E2H，(CY)=1。

有时累加器A的内容乘以2的任务可以利用指令RLC A来方便地完成。例如，若(A)=BDH=10111101B,(CY)=0。执行指令RLC A后,(CY)=1,(A)=01111010B=7AH,(CY)=1。

即结果为 17AH(378)=2×BDH(189)。

3.6 控制转移类指令

通常情况下，程序的执行是顺序进行的，但也可以根据需要改变程序的执行顺序，这种情况称作程序转移。控制程序的转移要利用转移指令。51 系列单片机的转移指令有无条件转移、条件转移及子程序调用与返回等。

3.6.1 无条件转移

1. 长转移指令

长转移指令的格式如下：

```
LJMP  addr16        ; (PC)←addr16
```

该指令执行后将 16 位地址(addr16)传送给 PC，从而实现程序转移到新的地址开始运行，该指令可实现 64KB 的范围内任意转移。该指令不影响标志位。

2. 绝对转移指令

绝对转移指令的格式如下：

```
AJMP  addrll        ; PC ←(PC)+2, PC10~0←addrll
```

该指令执行时，先将 PC 的内容加 2(这时 PC 指向的是 AJMP 的下一条指令)，然后把指令中的 11 位地址码传送到 $PC_{10\sim0}$，$PC_{15\sim11}$ 保持原来的内容不变。

在目标地址的 11 位中，前 3 位为页地址，后 8 位为页内地址(每页含 256 个单元)。当前 PC 的高 5 位(即下条指令的存储地址的高 5 位)可以确定 32 个 2KB 段之一。所以，AJMP 指令的转移范围为包含 AJMP 下条指令的 2KB 区间。

3. 短转移指令

短转移指令的格式如下：

```
SJMP  rel           ; PC ←(PC)+2, PC←(PC)+rel
```

指令中 rel 是一个有符号数偏移量，其范围为-128~+127，以补码形式给出、若 rel 是整数，则向前转移；若 rel 是负数，则向后转移。

【例 3.28】0123H 单元存放指令 SJMP 45H，则目的地址为 0123H+2+45H=016AH。

若指令为 SJMP F2H，则目的地址为 0123H+2−0EH=0117H。

注意：① 一条带有 FEH 偏移量的 SJMP 指令，将实现无限循环。这是因为 FEH 是-2 的补码，目的地址=PC+2-2=PC，结果转向自己，无限循环，一般在程序用 SJMP $来表示 SJMP 0FEH。

② 该指令中的寻址方式称相对寻址方式。

4. 散转指令

散转指令的格式如下：

```
JMP  @A+DPTR            ; PC←(PC), PC←(A)+(DPTR)
```

该指令执行时，把累加器 A 中的 8 位无符号数与 DPTR 的 16 位数相加，其中装入程序计数器 PC，控制程序转到目的地址执行程序。整个指令的执行过程中，不改变累加器 A 和 DPTR 的内容。JMP 是一条多分枝转移指令，由 DPTR 决定多分枝转移指令的首地址，由累加器 A 动态地选择转移到某一分支。

【例 3.29】某单片机应用系统有 16 个键，对应的键码值(00H~0FH)存放在 R7 中，16 个键处理程序的入口地址分别为 KEY0、KEY1、...、KEY15。要求按下某键，程序即转向该键的处理程序执行。

解：预先在 ROM 中建立一张起始地址为 KEYG 的转移表，AJMP KEY0、...、AJMP KEY15，利用散转指令即可以实现多路分支转移指令处理。程序如下：

```
         MOV  A, R7
         RL  A                  ; 由于 AJMP 指令为双字节指令，键值乘 2 倍转移
         MOV  DPTR, #KEYG       ; 转移入口基地址送 DPTR
         JMP  @A+DPTR
         ...
KEYG:    AJMP  KEY0
         AJMP  KEY1
         ...
         AJMP KEY15
```

3.6.2　条件转移

1. 累加器判 0 转移

累加器判 0 转移指令的格式如下：

```
JZ  rel          ; 若(A)=0, 则 PC←(PC)+rel
JNZ  rel         ; 若(A)≠0, 则 PC←(PC)+rel
```

这两条指令的功能是对累加器 A 的内容为 0 和不为 0 进行检测并转移。当不满足各自的条件时，程序继续往下执行。当各自的条件满足时，程序转向指定的目标地址。目标地址的计算与 SJMP 指令情况相同。指令执行时对标志位无影响。

【例 3.30】若累加器 A 原始内容为 00H，则：

```
JNZ  L1          ; 由于 A 的内容为 00H，所以程序往下执行
INC  A           ;
JNZ  L2          ; 由于 A 的内容已不为 0，所以程序转向 L2 处执行
```

2. 比较不相等转移

比较不相等转移指令包括下列格式：

```
CJNE  A, direct, rel     ; 若(A)≠(direct), 则 PC←(PC)+rel
CJNE  A, #data, rel      ; 若(A)≠data, 则 PC←(PC)+rel
CJNE  Rn, #data, rel     ; 若(Rn)≠data, 则 PC←(PC)+rel
CJNE  @Ri, #data, rel    ; 若(@Ri)≠data, 则 PC←(PC)+rel
```

这组指令的功能是对指定的目的字节和源字节进行比较，若它们的值不相等则转移，转移的目标地址为当前的 PC 值加 3 后再加指令的第三字节偏移量 rel；若目的字节的内容大于源字节的内容，则进位标志清 0；若目的字节的内容小于源字节的内容，则进位标志置 1；若目的字节的内容等于源字节的内容，程序将继续往下执行。

例如，若(R7)=56H，执行指令 CJNE R7, #54H, $+08H 后，程序将转到目标地址为存放本条指令的地址再加 08H 处执行。

注意：符号“$”常用来表示存放本条指令的地址。

3. 减 1 不为 0 转移

减 1 不为 0 转移指令包括下列格式：

```
DJNZ  Rn, rel          ; PC←(PC)+2, Rn←(Rn)-1
                       ; 若(Rn)≠0, 则 PC←(PC)+rel, 继续循环
                       ; 若(Rn)=0, 则结束循环, 程序往下执行
DJNZ  direct, rel      ; PC←(PC)+3, direct←(direct)-1
                       ; 若(direct)≠0, 则 PC←(PC)+rel, 继续循环
                       ; 若(direct)=0, 则结束循环, 程序往下执行
```

这组指令每执行一次，便将目的操作数的循环控制单元的内容减 1，并判其是否为 0。若不为 0，则转移到目标地址继续循环；若为 0，则结束循环，程序往下执行。

【例 3.31】有一段程序如下：

```
        MOV  23H, #OAH
        CLR  A
LOOPX:  ADD  A, 23H
        DJNZ 23H, LOOPX
        SJMP $
```

该指令执行后，(A)=10+9+8+7+6+5+4+3+2+1=37H。

3.6.3 调用与返回

1. 调用

调用语句的格式如下：

```
ACALL  addrll      ; PC←(PC)+2, SP←(SP)+1, (SP)←(PC7~0)
                   ; SP←(SP)+1, (SP)←(PC15~8), PC10~0←addrll
LCALL  addrl6      ; PC←(PC)+3, SP←(SP)+1, (SP)←(PC7~0)
                   ; SP←(SP)+1, (SP)←(PC15~8), PC←addrl6
```

这两条指令可以实现子程序的短调用和长调用。目标地址的形成方式与 AJMP 和 LJMP 相似。这两条指令的执行不影响任何标志。

ACALL 指令执行时，被调用的子程序的首址必须设在包含当前指令(即调用指令的下一条指令)的第一个字节在内的 2KB 范围内的程序存储器中。

LCALL 指令执行时，被调用的子程序的首址可以设在 64KB 范围内的程序存储器空间的任何位置。

【例 3.32】若(SP)=07H，标号 XADD 表示的实际地址为 0345H，PC 的当前值为 0123H。执行指令 ACALL　XADD 后，(PC)+2=0125H，其低 8 位的 25H 压入堆栈的 08H 单元，其高 8 位的 01H 压入堆栈的 09H 单元。(PC)=0345H，程序转向目标地址 0345H 处执行。

2. 返回

返回指令的格式如下：

```
RET      ; PC15~8←((SP)), SP←(SP)-1
         ; PC7~0←((SP)), SP←(SP)-1
RETI     ; PC15~8←((SP)), SP←(SP)-1
         ; PC7~0←((SP)), SP←(SP)-1
```

子程序执行完后，程序应返回到调用指令的下一条指令处继续执行。因此，在子程序的结尾必须设置返回指令。返回指令有两条，基子程序返回指令 RET 和中断返回指令 RETI。

RET 指令的功能是从堆栈中弹出由调用指令压入堆栈保护的断点地址，并送入指令计数器 PC，从而结束子程序的执行。程序返回到断点处继续执行。

RETI 指令专用于中断服务程序返回的指令，除正确返回中断点处继续执行主程序外，并有清除内部的中断状态寄存器(以保证正确的中断逻辑)的功能。

3.6.4　空操作

空操作指令为：

```
NOP      ; PC←(PC)+1
```

这条指令不产生任何控制操作，只是将程序计数器 PC 的内容加 1。该指令在执行时间上要消耗 1 个机器周期，在存储空间上可以占用一个字节。因此，常用来实现较短时间的延时。

3.7　位操作类指令

位操作又称布尔操作，是以位为单位进行的各种操作。MCS-51 单片机内部有一个布尔(位)处理器，对位地址空间具有丰富的位操作指令。进行位操作时，以进位标志作为位累加器。位操作指令中的位地址有 4 种表示形式：

- 直接地址方式(如 0D5H)。
- 点操作符方式(如 0D0H.5、PSW.5 等)。
- 位名称方式(如 F0)。
- 伪指令定义方式(如 MYFLAGB BIT F0)。

上几种形式表示的都是 PSW 中的位 5。

与字节操作指令中累加器 ACC 用字符 A 表示类似的是，在位操作指令中，位累加器要用字符 C 表示(在位操作指令中 CY 与具体的直接位地址 D7H 对应)。

3.7.1 位传送

位传送有以下两种指令形式：

```
MOV  bit, C     ; bit←(CY)
MOV  C, bit     ; CY←(bit)
```

这两条指令可以实现指定位地址中的内容与位累加器 CY 内容相互传送。

【例 3.33】若(CY)=1，(P3)=11000101B，(P1)=00110101B，执行以下指令：

```
MOV  P1.3, C
MOV  C, P3.3
MOV  P1.2, C
```

结果为(CY)=0，P3 的内容未变，P1 的内容变为 0011 1001B。

3.7.2 位状态设置

1. 位清 0

位清 0 指令具有如下两种形式：

```
CLR  C          ; CY←0
CLR  bit        ; bit←0
```

这两条指令可以实现位地址内容和位累加器内容的清 0。

【例 3.34】若(P1)=1001 1101B。执行指令 CLR P1.3 后，结果为(P1)=1001 0101B。

2. 位置位

位置位指令具有如下两种形式：

```
SETB  C         ; CY←1
SETB  bit       ; bit←1
```

这两条指令可以实现地址内容和位累加器内容的置位。

【例 3.35】若(P1)=1001 1100B。执行指令 SETB P1.0 后，(P1)=1001 1101B。

3.7.3 位逻辑运算

1. 位逻辑“与”

位逻辑“与”指令具有如下两种形式：

```
ANL  C, bit     ; CY←(CY)∧bit
ANL  C, /bit    ; CY←(CY)∧(/bit)
```

这两条指令可以实现位地址单元内容或取反后的值与位累加器的内容“与”操作，操作的结果送位累加器。

【例 3.36】若(P1)=10011100B，(CY)=1。执行指令 ANL C, P1.0 后，结果为 P1 内容不

变，而(CY)=0。

2. 位逻辑“或”

逻辑“或”指令具有如下两种形式：

```
ORL  C, bit       ; CY←(CY)∨bit
ORL  C, /bit      ; CY←(CY)∨(/bit)
```

这两条指令可以实现位地址单元内容或取反后的值与位累加器的内容“或”操作，操作的结果送位累加器 C。

3. 位取反

位取反指令具有如下两种形式：

```
CPL  C            ; CY←(/CY)
CPL  bit          ; bit←(/bit)
```

这两条指令可以实现位地址单元内容和位累加器内容的取反。

3.7.4　位判跳(条件转移)

1. 判 CY 转移

判 CY 转移指令具有如下两种形式：

```
JC  rel           ; 若(CY)=1，PC←(PC)+2+rel，否则顺序执行
JNC  rel          ; 若(CY)=0，C←(PC)+2+rel，否则顺序执行
```

这两条指令的功能是对进位标志位 CY 进行检测，当(CY)=1(第一条指令)或(CY)=0(第二条指令)，程序转向 PC 当前值与 rel 之和的目标地址去执行，否则程序将顺序执行。

2. 判 bit 转移

判 bit 转移指令具有如下三种形式：

```
JB  bit, rel      ; (bit)=1，PC←(PC)+3+rel，否则顺次执行
JBC bit, rel      ; (bit)=1，PC←(PC)+3+rel，并使 bit←0，否则顺次执行
JNB bit, rel      ; (bit)=0，PC←(PC)+3+rel，否则顺次执行
```

这三条指令的功能是对指定位 bit 进行检测，当(bit)=1(第一条和第二条指令)或(bit)=0(第三条指令)时，程序转向 PC 当前值与 rel 之和的目标地址去执行，否则程序将顺序执行。对于第二条指令，当条件满足时(指定位为 1)，还具有将该指定位清 0 的功能。

习　题　3

一、简答题

(1) MCS-51 系列单片机的指令系统有何特点？

(2) MCS-51 单片机有哪几种寻址方式？各种寻址方式所对应的寄存器或存储器空间如何？

(3) 访问特殊功能寄存器 SFR 可以采用哪些寻址方式？

(4) 访问内部 RAM 单元可以采用哪些寻址方式？

(5) 访问外部 RAM 单元可以采用哪些寻址方式？

(6) 访问外部程序存储器可以采用哪些寻址方式？

(7) 为什么说布尔处理功能是 MCS-51 单片机的重要特点？

(8) 对于 80C52 单片机内部 RAM 还存在高 128 字节，应采用何种方式访问？

(9) 试根据指令编码表写出下列指令的机器码。

① MOV A, #88H

② MOV R3, 50H

③ MOV P1.1, #55H

④ ADD A, @R1

⑤ SETB 12H

(10) 完成某种操作可以采用几条指令构成的指令序列实现，试写出完成以下每种操作的指令序列。

① 将 R0 的内容传送到 R1。

② 内部 RAM 单元 60H 的内容传送到寄存器 R2。

③ 外部 RAM 单元 1000H 的内容传送到内部 RAM 单元 60H。

④ 外部 RAM 单元 1000H 的内容传送到寄存器 R2。

⑤ 外部 RAM 单元 1000H 的内容传送到外部 RAM 单元 2000H。

(11) 若(R1)=30H，(A)=40H，(30H)=60H，(40H)=08H。试分析执行下列程序段后上述各单元内容的变化：

```
MOV  A, @R1
MOV  @R1, 40H
MOV  40H, A
MOV  R1, #7FH
```

(12) 若(A)=E8H，(R0)=40H，(R1)=20H，(R4)=3AH，(40H)=2CH，(20)=0FH，试写出下列各指令独立执行后有关寄存器和存储单元的内容？若该指令影响标志位，试指出 CY、AC、和 OV 的值。

① MOV A, @R0

② ANL 40H, #0FH

③ ADD A, R4

④ SWAP A

⑤ DEC @R1

⑥ XCHD A, @R1

(13) 若(50H)=40H，试写出执行以下程序段后累加器 A、寄存器 R0 及内部 RAM 的 40H、41H、42H 单元中的内容各为多少？

```
MOV  A, 50H
MOV  R0, A
```

```
MOV  A, #00H
MOV  @R0, A
MOV  A, 3BH
MOV  41H, A
MOV  42H, 41H
```

(14) 试用位操作指令实现下列逻辑操作，要求不得改变未涉及的位的内容。

① 使 ACC.0 置位。

② 清除累加器高 4 位。

③ 清除 ACC.3、ACC.4、ACC.5、ACC.6。

(15) 若(CY)=1，(P1)=10100011B，(P3)=01101100B。试指出执行下列程序段后，CY、P1 口及 P3 口内容的变化情况。

```
MOV  P1.3, C
MOV  P1.4, C
MOV  C, P1.6
MOV  P3.6, C
MOV  C, P1.0
MOV  P3.4, C
```

二、编程题

(1) 试编写程序，将内部 RAM 的 20H、21H、22H 三个连续单元的内容依次存入 2FH、2EH 和 2DH 单元。

(2) 试编写程序，完成两个 16 位数的减法：7F4DH-2B4EH，结果存入内部 RAM 的 30H 和 31H 单元，31H 单元存差的高 8 位，30H 单元存差的低 8 位。

(3) 试编写程序，将 R1 中的低 4 位数与 R2 中的高 4 位数合并成一个 8 位数，并将其存放在 R1 中。

(4) 试编写程序，将内部 RAM 的 20H、21H 单元的两个无符号数相乘，结果存放在 R2、R3 中，R2 中存放高 8 位，R3 中存放低 8 位。

(5) 若单片机的主频为 12MHz，试用循环转移指令编写延时 20ms 的延时子程序。并说明这种软件延时方式的优缺点。

第 4 章　汇编程序设计

单片机应用系统由硬件和软件组成。所谓软件就是程序，它是由各种指令依某种规律组合形成的。程序设计(或软件设计)的任务是利用计算机语言对系统预定完成的任务进行描述和规定。本章主要介绍汇编语言程序设计的相关知识及三种编程方法。

4.1　汇编程序设计概述

4.1.1　程序编制的方法和技巧

1. 程序编制的步骤

(1)　任务分析

首先，要对单片机应用系统预定完成的任务进行深入的分析，明确系统的设计任务、功能要求和技术指标。其次，要对系统的硬件资源和工作环境进行分析。这是单片机应用系统程序设计的基础和条件。

(2)　确定算法并进行算法的优化

算法是解决具体问题的方法。一个应用系统经过分析、研究和明确规定后，对应实现的功能和技术指标可以利用严密的数学方法或数学模型来描述，从而把一个实际问题转化成由计算机进行处理的问题。同一个问题的算法可以有多种，结果也可能不尽相同，所以，应对各种算法进行分析和比较，并进行合理的优化。比如，用迭代法解微分方程，需要考虑收敛速度的快慢(即在一定的时间里能否达到精度要求)。而有的问题则受内存容量的限制而对时间要求并不苛刻。对于后一种情况，速度不快但节省内存的算法则应是首选。

(3)　程序总体设计及流程图绘制

经过任务分析、算法优化后，就可以进行程序的总体构思，确定程序的结构和数据形式，并考虑资源的分配和参数的计算等。然后根据程序运行的过程，勾画出程序执行的逻辑顺序，用图形符号将总体设计思路及程序流向绘制在平面图上，从而使程序的结构关系直观明了，便于检查和修改。

通常，应用程序依功能可以分为若干部分，通过流程图可以将具有一定功能的各部分有机地联系起来。并由此抓住程序的基本线索，对全局可以有一个完整的了解。清晰正确的流程图是编制正确无误的应用程序的基础和条件。所以，绘制一个好的流程图，是程序设计的一项重要内容。

流程图可以分为总流程图和局部流程图。总流程图侧重反映程序的逻辑结构和各程序模块之间的相互关系。局部流程图反映程序模块的具体实施细节。对于简单的应用程序，可以不画流程图。但是当程序较为复杂时，绘制流程图是一个良好的编程习惯。

常用的流程图符号有开始或结束符号、工作任务符号、判断分支符号、程序连接符号、程序流向符号等，如图 4-1 所示。

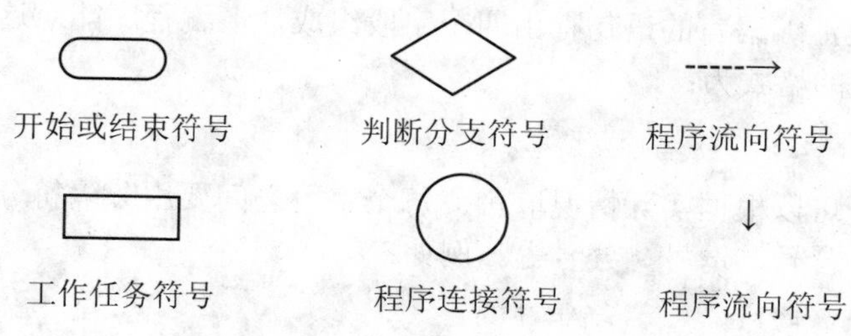

图 4-1　常用程序流程图符号

此外，还应编制资源分配表，包括数据结构和形式、参数计算、通信协议、各子程序的入口和出口说明等。

(4)　编写源程序

用汇编语言把流程图表明的步骤描述出来。实现流程图中每一框内的要求，从而编写出一个有序的指令流，即汇编语言源程序。

(5)　汇编、调试

将汇编语言程序汇编成目标程序后，还要进行调试，排除程序中的错误。只有通过上机调试并能得出正确结果的程序，才能认为是正确的程序。

2. 编制程序的方法——采用模块化程序设计方法

单片机应用系统的程序一般由包含多个模块的主程序和各种子程序组成。每一程序模块都要完成一个明确的任务，实现某个具体的功能，如发送、接收、延时、打印和显示等。采用模块化的程序设计方法，就是将这些不同的具体功能程序进行独立的设计和分别调试，最后也将这些模块程序装配成整体程序并进行联调。

模块化的程序设计方法具有明显的优点。把一个多功能的复杂的程序划分为若干个简单的、功能单一的程序模块，有利于程序的设计和调试，有利于程序的优化和分工，提高了程序的可阅读性和可靠性，使程序的结构层次一目了然。所以，进行程序设计的学习，首先要树立起模块化的程序设计思想。

3. 编制程序的技巧——尽量采用循环结构和子程序

采用循环结构和子程序可以使程序的长度减少、占用内存空间减少。对于多重循环，要注意各重循环的初值和循环结束条件，避免出现程序无休止循环的“死循环”现象。对于通用的子程序，除了用于存放子程序入口参数的寄存器外，子程序中用到的其他寄存器的内容应压入堆栈进行现场保护，并要特别注意堆栈操作的压入和弹出的平衡。对于中断处理子程序，除了要保护程序中用到的寄存器外，还应保护标志寄存器。这是由于在中断处理过程中难免对标志寄存器中的内容产生影响，而中断处理结束后返回主程序时可能会遇到以中断前的状态标志为依据的条件转移指令，如果标志位被破坏，则程序的运行就会发生混乱。

4. 汇编语言的语句格式

80C51 单片机汇编语言的语句行由四个字段组成，汇编程序能对这种格式正确地进行识别。这四个字段的格式为：

```
[标号:] 操作码 [操作数] [; 注释]
```

括号内的部分可以根据实际情况取舍。每个字段之间要用分隔符分隔，可以用作分隔符的符号有空格、冒号、逗号、分号等。例如：

```
LOOP: MOV  A, #7FH        ; A←7FH
```

(1) 标号

标号是语句地址的标志符号，用于引导对该语句的非顺序访问。标号的规定如下。

① 标号由1~8个ASCII字符组成。第一个字符必须是字母，其余字符可以是字母、数字或其他特定字符。

② 不能使用该汇编语言已经定义了的符号作为标号。如指令助记符、寄存器符号名称等。

③ 标号后边必须跟冒号。

(2) 操作码

操作码用于规定语句执行的操作。它是汇编语句中唯一不能空缺的部分。它用指令助记符表示。

(3) 操作数

操作数用于给指令的操作提供数据或地址。在一条汇编语句中操作数可能是空缺的，也可能包括一项，还可能包括两项或三项。各操作数间以逗号分隔。操作数字段的内容可能包括以下几种情况。

① 工作寄存器名。

② 特殊功能寄存器名。

③ 标号名。

④ 常数。

⑤ 符号“$”表示程序计数器PC的当前值。

⑥ 表达式。

(4) 注释

注释不属于汇编语句的功能部分，它只是对语句的说明注释字段，可以增加程序的可读性，有助于编程人员的阅读和维护。注释字段必须以分号“;”开头，长度不限，当一行书写不下时，可以换行接着书写，但换行时应注意在开头使用分号“;”。

(5) 数据的表示形式

MCS-51汇编语言的数据可以有以下几种表示形式。

- 二进制数：末尾以字母B来标识。如10001111B。
- 十进制数：末尾以字母D标识或将字母D省略。如88D，66D。
- 十六进制数：末尾以字母H标识。如78H，0A8H(但应注意的是，十六进制数以字母A~F开头时应在其前面加上数字“0”)。
- ASCII码：以单引号括起来标识。

4.1.2 伪指令

伪指令是汇编程序能够识别并对汇编过程进行某种控制的汇编命令。它不是单片机执行的指令，所以没有对应的可执行目标码，汇编后产生的目标程序中不会再出现伪指令。标准的 MCS-51 汇编程序定义了许多伪指令，下面仅对一些常用的进行介绍。

1. 起始地址设定伪指令 ORG

格式为：

```
ORG  表达式
```

该指令的功能是向汇编程序说明下面紧接的程序段或数据段存放的起始地址。表达式通常为十六进制地址，也可以是已定义的标号地址。例如：

```
        ORG  8000H
START:  MOV  A, #30H
```

此时规定该段程序的机器码从地址 8000H 单元开始存放。

在每一个汇编语言源程序的开始，都要设置一条 ORG 伪指令来指定该程序在存储器中存放的起始位置。若省略 ORG 伪指令，则该程序段从 0000H 单元开始存放。在一个源程序中，可以多次使用 ORG 伪指令规定不同程序段或数据段存放的起始地址，但要求地址值由小到大依序排列，不允许空间重叠。

2. 汇编结束伪指令 END

格式为：

```
END
```

该指令的功能是结束汇编。

汇编程序遇到 END 伪指令后即结束汇编。处于 END 之后的程序，汇编程序将不处理。

3. 字节数据定义伪指令 DB

格式为：

```
[标号:] DB  字节数据表
```

功能是从标号指定的地址单元开始，在程序存储器中定义字节数据。字节数据表可以是一个或多个字节数据、字符串或表达式。

该伪指令将字节数据表中的数据根据从左到右的顺序依次存放在指定的存储单元中，一个数据占一个存储单元。例如：

```
DB  "how  are  you? "
```

把字符串中的字符以 ASCII 码的形式存放在连续的 ROM 单元中。又如：

```
DB  -2, -4, -6, 8, 10, 18
```

把 6 个数转换为十六进制表示(FEH、FCH、FAH、08H、0AH、12H)，并连续地存放在 6 个 ROM 单元中。

该伪指令常用于存放数据表格。如要存放显示用的十六进制的字形码，可以用多条 DB 指令完成：

```
DB  0C0H, 0F9H, 0A4H, 0B0H
DB  99H, 92H, 82H, 0F8H
DB  80H, 90H, 88H, 83H
DB  0C6H, 0A1H, 86H, 84H
```

4. 字数据定义伪指令 DW

格式为：

[标号:] DW　字数据表

功能是从标号指定的地址单元开始，在程序存储器中定义字数据。

该伪指令将字或字表中的数据按照从左到右的顺序依次存放在指定的存储单元中。

注意：16 位的二进制数，高 8 位存放在低地址单元，低 8 位存放在高地址单元。

例如：

```
        ORG  1400H
DATA:   DW  324AH, 3CH
```

汇编后，(1400H)=32H，(1401H)=4AH，(1402H)=00H，(1403H)=3CH。

5. 空间定义伪指令 DS

格式为：

[标号:] DS　表达式

功能是从标号指定的地址单元开始，在程序存储器中保留由表达式所指定的个数的存储单元作为备用的空间，并都填以零值。例如：

```
        ORG  3000H
BUF:    DS  50
```

汇编后，从地址 3000H 开始保留 50 个存储单元作为备用单元。

6. 赋值伪指令 EQU

格式为：

符号名　EQU　表达式

功能是为表达式的值或特定的某个汇编符号定义一个指定的符号名。例如：

```
        LEN  EQU  10
        SUM  EQU  21H
        BLOCK  EQU  22H
        CLR  A
        MOV  R7, #LEN
        MOV  R0, #BLOCK
LOOP:   ADD  A, @R0
        INC  R0
```

```
        DJNZ  R7, LOOP
        MOV  SUM, A
        END
```

该程序的功能是，对 BLOCK 单元开始存放的 10 个无符号数进行求和，并将结果存入 SUM 单元中。

7. 位地址符号定义伪指令 BIT

格式为：

符号名　BIT　位地址表达式

功能是将位地址赋给指定的符号名。其中，位地址表达式可以是绝对地址，也可以是符号地址。例如：

```
ST  BIT  P1.0
```

将 P1.0 的位地址赋给符号名 ST，在其后的编程中就可以用 ST 来代替 P1.0。

4.2　顺序程序设计

顺序程序是指无分支、无循环结构的程序。程序的走向是唯一的，程序的执行顺序与书写顺序完全一致。下面介绍的数据传送、查表及简单计算的例程均属于顺序程序。

4.2.1　数据传送

【例 4.1】 内部 RAM 的 2AH~2EH 单元中存储的数据如图 4-2(a)所示。试编写程序实现如图 4-2(b)所示的数据传送结果。

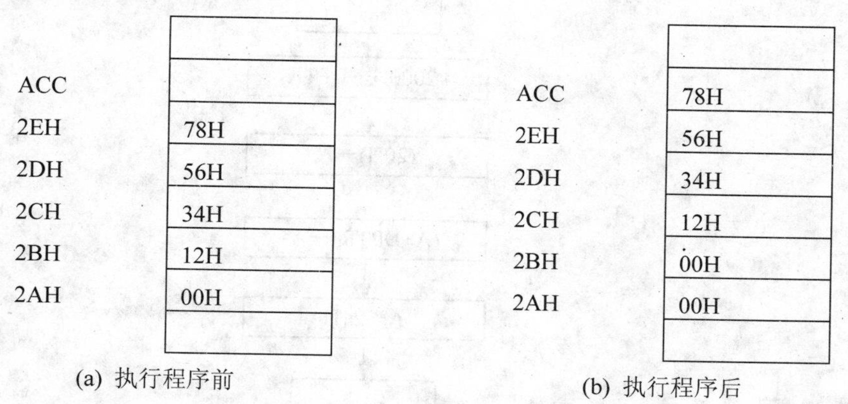

图 4-2　数据传送示意图

方法一：

```
MOV  A, 2EH        ; 指令代码占 2B 的空间，执行时间为 1 个机器周期
MOV  2EH, 2DH      ; 指令代码占 3B 的空间，执行时间为 2 个机器周期
MOV  2DH, 2CH      ; 指令代码占 3B 的空间，执行时间为 2 个机器周期
MOV  2CH, 2BH      ; 指令代码占 3B 的空间，执行时间为 2 个机器周期
MOV  2BH, #00H     ; 指令代码占 3B 的空间，执行时间为 2 个机器周期
```

方法二：

```
CLR  A           ; 指令代码占 2B 的空间，执行时间为 1 个机器周期
XCHA  A, 2BH     ; 指令代码占 1B 的空间，执行时间为 1 个机器周期
XCHA  A, 2CH     ; 指令代码占 2B 的空间，执行时间为 1 个机器周期
XCHA  A, 2DH     ; 指令代码占 2B 的空间，执行时间为 1 个机器周期
XCHA  A, 2EH     ; 指令代码占 2B 的空间，执行时间为 1 个机器周期
```

以上两种方法均可以实现所要求的传送任务。方法一使用 14B 的指令代码，执行时间为 9 个机器周期；方法二仅用了 9B 的代码，执行时间也减少到了 5 个机器周期。实际应用中应尽量采用指令代码字节数少、执行时间短的高效率程序，即注意程序的优化。

4.2.2 查表程序

【例 4.2】 有一变量存放在片内 RAM 的 20H 单元，其取值范围为 00H~05H。要求编制一段程序，根据变量值求其平方值，并存入片内 RAM 的 21H 单元。

程序如下：

```
        ORG  1000H
START:  MOV  DPTR, #2000H
        MOV  A, 20H
        MOVC  A, @A+DPTR
        MOV  21H, A
        SJMP  $
TABLE:  DB  00, 01, 04, 09, 25
        END
```

在程序存储器的一片存储单元中建立起该变量的平方表。用数据指针 DPTR 指向平方表的首址，则变量与数据指针之和的地址单元中的内容就是变量的平方值。程序流程图如图 4-3 所示。

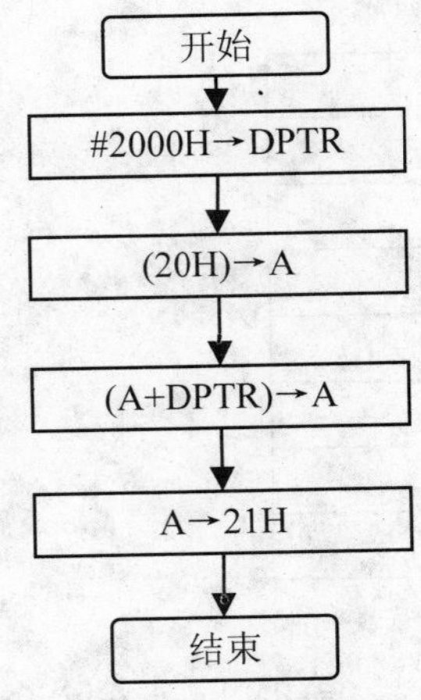

图 4-3 查表程序流程图

采用 MOVC A, @A+PC 指令也可以实现查表功能，且不破坏 DPTR 的内容，从而可以减少保护 DPTR 的内容所需的开销。但表格只能存放在 MOVC A, @A+PC 指令后的 256B 内，即表格存放的地点和空间有一定的限制。

4.2.3 简单运算

由于 MCS-51 指令系统中只有单字节加法指令，因此对于多字节的相加运算必须从低位字节开始分字节进行。除最低字节可以使用 ADD 指令外，其他字节相加时要把低字节的进位考虑进去，这时就应该使用 ADDC 指令。

【例 4.3】 双字节无符号数加法。

设被加数存放在内部 RAM 的 51H、50H 单元，加数存放在内部 RAM 的 61H、60H 单元，相加的结果存放在内部 RAM 的 51H、50H 单元，进位存放在位寻址区的 00H 位中。实现此功能的程序段如下：

```
MOV  R0, #50H        ; 被加数的低字节地址
MOV  R1, #60H        ; 加数的低字节地址
MOV  A, @R0          ; 取被加数低字节
ADD  A, @R1          ; 加上加数低字节
MOV  @R0, A          ; 保存低字节相加结果
INC  R0              ; 指向被加数高字节
INC  R1              ; 指向加数高字节
MOV  A, @R0          ; 取被加数高字节
ADDC  A, @R1         ; 加上加数高字节(带进位加)
MOV  @R0, A          ; 存高字节相加结果
MOV  00H, C          ; 保存进位
```

【例 4.4】 双字节无符号数减法。

设被减数存放在内部 RAM 的 51H、50H 单元，减数存放在内部 RAM 的 61H、60H 单元，相减的结果存放在内部 RAM 的 51H、50H 单元，借位存放在位寻址区的 00H 位中。实现此功能的程序段如下：

```
CLR  C
MOV  R0, #50H        ; 被减数的低字节地址
MOV  R1, #60H        ; 减数的低字节地址
MOV  A, @R0          ; 取被减数低字节
SUBB  A, @R1         ; 减去减数低字节
MOV  @R0, A          ; 保存低字节相减结果
INC  R0              ; 指向被减数高字节
INC  R1              ; 指向减数高字节
MOV  A, @R0          ; 取被减数高字节
SUBB  A, @R1         ; 减去减数高字节
MOV  @R0, A          ; 存高字节相减结果
MOV  00H, C          ; 保存借位
```

4.3 分支程序设计

通常，单纯的顺序程序结构只能解决一些简单的算术、逻辑运算、或者简单的查表、传送操作等。实际问题一般都比较复杂，总是伴随着逻辑判断和条件选择，要求计算机能根据给定的条件进行判断，选择不同的处理路径，从而表现出某种智能。

根据程序要求改变程序执行顺序，即程序的流向有两个或两个以上的出口，并根据指定的条件选择程序流向的程序结构，称之为分支程序结构，示意图如图 4-4 所示。本节通

过实例介绍分支程序的设计方法。

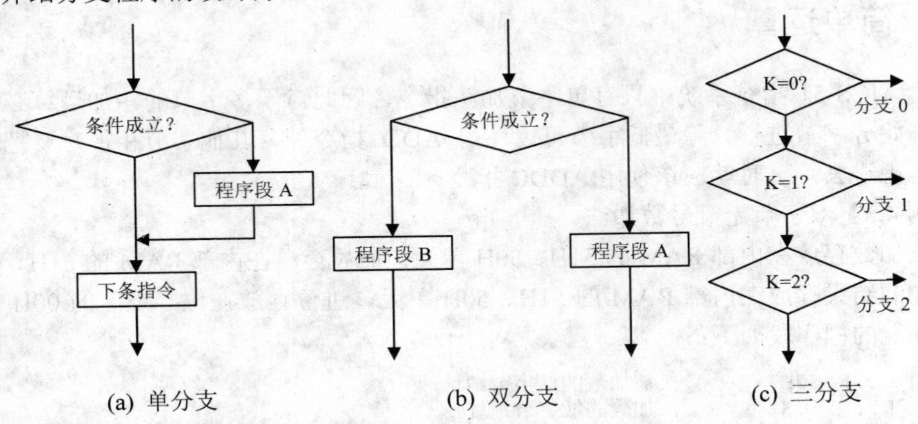

图 4-4 分支结构示意图

4.3.1 分支程序实例

1. 单分支程序设计

【例 4.5】求单字节有符号数的二进制补码。

设有一个单字节二进制数存于 A 中，编写程序求其补码。程序如下：

```
START:  JNB  ACC.7, OK        ; (A)>0，无须转换
        MOV  C, ACC.7
        CPL  A
        ADD  A, #1            ; 求补码
        MOV  ACC.7, C         ; 存符号位
OK:     RET
```

2. 两分支程序设计

【例 4.6】两个无符号数比较(两分支)。内部 RAM 的 20H 和 30H 单元存放了一个 8 位无符号数。请比较这两个数的大小，比较结果显示在试验板上：

- 若(20H)≥(30H)；则 P1.0 管脚连接的 LED 灯发光。
- 若(20H)<(30H)；则 P1.1 管脚连接的 LED 灯发光。

(1) 题意分析

本例是典型的分支程序，根据两个数的比较结果(判断条件)，程序可以选择两个流向之中的一个，分别点亮相应的 LED 灯。

比较两个无符号数常用的方法是将两个数相减，然后判断是否有借位 CY。若 CY=0，无借位，则 X≥Y；若 CY=1，有借位，则 X<Y。程序流程图如图 4-5 所示。

(2) 汇编语言源程序

源程序如下：

```
        X  DATA  20H
        Y  DATA  30H
        ORG 0000H
```

```
         MOV  A, X
         CLR  C
         SUBB  A, Y
         JC  L1
         CLR  P1.0
         SJMP  FINISH
L1:      CLR  P1.1
FINISH:  SJMP  $
         END
```

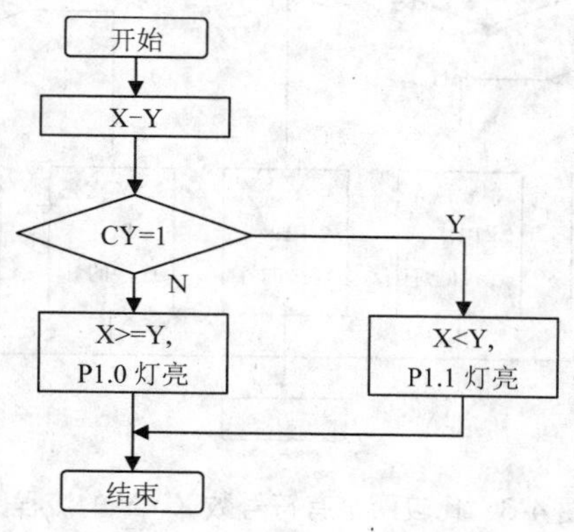

图 4-5　两数比较流程图

(3)　执行结果

执行程序之前，利用单片机开发系统先往内部 RAM 的 20H 和 30H 单元存放两个无符号数(可以任意设定)，执行后观察点亮的 LED 是否和存放的数据大小相一致。

3. 三分支程序设计

【例 4.7】两个有符号数比较(三分支程序)。内部 RAM 的 20H 和 30H 单元分别存放了一个 8 位有符号数。请比较这两个数的大小，比较结果显示在试验板上：

- 若(20H)＝(30H)，则 P1.0 管脚连接的 LED 灯发光。
- 若(20H)＞(30H)，则 P1.1 管脚连接的 LED 灯发光。
- 若(20H)＜(30H)，则 P1.2 管脚连接的 LED 灯发光。

(1)　题意分析

有符号数在计算机中的表示形式与无符号数是不相同的：正数以原码的形式表示，负数以补码的形式表示，8 位二进制补码所能表示的范围为+127~−128。

计算机无法区分一串二进制码组成的数是有符号数或无符号数，也无法区分它是程序指令还是数据。编程员必须对程序中出现的每一个数据的含义非常清楚，并按此选择相应的操作。例如，数据 FEH 看作无符号数其值是 254，看作有符号数是−2。

比较两个有符号数与比较两个无符号数相比要麻烦得多。

这里提供一种比较思路：先判断两个有符号数的符号，如果 X、Y 两数的符号相反，则非负数大；如果 X、Y 两数的符号相同，将两数相减，然后根据借位标志 CY 进行判断。这一比较过程如图 4-6 所示。

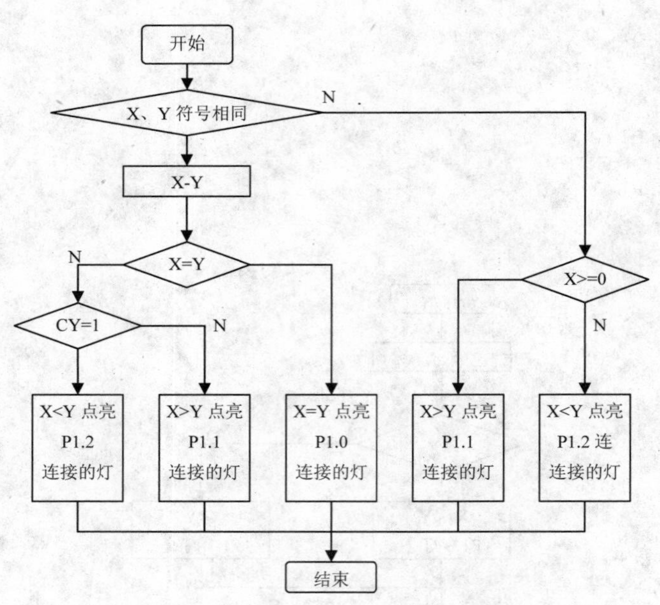

图 4-6 比较两个有符号数 X、Y 的流程图

(2) 汇编语言源程序

汇编语言源程序如下：

```
         X  DATA  20H
         Y  DATA  30H
         ORG  0000H
         MOV  A, X
         XRL  A, Y            ; (X)与(Y)进行异或操作
         JB  ACC.7, NEXT1     ; 累加器 A 的第 7 位为 1，两符号数不同，转移到 NEXT1
         MOV  A, X
         CJNE  A, Y, NEQUAL   ; (X)≠(Y)，转移到 NEQUAL
         CLR  P1.0            ; (X)＝(Y)，点亮 P1.0 连接的 LED
         SJMP  FINISH
NEQUAL:  JC  XXY              ; (X)＜(Y)，转移到 XXY
         SJMP  XDY            ; 否则，(X)＞(Y)，转移到 XDY
NEXT1:   MOV  A, X
         JNB  ACC.7, XDY      ; 判断(X)的最高位 D7，以确定其正负
XXY:     CLR  P1.2            ; (X)＜(Y)，点亮 P1.2 连接的 LED
         SJMP  FINISH
XDY:     CLR  P1.1            ; (X)＞(Y)，点亮 P1.1 连接的 LED
FINISH:  SJMP  $
         END
```

(3) 程序说明

① 判断两个有符号数异同的方法。

本例中使用异或指令，将(X)与(Y)进行异或操作，那么，(X)的符号位$(X)_7$与(Y)的符号位$(Y)_7$异或的结果如下：

- 若$(X)_7$与$(Y)_7$相同，则$(X)_7 \oplus (Y)_7=0$。
- 若$(X)_7$与$(Y)_7$不相同，则$(X)_7 \oplus (Y)_7=1$。本例中，(X)与(Y)的异或结果存放在累加器 A 中，因此判断 ACC.7 是否为零即可知道两个数符号相同与否。

② 比较两个有符号数的其他方法。

除了本例中使用的比较两个有符号数的方法之外，我们还可以利用溢出标志 OV 的状态来判断两个有符号数的大小。具体算法如下：

- 若 X−Y 为正数，则 OV=0 时 X＞Y；OV=1 时 X＜Y。
- 若 X−Y 为负数，则 OV=0 时 X＜Y；OV=1 时 X＞Y。

4.3.2　分支程序结构

分支程序比顺序程序的结构复杂得多，其主要特点是程序的流向有两个或两个以上的出口，根据指定的条件进行选择确定。编程的关键是如何确定供判断或选择的条件及选择合理的分支指令。

通常，根据分支程序中的出口的个数分为单分支结构程序(两个出口)和多分支程序结构(三个或三个以上出口)。下面以单分支程序为例进行说明。

1. 单分支结构程序的形式

单分支结构在程序设计中应用最广，拥有的指令也最多。单分支结构一般为一个入口，两个出口。如图 4-7 所示，单分支结构程序有以下两种典型形式：图 4-7(a)表示当条件满足时执行分支程序 1，否则执行分支程序 2；图 4-7(b)表示当条件满足时跳过程序段 2，从程序段 3 往下执行，否则执行分支程序 2 和 3。

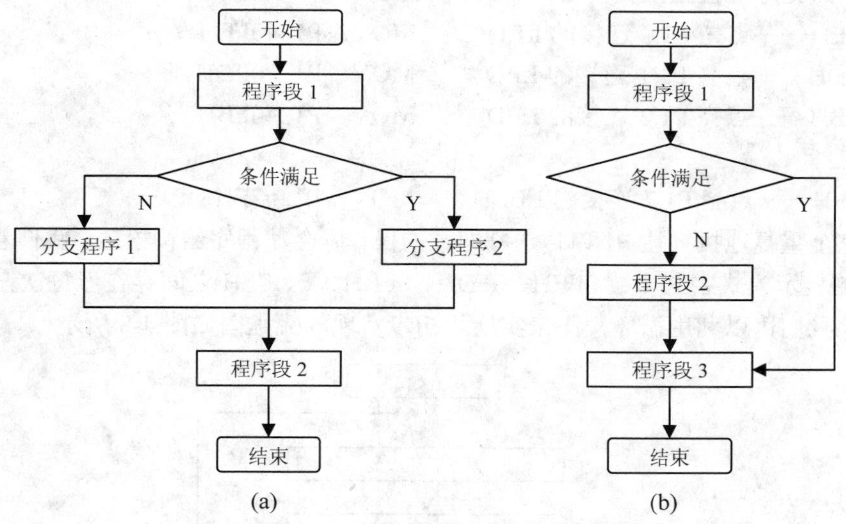

图 4-7　单分支结构程序的典型形式

2. 转移条件的形成

分支程序的转移条件一般都是程序状态字(PSW)中标志位的状态，因此，保证分支程序正确流向的关键如下。

(1)　在判断之前，应执行对有关标志位有影响的指令，使该标志位能够适应问题的要求，这就要求编程员要十分了解指令对标志位的影响情况。

(2)　当某一标志位处于某种状态时，在未执行下一条影响标志位的指令前，它一直保持原状态不变。

(3) 正确理解 PSW 中各标志位的含义及变化情况，才能正确地判断转移。

4.4 循环程序设计

循环结构程序是把多次使用的程序段，利用转移指令反复转向该程序段，从而大大缩短了程序代码，减少了占用的程序空间，程序结构也大大优化。

4.4.1 循环程序实例

本节用实例介绍循环程序设计的方法。

1. 单循环程序设计

【例 4.8】用 P1 口连接的 8 个 LED 模拟霓虹灯的显示方式。编程实现 P1 口连接的 8 个 LED 显示方式如下：按照从 P1.0 到 P1.7 的顺序，依次点亮其连接的 LED。

(1) 题意分析

这种显示方式是一种动态显示方式，逐一点亮一个灯，使人们感觉到点亮灯的位置在移动。根据点亮灯的位置，我们要向 P1 口依次送入以下的立即数：

- FEH——点亮 P1.0 连接的 LED　　MOV　P1, #0FEH
- FDH——点亮 P1.1 连接的 LED　　MOV　P1, #0FDH
- FBH——点亮 P1.2 连接的 LED　　MOV　P1, #0FBH
- ...　　...
- 7FH——点亮 P1.7 连接的 LED　　MOV　P1, #7FH

以上完全重复地执行往 P1 口传送立即数的操作，会使程序结构松散。我们看到，控制 LED 点亮的显示模式字立即数 0FEH、0FDH、0FBH、...、7FH 之间存在着每次左移一位的规律，因此我们可以利用循环程序来实现。初步实现的流程图如图 4-8 所示。

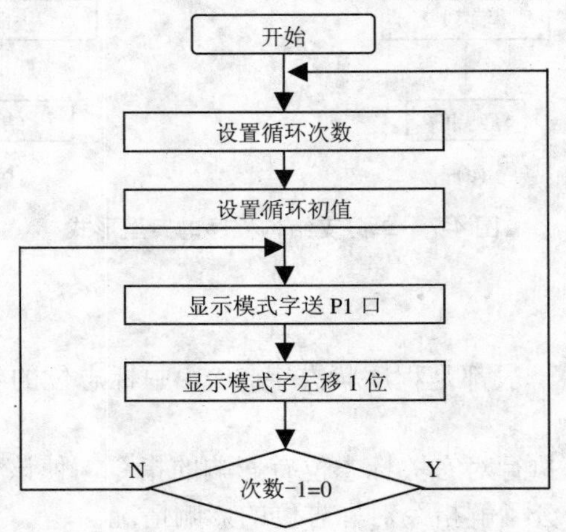

图 4-8　初步设想的程序流程图

用汇编语言实现的程序如下：

```
        ORG  0000H
START:  MOV  R2, #08H           ; 设置循环次数
        MOV  A, #0FEH           ; 从 P1.0~P1.7 使 LED 逐个亮过去
NEXT:   MOV  P1, A              ; 点亮 LED
        RL  A                   ; 左移一位
        DJNZ  R2, NEXT          ; 次数减 1，不为 0，继续点亮下一个 LED
        SJMP  START             ; 反复点亮
        END
```

执行上面的程序后，结果 8 个灯全部被点亮，跟预想的结果不符，为什么呢？这是因为程序执行得很快，逐一点亮 LED 的间隔太短，在我们看来就是同时点亮了，因此，必须在点亮一个 LED 后加一段延时程序，使该显示状态稍加停顿，人眼才能区别开来。正确的程序流程图如图 4-9 所示。

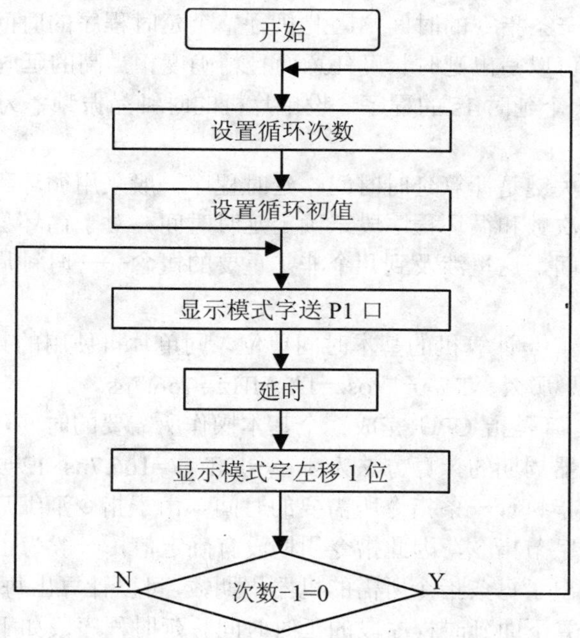

图 4-9　修正后的流程图

(2) 汇编语言源程序

汇编语言源程序如下：

```
        ORG  0000H
START:  MOV  R2, #08H           ; 设置循环次数
        MOV  A, #0FEH           ; 从 P1.0~P1.7 使 LED 逐个亮过去
NEXT:   MOV  P1  A              ; 点亮 LED
        ACALL  DELAY
        RL  A                   ; 左移一位
        DJNZ  R2, NEXT          ; 次数减 1，不为 0，继续点亮下一个 LED
        SJMP  START             ; 反复点亮
DELAY:  MOV   R3, #0FEH         ; 延时子程序的开始
DEL2:   MOV   R4, #0FFH
DEL1:   NOP
        DJNZ  R4, DEL1
```

```
DJNZ  R3, DEL2
RET
END
```

由于程序设计中经常会出现如图 4-9 所示的次数控制循环程序结构，为了编程方便，单片机指令系统中专门提供了循环指令 DJNZ，以适应上述结构的编程。

如 DJNZ R2, NEXT；R2 中存放次数，R2−1→R2，R2≠0，转移到 NEXT 继续循环。

2. 双重循环程序的设计

在上例中使用了延时程序段后，我们才能看到正确的显示结果。延时程序在单片机汇编语言程序设计中使用非常广泛。例如，键盘接口程序设计中的软件消除抖动、动态 LED 显示程序设计、LCD 程序设计、串行通信接口程序设计等。所谓延时，就是让 CPU 做一些与主程序无关的操作(例如将一个数字逐次减一直到为零)来消耗掉 CPU 的时间。由于我们知道 CPU 执行每一条指令的时间，因此执行整个延时程序的时间也可以精确地计算出来。也就是说，我们可以写出延时长度任意而且精确度相当高的延时程序。

【例 4.9】设计一个延时 1s 的程序，设单片机的时钟晶振频率为 fosc=6MHz。

(1) 题意分析

设计延时程序的关键是计算延时时间。延时程序一般采用循环程序结构编程，通过确定循环程序中的循环次数和循环程序段来确定延时时间。对于循环程序段来说，必须知道每一条指令的执行时间，这里涉及到几个非常重要的概念——时钟周期、机器周期和指令周期。

- 时钟周期 $T_{时钟}$是计算机的基本时间单位，同单片机使用的频率有关系。题目给定 fosc=6MHz，那么，$T_{时钟}$=1/fosc=1/6 MHz =166.7ns。
- 机器周期 $T_{时钟}$是指 CPU 完成一个基本操作所需要的时间，如取指操作、读数据操作等，机器周期的计算方法为 $T_{机器}=12T_{时钟}$=166.7ns×12=2μs。
- 指令周期是指执行一条指令所需要的时间。由于指令汇编后有单字节指令、双字节指令和三字节指令，因此指令周期没有确定值，一般为 1~4 个 $T_{机器}$。在附录的指令表中给出了每条指令所需的机器周期数，可以计算出每一条指令的指令周期。

现在，我们来计算下面延时程序段的延时时间。延时程序段如下：

```
DELAY:  MOV  R3, #0FEH
DEL2:   MOV  R4, #0FFH
DEL1:   NOP
        DJNZ  R4, DEL1
        DJNZ  R3, DEL2
```

经查指令表得到：指令 MOV R4, #0FFH、NOP、DJNZ 的执行时间分别为 2μs、2μs 和 4μs。

NOP 为空操作指令，其功能是取指、译码，然后不进行任何操作进入下一条，经常用于产生一个机器周期的延时。

延时程序段为双重循环，下面分别计算内循环和外循环的延时时间。

内循环：内循环的循环次数为 255(0FFH)次，循环内容为以下两条指令：

```
NOP                  ; 2μs
DJNZ R4, DEL1        ; 4μs
```

内循环延时时间为 255×(2+4)=1530μs

外循环：外循环的循环次数为 255(0FFH)次，循环内容如下：

```
MOV  R4, #0FFH       ; 2μs
1530μs 内循环
DJNZ  R3, DEL2       ; 4μs
```

外部执行一次时间为 1530μs+2μs+4μs=1536μs，循环 255 次，另外加上第一条指令：

```
MOV  R3, #0FFH       ; 2μs
```

其循环时间 2μs，因此，总的循环时间为：

$$2\mu s+(1530\mu s+2\mu s+4\mu s)\times 255=391682\mu s\approx 392ms$$

以上计算是比较精确的计算方法，一般情况下，在外循环的计算中，经常忽略比较小的时间段，例如将上面的外循环计算公式简化为：

$$1530\mu s\times 255=390150\mu s\approx 390ms$$

与精确计算值相比，误差为 2ms，在要求不是十分精确的情况下，这个误差是完全可以接受的。

了解了延时程序的计算方法，本例我们使用三重循环结构。程序流程图如图 4-10 所示。内循环选择为 1ms，第二层循环达到延时 10ms(内循环次数为 10)，第三层循环延时到 1s(循环次数为 100)。

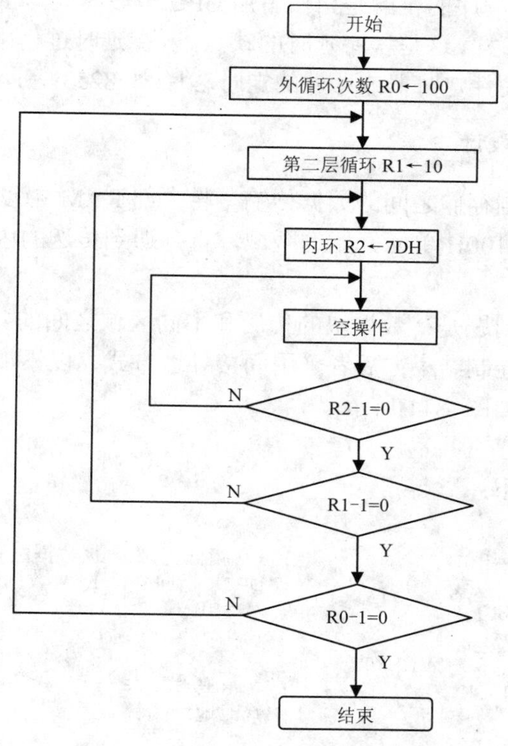

图 4-10　延时 1s 的程序流程图

(2) 汇编语言源程序段

一般情况下，延时程序均是作为一个子程序段使用，不会独立运行它，否则单纯的延时没有实际意义。本延时程序具体如下：

```
DELAY:  MOV  R0, #100        ; 延时1s的循环次数
DEL2:   MOV  R1, #10         ; 延时10ms的循环次数
DEL1:   MOV  R2, #7DH        ; 延时1ms的循环次数
DEL0:   NOP
        DJNZ  R2, DEL0
        DJNZ  R1, DEL1
        DJNZ  R0, DEL2
```

(3) 程序说明

本例中，第二层循环和外循环都采用了简化计算方法，编程关键是1ms的内循环程序如何编制。首先确定循环程序的内容如下：

```
NOP              ; 2μS
NOP              ; 2μS
DJNZ  R2, DEL0   ; 4μS
```

内循环次数为count，计算方法如下式：

$$(\text{一次循环时间})\times count=1ms$$

从而得到Count=1ms/(2μs+2μs+4μs)=125=7DH。

本例提供了一种延时程序的编制方法，若需要延时更长或更短时间，只需要用同样的方法采用更多重或更少重的循环即可。

值得注意的是，延时程序的目的是白白占用CPU一段时间，此时不能做任何其他工作，就像机器在不停地空转一样，这是程序延时的缺点。若在延时过程中需要CPU做其他工作，就要采用单片机内部的硬件定时器或片外的定时芯片(如8253等)。

3. 多重循环程序的设计

【例4.10】不同数据存储之间的数据传输。将内部RAM中以30H单元开始的内容依次传到外部RAM中以0100H单元开始的区域，直到遇到传送的内容是0为止。

(1) 题意分析

本例要解决的关键问题是：数据块的传送和不同区域之间的数据块的传送。前者采用循环程序结构，以条件控制结束；后者采用间接寻址方式，以累加器A作为中间变量实现数据传送。程序流程图如图4-11所示。

(2) 汇编语言源程序

汇编语言源程序如下：

```
        ORG  0000H
        MOV  R0, #30H            ; R0指向内部RAM数据区首地址
        MOV  DPTR, #0100H        ; DPTR指向外部RAM数据区首地址
TRANS:  MOV  A, @R0              ; A←(R0)
        MOVX  @DPTR, A
        CJNE  A, #00H, NEXT
        SJMP  FINISH             ; A=0传送完毕
NEXT:   INC  R0                  ; 修改地址指针
        INC  DPTR
        AJMP  TRANS              ; 继续传送
FINISH: SJMP  $
        END
```

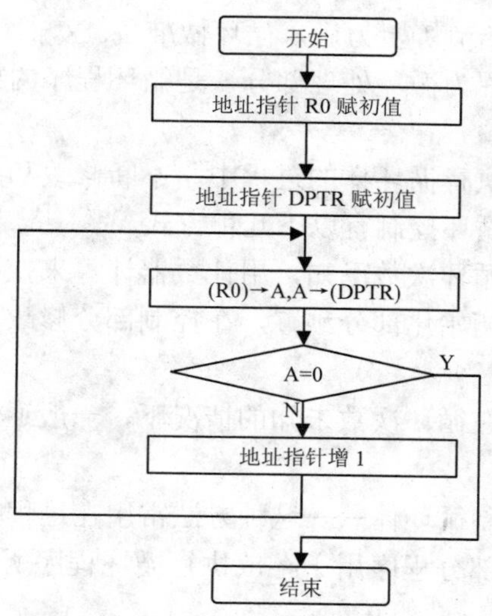

图 4-11　程序流程图

(3) 程序说明

① 间接寻址指令。在单片机指令系统中，对内部 RAM 读/写数据有两种方式，直接寻址方式和间接寻址方式。例如：

直接方式：

```
MOV  A, 30H              ; 内部 RAM(30H)→累加器 A
```

间接方式：

```
MOV  R0, #30H            ; 30H→R0
MOV  A, @R0              ; 内部 RAM(R0)→累加器 A
```

对外部 RAM 的读/写只有间接寻址方式，间接寻址寄存器有 R0、R1(寻址范围是 00H~FFH)和 DPTR(寻址范围 0000H~FFFFH，整个的外部 RAM 区)。

② 不同存储空间之间的数据传输。MCS-51 单片机存储器结构的特点之一是存在着 4 种物理存储空间，即片内 RAM、片外 RAM、片内 ROM 和片外 ROM。不同物理存储空间之间的数据传送一般以累加器 A 作为数据传送的中心。

不同的存储空间是独立编址的，在传送指令中的区别在于不同的助记符，例如：

```
MOV  R0, #30H
MOV  A, @R0              ; 内部 RAM(30H)→A
MOVX A, @RO              ; 外部 RAM(30H)→A
```

4.4.2　循环程序结构

1. 循环程序的组成部分

从以上循环程序的实例中，我们看到循环程序的特点是程序中包含有可以重复执行的程序段。循环程序由以下 4 个部分组成。

(1) 初始化部分。程序进入循环处理之前必须先设立初值，例如循环次数计数器、工作寄存器以及其他变量的初始值等，为进入循环做准备。

(2) 循环体。循环体也称为循环处理部分，是循环程序的核心。循环体用于处理实际数据，是重复执行的部分。

(3) 循环控制。在重复执行循环体的过程中，不断修改和判断循环变量，直到符合循环结束条件。一般情况下，循环控制有以下几种方式。

① 计算循环——如果循环次数已知，用计数器计算来控制循环次数，这种控制方式用得比较多。循环次数要在初始化部分预置，在控制部分修改，每循环一次，计数器内容减 1。

② 条件控制循环——在循环次数未知的情况下，一般通过设置结束条件控制循环的结束。

③ 开关量与逻辑尺控制循环体——这种方法常用在过程控制程序设计中。

(4) 循环结束处理。这部分程序用于存放执行循环程序所得结果以及恢复各工作单元的初值等。

2. 循环程序的基本结构

循环程序通常有两种编制方法：一种是先处理再判断，另一种是先判断后处理，具体如图 4-12 所示。

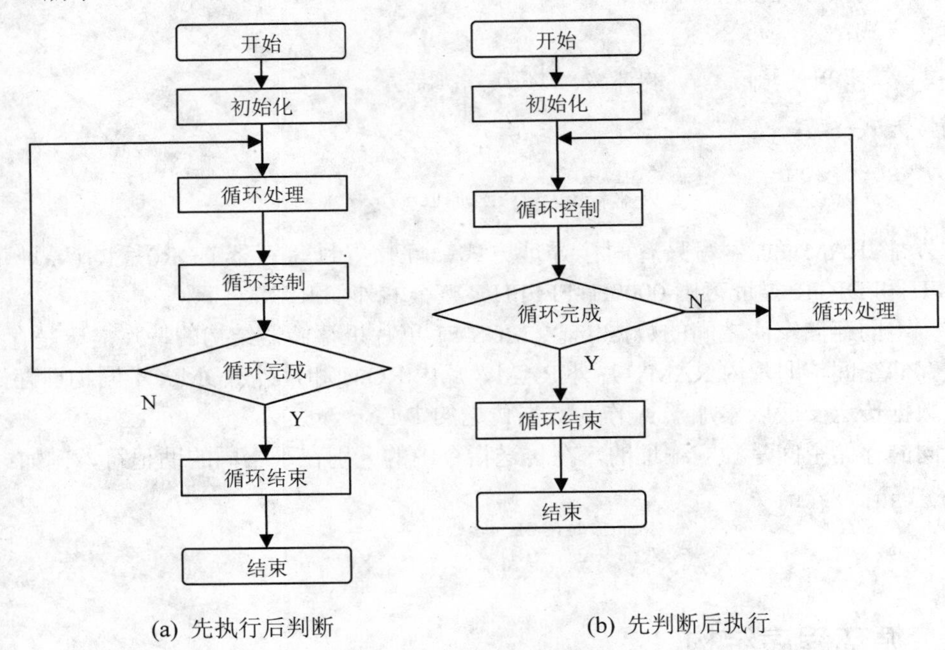

图 4-12 循环程序的两种基本结构

3. 多重循环结构程序

有些复杂问题必须采用多重循环程序结构，即循环程序中包含循环程序或一个大循环中包含多个小循环程序，称为多重循环结构程序，又称循环嵌套。

多重循环程序必须注意的是各重循环不能交叉，不能从外循环调入内循环。

4. 循环程序与分支程序的比较

循环程序实际上是分支程序的一种特殊形式，凡是分支程序可以使用的转移指令，循环程序一般都可以使用，并且由于循环程序在程序设计中的重要性，单片机指令系统还专门提供了循环控制指令，如 DJNZ 等。

4.5　子程序及其调用

4.5.1　子程序的调用

我们经常在现实问题中会遇到带有一些通用性的问题，如数值转换、数值计算等，在一个程序中可能多次使用。这时我们可以将这一程序设计成通用的子程序，供我们在以后的程序设计中随时调用。利用子程序可以使主程序结构更加紧凑，增强程序的可读性，调试程序更加方便。

子程序主要特点是，在执行过程中，需要其他程序来调用，执行完毕后又需要把执行流程图返回到用该子程序的主程序。它的结构和一般程序并无多大区别。

子程序调用时要注意两点：一是现场的保护和恢复；二是主程序与子程序的参数传递。

4.5.2　现场的保护和恢复

在子程序执行过程中常常要用到单片机的一些通用单元，如工作寄存器 R0~R7、累加器 A、数据指针 DPTR 以及有关标志和命令等。而这些单元的内容在调用结束后的主程序中仍有用，所以，要进行现场保护。在执行完子程序后，返回继续执行主程序前恢复其内容(即现场恢复)。保护和恢复的方法有以下两种。

1. 在主程序中实现

其特点是结构灵活。示例如下：

```
PUSH  PSW              ; 保护现场
PUSH  ACC
PUSH  R3
PUSH  B
MOV  PSW, #10H         ; 换当前工作寄存器组
LCALL  addr16          ; 子程序调用
POP  B                 ; 恢复现场
POP  R3
POP  ACC
POP  PSW
...
```

2. 在子程序中实现

其特点是程序规范、清晰。示例如下：

```
SUB1:   PUSH  PSW           ; 保护现场
        PUSH  ACC
        PUSH  R3
        PUSH  B
        …
        MOV  PSW, #10H      ; 换当前工作寄存器组
        POP  B              ; 恢复现场
        POP  R3
        POP  ACC
        POP  PSW
        RET
```

应注意的是，无论哪种方法，保护与恢复的顺序都要对应，否则程序将会发生错误。

4.5.3 参数传递

由于子程序是主程序的一部分，所以，在程序的执行时必然要发生数据上的联系。在调用子程序时，主程序应通过某种方式把有关参数(即子程序的入口参数)传给子程序，当子程序执行完毕后，又需要通过某种方式把有关参数(即子程序的出口参数)传给主程序。在 MCS-51 单片机中，传递参数的方法有 3 种。

1. 利用 A 或 R0~R7

在这种方式中，要把预传递的参数存放在累加器 A 或工作寄存器 R0~R7 中。即在主程序调用子程序时，应事先把子程序需要的数据送入累加器或指定的工作寄存器中，当子程序执行时，可以从指定的单元中取得数据，执行运算。反之，子程序也可以用同样的方式把结果传送给主程序。

【例 4.11】编写程序，实现 $c^2=a^2+b^2$，设 a、b、c 分别存于内部 RAM 的 30H、31H、32H 三个单元中。程序段如下：

```
START:  MOV  A, 30H          ; 取 a
        ACALL  SQR           ; 调用查平方表
        MOV  R1, A           ; a² 暂存于 R1 中
        MOV  A, 31H          ; 取 b
        ACALL  SQR           ; 调用查平方表
        ADD  A, R1           ; b² 存于 A 中并与 R1 相加
        MOV  32H, A          ; 存结果
        SJMP  $
SQR:    MOV  DPTR, #TAB      ; 子程序
        MOVC  A, @A+DPTR
        RET
TAB:    DB 0, 1, 4, 9, 16, 25, 36, 49, 64, 81
```

2. 利用存储器

当传送的数据量比较大时，可以利用存储器实现参数的传递。在这种方式中，事先要建立一个参数表，用指针指示参数表所在的位置。当参数表建立在内部 RAM 时，用 R0 或

R1 作参数表的指针。当参数表建立在外部 RAM 时，用 DPTR 作为参数表的指针。

【例 4.12】 将 R0 和 R1 指向的内部 RAM 中两个 3B 无符号整数相加，结果送到由 R0 指向的内部 RAM 中，入口时，R0 和 R1 分别指向加数和被加数的低字节；出口时，R0 指向结果的高字节。低字节存放在高地址单元，高字节存放在低地址单元。程序段如下：

```
NADD:   MOV  R7, #3          ; 3B 加法
        CLR  C
NADD1:  MOV  A, @R0
        ADDC  A, @R1
        MOV  @R0, A
        DEC  R0
        DEC  R1
        DJNZ  R7, NADD1
        INC  R0
        RET
```

3. 利用堆栈

利用堆栈传递参数是在子程序嵌套中常采用的一种方法。在调用子程序前，用 PUSH 指令将子程序中所需数据压入堆栈，进入执行子程序时，再用 POP 指令从堆栈中弹出数据。

【例 4.13】 把内部 RAM 中 20H 单元中的 1B 十六进制数转换为 2 位 ASCII 码，存放在 R0 指示的两个单元中。程序段如下：

```
MAIN:   MOV  A, 20H
        SWAP  A
        PUSH  ACC            ; 参数入栈
        ACALL  HEASC
        POP  ACC
        MOV  @R0, A          ; 存高位十六进制数转换结果
        INC  R0              ; 修改指针
        PUSH  20H            ; 参数入栈
        ACALL  HEASC
        POP  ACC
        MOV  @R0, A          ; 存低位十六进制数转换结果
        SJMP  $
HEASC:  MOV  R1, SP          ; 借用 R1 为堆栈指针
        DEC  R1
        DEC  R1              ; R1 指向被转换数据
        XCH  A, @R1          ; 取被转换数据
        ANL  A, #0FH         ; 取 1 位十六进制数
        ADD  A, #2           ; 偏移量调整，所加值为 MOVC 与 DB 间的字节数
        MOVC  A, @A+PC       ; 查表
        XCH  A, @R1          ; 1B 指令，存结果于堆栈
        RET                  ; 1B 指令
ASCTAB: DB  30H, 31H, 32H, 33H, 34H, 35H, 36H, 37H
        DB  38H, 39H, 41H, 42H, 43H, 44H, 45H, 46H
```

一般说来，当相互传递的数据较少时，采用寄存器传递方式可以获得较快的传递速度；当相互传递的数据较多时，宜采用存储器或堆栈方式传递。如果是子程序嵌套，最好是采用堆栈方式。

4.6 常用汇编子程序

4.6.1 代码转换程序

单片机能识别和处理的是二进制码，而输入输出设备(如 LED 显示器、微型打印机等)常使用 ASCII 码或 BCD 码。为此，在单片机应用系统中经常需要通过程序进行二进制码与 BCD 码或 ASCⅡ码的相互转换。

由于二进制数与十六进制数有直接的对应关系，所以，为了书写和叙述的方便，下面用十六进制数代替二进制数。

1. 十六进制数与 ASCII 码间的转换

十六进制数与 ASCII 码的对应关系如表 4-1 所示。由表可见，当十六进制数在 0~9 之间时其对应的 ASCII 码值为该十六进制数加 30H；当十六进制数在 A~F 之间时，其对应的 ASCII 码值为该十六进制数加 37H。

表 4-1 十六进制数与 ASCII 码的关系表

十六进制	ASCII 码	十六进制	ASCII 码	十六进制	ASCII 码	十六进制	ASCII 码
0	30H	4	34H	8	38H	C	43H
1	31H	5	35H	9	39H	D	44H
2	32H	6	36H	A	41H	E	45H
3	33H	7	37H	B	42H	F	46H

【例 4.14】将 1 位十六进制数(即 4 位二进制数)转换成相应的 ASCII 码。设十六进制数存放在 R0 中，转换后的 ASCII 码存放于 R2 中。实现程序如下：

```
HASC:   MOV  A, R0          ; 取 4 位二进制数
        ANL  A, #0FH        ; 屏蔽掉高 4 位
        PUSH  ACC           ; 4 位二进制数入栈
        CLR  C              ; 清进(借)位
        SUBB  A, #0AH       ; 用借位的状态判断该数在 0~9 还是 A~F 之间
        POP  ACC            ; 弹出原 4 位二进制数
        JC  LOOP            ; 借位位为 1，跳转至 LOOP
        ADD  A, #07H        ; 借位位为 0，该数在 A~F 之间
LOOP:   ADD  A, #30H        ; 该数在 0~9 之间，加 30H
        MOV  R2, A          ; ASCII 码存于 R2
        RET
```

【例 4.15】将多位十六进制数转换成 ASCII 码。

设地址指针 R0 指向十六进制数低字节，R2 中存放字节数，转换后地址指针 R0 指向十六进制数的高字节。R1 指向要存放的 ASCII 码的高位地址。实现程序如下：

```
HTASC:  MOV  A, @R0         ; 取十六进制数字节
```

```
        ANL  A, #0FH
        ADD  A,  #15      ; 偏移量修正
        MOVC  A,  @A+PC ; 查表
        MOV  @R1, A       ; 存 ASCII 码
        INC  R1
        MOV  A, @R0       ; 取该字节高位
        SWAP  A
        ANL  A, #0FH
        ADD  A, #06H      ; 偏移值修正
        MOVC  A, @A+PC
MOV     @R1, A
        INC  R0           ; 指向下一单元
        INC  R1
        DJNZ R2, HTASC  ; 字节数在 R2 中
        RET
ASCTAB: DB  30H, 31H, 32H, 33H, 34H, 35H, 36H, 37H
        DB  38H, 39H, 41H, 42H, 43H, 44H, 45H, 46H
```

2. BCD 码与二进制数之间的转换

在计算机中，十进制数要用 BCD 码来表示。通常，用 4 位二进制数表示 1 位 BCD 码，用 1B(8 位)表示 2 位 BCD 码(称为压缩型 BCD 码)。

【例 4.16】将一个字节二进制数转换成 3 位非压缩型 BCD 码。

设一个字节二进制数在内部 RAM 的 40H 单元，转换结果放入内部 RAM 的 50H、51H、52H 单元中(高位在前)，例如 92H=146D，则 BCD 码为 00000001 00000100 00000110。

程序如下：

```
HEXBCD: MOV  A, 40H
        MOV  B, #100
        DIV  AB            ; 取百位数字
        MOV  50H, A        ; 百位数字存入 50H 单元
        MOV  A, #10
        XCH  A, B
        DIV  AB            ; 取十位数字
        MOV  51H, A        ; 十位数字存入 51H 单元
        MOV  52H, B        ; 个位数字存入 52H 单元
        RET
```

【例 4.17】双字节二进制数转换成 BCD 码。

设(R2R3)为双字节二进制数，(R4R5R6)为转换完的压缩型 BCD 码。

十进制数 N 与一个 8 位的二进制数的关系可以表示为：

$$N=b_7\times2^7+b_6\times2^6+\ldots+b_1\times2^1+b_0$$

只要依十进制运算法则，将 b_i(7，6，…，1，0)按权相加，就可以得到对应的十进制数(依次得到：$b_7\times2^0$；$b_7\times2^1+b_6\times2^0$；$b_7\times2^2+b_6\times2^1+b_5\times2^0$；…)。

实现程序如下：

```
DCDTH:  CLR  A
        MOV  R4, A        ; R4 清 0
        MOV  R5, A        ; R5 清 0
        MOV  R6, A        ; R6 清 0
```

```
        MOV  R7, #16      ; 计数初值
LOOP:   CLR  C
        MOV  A, R3
        RLC  A
        MOV  R3, A        ; 左移一位并送回
        MOV  A, R2
        RLC  A
        MOV  R2, A        ; 左移一位并送回
        MOV  A, R6
        ADDC  A, R6
        DA  A
        MOV  R6, A        ; (R6)乘 2 并调整后送回
        MOV  A, R5
        ADDC  A, R5
        DA  A
        MOV  R5, A        ; (R5)乘 2 并调整后送回
        MOV  A, R4
        ADDC  A, R4
        DA  A
        MOV  R4, A        ; (R4)乘 2 并调整后送回
        DJN  R7, LOOPZ
```

【例 4.18】设 4 位 BCD 码依次存放在内存 RAM 中 40H~43H 单元的低四位，高四位都为 0，要求将其转换为二进制数，结果存放在 R2R3 中。

一个十进制数可以表示为：

$D_n\times10^n+D_{n-1}\times10^{n-1}+...+D_0\times10^0$

$=(...((D_n\times10+D_{n-1})\times10+D_{n-2})\times10+...)+D_0$

当 n=3 时，上式可以表示为：

$((D_3\times10+D_2)\times10+D_1)\times10+D_0$

程序如下：

```
BCDHEX: MOV  R0, #40H     ; R0 指向最高位地址
        MOV  R1, #03      ; 计数值送 R1
        MOV  R2, #0       ; 存放结果的高位清 0
        MOV  A, @R0
        MOV  R3, A
LOOP:   MOV  A, R3
        MOV  B, #10
        MUL  AB
        MOV  R3, A        ; (R3)×10 的低 8 位送 R3
        MOV  A, B
        XCH  A, R2        ; (R3)×10 的高 8 位暂存 R2
        MOV  B, #10
        MUL  AB
        ADD  A, R2
        MOV  R2, A        ; R2×10+(R3)×10 的高 8 位送 R2
        INC  R0           ; 取下一个 BCD 数
        MOV  A, R3
        ADD  A, @R0
        MOV  R3, A
        MOV  A, R2
        ADDC  A, #0       ; 加低字节来的进位
        MOV  R2, A
        DJNZ  R1, LOOP
        RET
```

4.6.2　算术运算程序

一般说来，单片机应用系统的任务就是对客观实际的各种物理参数进行测试和控制，所以数据的运算是避免不了的。尽管数据运算并不是 MCS-51 单片机的优势所在，但运用一些编程技巧和方法，对于大部分测控应用中的运算，MCS-51 单片机还是能够胜任的。

1. 多字节数的加减运算

MCS-51 单片机的指令系统提供的是字节运算指令，所以在处理多字节数的加减运算时，要合理地运用进位(借位)标志。

【例 4.19】多字节无符号数的加法。

设两个N字节的无符号数分别存放在内部RAM中以DATA1和DATA2开始的单元中。相加后的结果要求存放在 DATA2 数据区。

程序段如下：

```
        MOV  R0, #DATA1
        MOV  R1, #DATA2
        MOV  R7, #N          ; 置字节数
        CLR  C
LOOP:   MOV  A, @R0
        ADDC  A, @R1         ; 求和
        MOV  @R1, A          ; 存结果
        INC  R0              ; 修改指针
        INC  R1
        DJNZ  R7, LOOP
```

【例 4.20】多字节无符号数的减法。

设两个N字节的无符号数分别存放在内部RAM中以DATA1和DATA2开始的单元中。相减后的结果要求存放在 DATA2 数据区。

程序段如下：

```
        MOV  R0, #DATA1
        MOV  R1, #DATA2
        MOV  R7, #N          ; 置字节数
        CLR  C
LOOP:   MOV  A, @R0
        SUBB  A, @R1         ; 求差
        MOV  @R1, A          ; 存结果
        INC  R0              ; 修改指针
        INC  R1
        DJNZ  R7, LOOP
```

2. 多字节数乘法运算

【例 4.21】双字节无符号数的乘法。

设双字节的无符号被乘数存放在 R3、R2 中，乘数存放在 R5、R4 中，R0 指向积的高位。算法及流程图如图 4-13 所示。

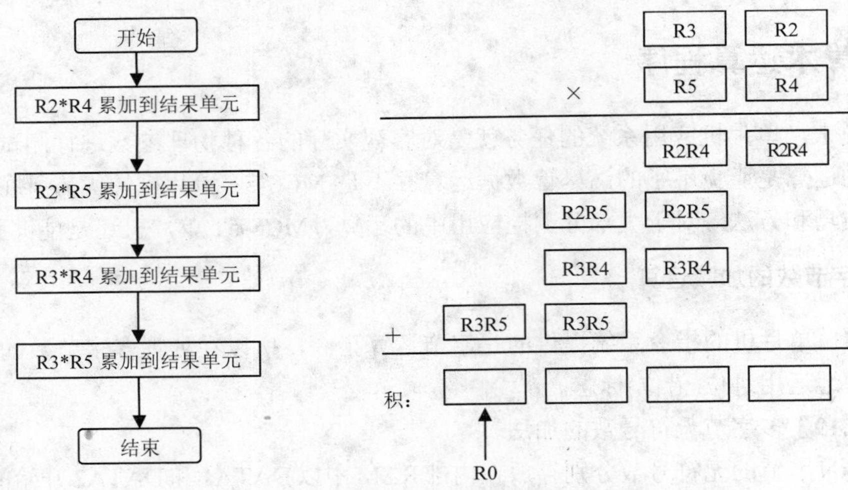

图 4-13　双字节无符号数乘法的流程图和算法示意图

程序段如下：

```
MULTB:  MOV  R7, #04              ; 结果单元清 0
100P:   MOV  @R0, #00H
        DEC  R0
        DJNZ  R7, IOOP
        ACAIL  BMUL
        SJMP  $
BMUI:   MOV  A, R2
        MOV  B, R4
        MUL  AB                   ; 低位乘
        ACALL  RADD
        MOV  A, R2
        MOV  B, R5
        MUL  AB                   ; 交叉乘
        DEC  R0
        ACALL  RADD
        MOV  A, R4
        MOV  B, R3
        MUL  AB                   ; 交叉乘
        DEC  R0
        DEC  R0
        ACALL  RADD
        MOV  A, R5
        MOV  B, R3
        MUL  AB                   ; 高字节乘
        DEC  R0
        ACALL  RADD
        DEC  R0
        RET
RADD:   ADD  A, @R0
        MOV  @R0, A
        MOV  A, B
        INC  R0
        ADDC  A, @R0
        MOV  @R0, A
        INC  R0
        MOV  A, @R0
        ADDC  A, #00H             ; 加进位
        MOV  @R0, A
        RET
```

4.6.3 查找、排序程序

【例 4.22】片内 RAM 中数据检索程序的设计。

片内 RAM 中有一数据块，R0 指向块首地址，R1 中为数据长度，请在该数据块中查找关键字，关键字存放在累加器 A 中。若找到关键字，把关键字在数据块中的序号存放在 A 中；若找不到关键字，A 中存放序号 00H。

程序流程图如图 4-14 所示。

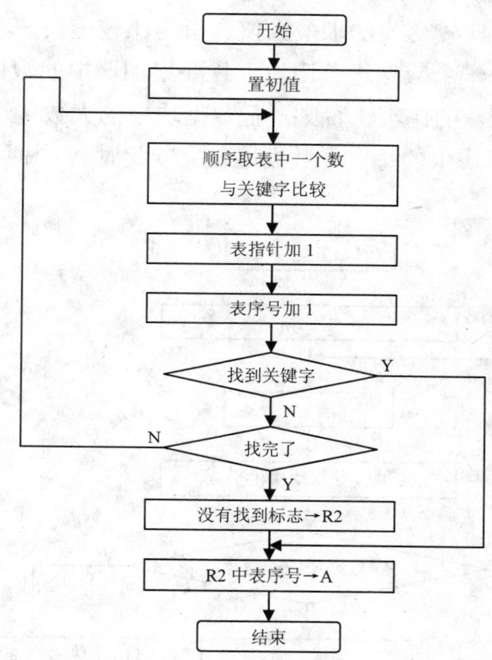

图 4-14　数据检索程序流程图

汇编语言源程序描述如下。

- 程序名：FIND。
- 功能：片内 RAM 中数据检索。
- 入口参数：R0 指向块首地址，R1 中为数据长度，关键字存放在累加器 A 中。
- 出口参数：若找到关键字，把关键字在数据块中的序号存放在 A 中；若找不到关键字，A 中存放序号 00H。
- 占用资源：R0、R1、R2、A、PSW。

源程序具体如下：

```
FIND:   PUSH  PSW
        PUSH  ACC
        MOV  R2, #00H
LOOP:   POP  ACC
        MOV  B, A
        XRL  A, @R0          ; 关键字与数据块中的数据进行异或操作
        INC  R0              ; 指向下一个数据
        INC  R2              ; R2 中的序号加 1
```

```
         JZ   LOOP1
         PUSH  B
         DJNZ  R1, LOOP
         MOV  R2, #00H     ; 找不到，R2 中存放 00H
LOOP1:   MOV  A, R2
         POP  PSW
         RET
```

【例 4.23】查找无符号数据块中的最大值。

内部 RAM 中有一无符号数据块，工作寄存器 R1 指向块首地址，R2 中为数据长度，求出数据块中的最大值，并存入累加器 A 中。

题意分析：本题采用比较交换法求最大值。所谓比较交换法，是先使累加器 A 清 0，然后把它和数据块中的每一个数据逐一比较，只要累加器中的数比数据块中的某个数据大或者相等，就进行下一个数的比较，否则，把数据块中的大数传送到 A 中，再进行下一个数的比较，直到 A 与数据块中的每一个数据比较完，此时 A 中便可得到最大值。程序流程图如图 4-15 所示。

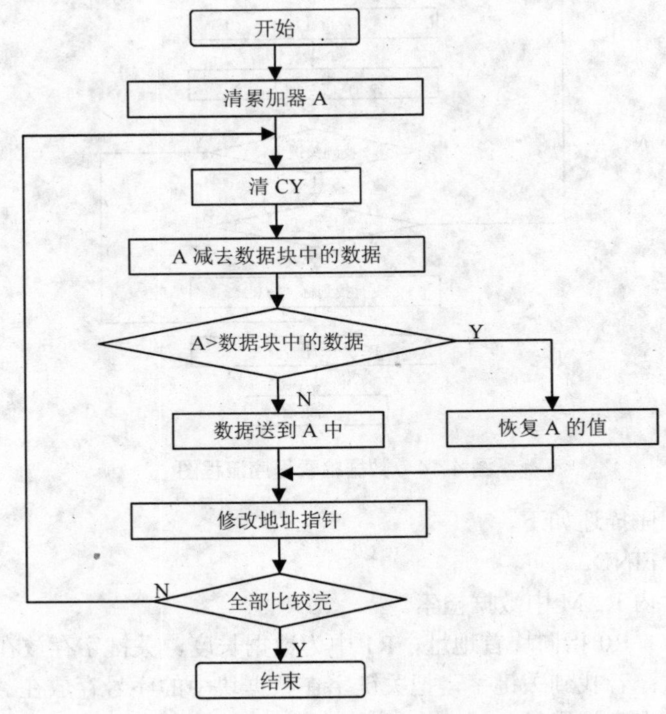

图 4-15 查找无符号数据块中的最大值流程图

汇编语言源程序描述如下。

- 程序名：MAX。
- 功能：查找内部 RAM 中无符号数据块的最大值。
- 入口参数：工作寄存器 R1 指向块首地址，R2 中为数据长度。
- 出口参数：最大值存放在 A 中。
- 占用资源：R1、R2、A、PSW。

源程序具体如下：

```
MAX:    PUSH  PSW
        CLR  A              ; 清A作为初始最大值
LP:     CLR  C              ; 清进位位
        SUBB  A, @R1        ; 最大值减去数据块中的数
        JNC  NEXT           ; 小于最大值，继续
        MOV  A, @R1         ; 大于最大值，则用此值作为最大值
        SJMP  NEXT1
NEXT:   ADD  A, @R1         ; 恢复原最大值
NEXT1:  INC  R1             ; 修改地址指针
        DJNZ  R2, LP
        POP  PSW
        RET
```

【例 4.24】片内 RAM 中数据块排序。

内部 RAM 中有一无符号数据块，工作寄存器 R0 指向块首地址，R2 中为数据长度，请将它们按照从小到大的顺序排序。

(1) 题意分析：排序程序一般采用冒泡排序法，又称两两比较法。这种方法的过程类似水中气泡的上浮，故称冒泡法。执行时从前向后进行相邻数的比较，如数据的大小次序与要求的次序不符就将这两个数互换，否则，不互换。对于升序排序，通过这种相邻数据的互换，使小数向前移动，大数向后移动。从前向后进行一次冒泡(相邻数的互换)，就会把大的数据换到最后。再进行一次冒泡，就会把次大的数据排在倒数第二的位置。

(2) 程序流程图如图 4-16 所示。

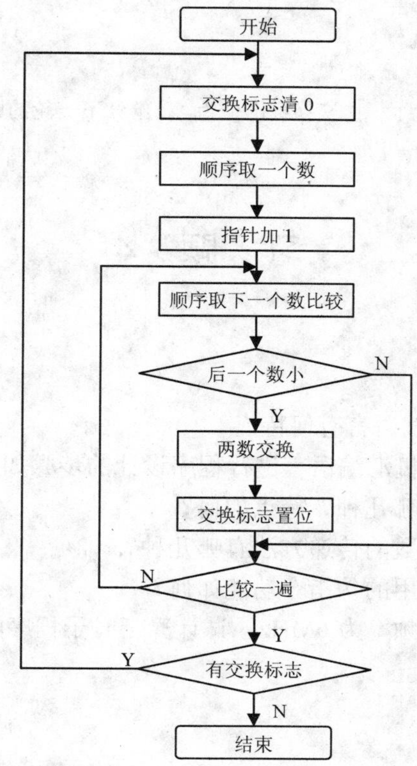

图 4-16 冒泡排序程序流程图

(3) 汇编语言源程序描述如下。

- 程序名：BUBBLE。
- 功能：片内 RAM 中数据块排序程序。
- 入口参数：R0 指向数据块的首地址，R2 中为数据长度。
- 出口参数：排序后数据仍存放在原位置。
- 占用资源：R0、R1、R2、R3、R5、A、PSW，位单元 00H 作为交换标准存放位。

汇编语言源程序具体如下：

```
BUBBLE: MOV  A, R0
        MOV  R1, A          ; 把 R0 暂存到 R1 中
        MOV  A, R2
        MOV  R5, A          ; 把 R2 暂存到 R5 中
BUBB1:  CLR  00H            ; 交换标准位清 0
        DEC  R5             ; 个数减 1
        MOV  A, @R1
BUB1:   INC  R1
        CLR  C
        SUBB  A, @R1        ; 相邻的两个数比较
        JNC  BUB2           ; 前一个数大，转移到 BUB2
        SETB  00H           ; 否则，交换标准置位
        XCH  A, @R1         ; 两数交换
BUB2:   DEC  R1
        MOV  @R1, A
        INC  R1
        MOV  A, @R1
        DJNZ  R5, BUB1      ; 没有比较完，转向 BUB1
        INC  R0
        MOV  R1, R0
        DEC  R2
        MOV  R5, R2
        JB  00H, BUBB1      ; 交换标准位为 1，继续下一轮的比较
        RET
        END
```

习　题　4

一、简答题

(1) MCS-51 单片机汇编语言有何特点？

(2) 利用 MCS-51 单片机汇编语言进行程序设计的步骤如何？

(3) 常用的程序结构有哪几种？特点如何？

(4) 子程序调用时，参数的传递方法有哪几种？

(5) 什么是伪指令？常用的伪指令功能如何？

(6) 若 MCS-51 的晶振频率为 6MHz，试计算延时子程序的延时时间。

```
DELAY:  MOV  R7, #0F6H
LP:     MOV  R6, #0FAH
        DJNZ  R6, $
        DJNZ  R7, LP
        RET
```

二、编程题

(1) 设被加数存放在内部 RAM 的 20H、21H 单元，加数存放在 22H、23H 单元，若要求和存放在 24H、25H 中，试编写出 16 位数相加的程序。

(2) 编写一段程序，把外部 RAM 中 1000H~1030H 的内容传送到内部 RAM 的 30H~60H 之中。

(3) 编写程序，实现双字节无符号数加法运算，要求(R1R0)+(R7R6)→(61H60H)。

(4) 在内部 RAM 的 21H 单元开始存有一组单字节不带符号数，数据长度为 30H，要求找出最大数存入 BIG(50H)单元。

(5) 编写程序，把累加器 A 中的二进制数变换成 3 位 BCD 码，并将百、十、个位数分别存放在内部 RAM 的 50H、51H、52H 中。

(6) 编写子程序，将 R1 中的两个十六进制数转换为 ASCII 码后存放在 R3 和 R4 中。

(7) 编写程序，求内部 RAM 中 50H~59H 这十个单元内容的平均值，并存放在 5AH 单元中。

第 5 章　MCS-51 中断系统及定时/计数器

中断是 CPU 与外部设备之间数据交换的一种控制方式，在 CPU 与外设交换信息时，如果采用查询等待方式时，CPU 会浪费很多时间去等待外设的响应，降低 CPU 的执行效率。为了解决快速的 CPU 和慢速外设之间的矛盾，引入了中断。在实际应用系统中，定时和计数是两项重要的功能。常见的定时/计数器专用芯片有 8253、8254 等。基于应用的需要，大部分系列的单片机本身就带有定时器和计数器。本章主要介绍中断技术的基本概念、MCS-51 中断系统的功能和定时/计数器的结构、原理、工作方式及使用方法。

5.1　MCS-51 的中断系统

5.1.1　MCS-51 的中断系统结构

1. 中断的概念

计算机具有实时处理能力，能对外界发生的事件进行及时的处理，这是依靠它们的中断系统来实现的。

CPU 在处理某一事件 A 时，发生了另一事件 B 请求 CPU 迅速去处理(中断发生)；CPU 暂时中断当前的工作，转去处理事件 B(中断响应和中断服务)；待 CPU 将事件 B 处理完毕后，再回到原来事件 A 被中断的地方继续处理事件 A(中断返回)，这一过程称为中断。如图 5-1 所示。

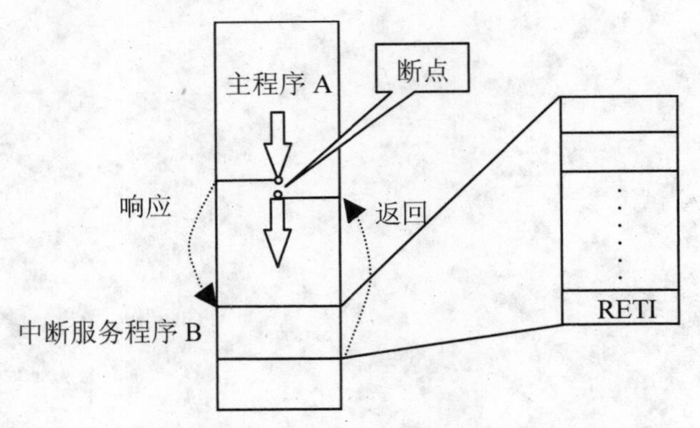

图 5-1　中断过程示意图

引起 CPU 中断的根源，称为中断源。中断源向 CPU 提出的处理请求，称为中断请求。CPU 暂时中断原来的事件 A，转去处理事件 B 的过程，称为 CPU 的中断响应过程。对事件 B 处理完毕后，再回到原来被中断的地方(即断点)，称为中断返回。

随着计算机技术的发展，人们发现中断技术不仅解决了快速主机与慢速 I/O 设备的数据传送问题，而且还具有如下优点。

- 分时操作：CPU 可以分时地为多个 I/O 设备服务，提高了计算机的利用率。
- 实时响应：CPU 能够及时地处理应用系统的随机事件，系统的实时性大大增强。
- 可靠性高：CPU 具有处理设备故障及掉电等突发性事件的能力，从而使系统的可靠性提高。

2. MCS-51 中断系统的结构

MCS-51 的中断系统有 5 个中断源，2 个优先级，可实现二级中断嵌套。由片内特殊功能寄存器中的中断允许寄存器 IE 控制 CPU 是否响应中断请求；由中断优先级寄存器 IP 安排各中断源的优先级；同一优先级内各中断同时提出中断请求时，由内部查询逻辑确定其响应次序。

MCS-51 单片机的中断系统由中断请求标志位(在相关的特殊功能寄存器中)、中断允许寄存器 IE/中断优先级寄存器 IP 及内部硬件查询电路组成，如图 5-2 所示，图中反映了 MCS-51 单片机中断系统的功能和控制情况。

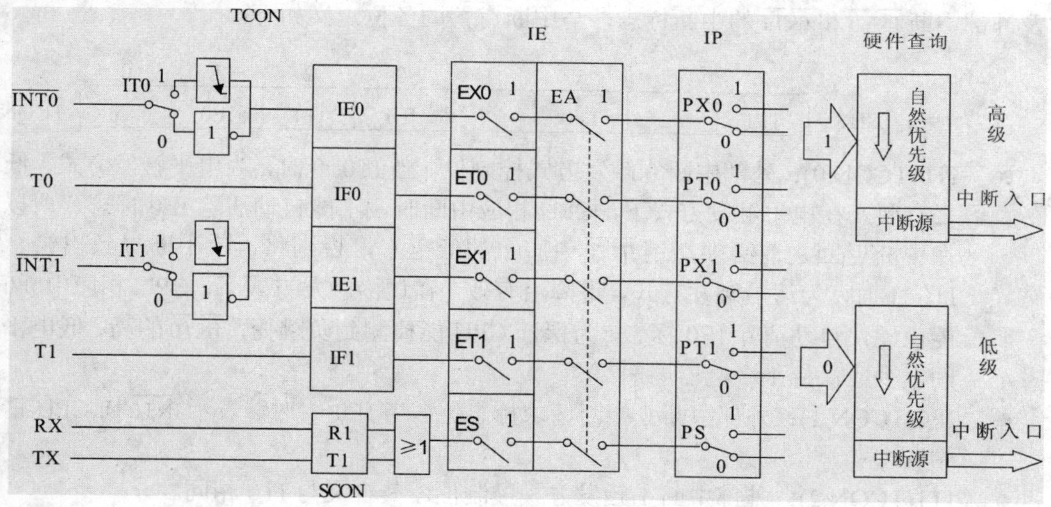

图 5-2　MCS-51 中断系统示意图

5.1.2　MCS-51 的中断源

1. 中断源

MCS-51 单片机有 5 个中断源。

- $\overline{INT0}$：外部中断 0 请求，可由 P3.2 脚输入。通过 IT0(TCON.0)来决定其为低电平有效还是下降沿有效。一旦输入信号有效，中断标志 IE0(TCON.1)置 1(由硬件自动完成)，向 CPU 申请中断。
- $\overline{INT1}$：外部中断 1 请求，可由 P3.3 脚输入。通过 IT1(TCON.2)来决定其为低电平

有效还是下降沿有效。一旦输入信号有效，中断标志 IE1(TCON.3)置 1(由硬件自动完成)，向 CPU 申请中断。

- TF0：定时器 T0 溢出中断请求。当定时器 0 产生溢出时，置位中断标志 TF0(由硬件自动完成)，向 CPU 申请中断。
- TF1：定时器 T1 溢出中断请求。当定时器 1 产生溢出时，置位中断标志 TF1(由硬件自动完成)向 CPU 申请中断。
- RI 或 TI：串行口中断请求。当串行口接收或发送完一帧串行数据时，置位 RI 或 TI(由硬件自动完成)，向 CPU 申请中断。

2. 中断请求标志

在中断系统中，应用哪种中断，采用哪种触发方式，要由定时/计数器的控制寄存器 TCON 和串行口控制寄存器 SCON 的相应位进行规定。TCON 和 SCON 都属于特殊功能寄存器，字节地址分别为 88H 和 98H，可进行位寻址。

(1) TCON 的中断标志

TCON 是定时/计数器 T0 和 T1 的控制寄存器，它锁存 2 个定时/计数器的溢出中断标志及外部中断 $\overline{\text{INT0}}$ 和 $\overline{\text{INT1}}$ 的中断标志，与中断有关的各位定义如下：

位号	7	6	5	4	3	2	1	0	
字节地址：88H	TF1		TF0		IE1	IT1	IE0	IT0	TCON

- IT0(TCON.0)：外部中断 0 触发方式控制位。当 IT0=0 时，为电平触发方式，低电平有效。在电平触发方式下，CPU 相应中断时，不能自动清除 IE0 标志，所以，在中断返回之前必须撤销 $\overline{\text{INT0}}$ 引脚上的低电平，否则将再次中断导致出错。当 IT0=1 时，为边沿触发方式，下降沿有效。在边沿触发方式下，CPU 相应中断时，能由硬件自动清除 IE0 标志，为保证 CPU 能检测到负跳变，$\overline{\text{INT0}}$ 的高、低电平时间至少应保持 1 个机器周期。
- IE0(TCON.1)：外部中断 0 中断请求标志位。当 IE0=1 时，表示 $\overline{\text{INT0}}$ 向 CPU 请求中断。
- IT1(TCON.2)：外部中断 1 触发方式控制位，其含义与 IT0 相同。
- IE1(TCON.3)：外部中断 1 中断请求标志位，其含义与 IE0 相同。
- TF0(TCON.5)：定时/计数器 T0 溢出中断请求标志位。T0 启动后，从初值做加 1 计数，计满溢出后由硬件置位 TF0，并向 CPU 发出中断请求，CPU 相应中断时，自动清除 TF0 标志。也可由软件查询或清除。
- TF1(TCON.7)：定时/计数器 T1 溢出中断请求标志位，其含义与 TF0 相同。

(2) SCON 的中断标志

SCON 是串行口控制寄存器，与中断有关的是它的低两位 TI 和 RI，定义如下：

位号	7	6	5	4	3	2	1	0	
字节地址：98H							TI	RI	SCON

- RI(SCON.0)：串行口接收中断标志位。当允许串行口接收数据时，每接收完一个

串行帧，由硬件置位 RI。CPU 响应中断时不能自动清除 RI，必须由软件清除。

- TI(SCON.1)：串行口发送中断标志位。当 CPU 将一个发送数据写入串行口发送缓冲器时，就启动了发送过程。每发送完一个串行帧，由硬件置位 TI。CPU 响应中断时，不能自动清除 TI，TI 必须由软件清除。

单片机复位后，TCON 和 SCON 各位清 0。另外，所有能产生中断的标志位均可由软件置 1 或清 0，由此可以获得与硬件使之置 1 或清 0 同样的效果。

5.1.3　MCS-51 中断的控制

1. 中断允许控制

CPU 对中断系统所有中断以及某个中断源的开放和屏蔽是由中断允许寄存器 IE 控制的。IE 的状态可通过程序由软件设定。某位设定为 1，相应中断源中断允许；某位设置为 0，相应的中断源中断屏蔽。CPU 复位时，IE 各位清 0，禁止所有中断。IE 寄存器(字节地址为 A8H)各位的定义如下：

位号	7	6	5	4	3	2	1	0	
字节地址：A8H	EA			ES	ET1	EX1	ET0	EX0	IE

- EX0(IE.0)：外部中断 0 允许位。EX0=0，禁止外部中断 0 中断；EX0=1，允许外部中断 0 中断。
- ET0(IE.1)：定时/计数器 T0 中断允许位。ET0=0，禁止 T0 溢出中断；ET0=1，允许 T0 溢出中断。
- EX1(IE.2)：外部中断 1 允许位。EX1=0，禁止外部中断 1 中断；EX1=1，允许外部中断 1 中断。
- ET1(IE.3)：定时/计数器 T1 中断允许位。ET1=0，禁止 T1 溢出中断；ET1=1，允许 T1 溢出中断。
- ES(IE.4)：串行口中断允许位。ES=0，禁止串行口中断；ES=1，允许串行口中断。
- EA(IE.7)：CPU 中断允许(总允许)位。EA=0，屏蔽所有中断；EA=1，CPU 开放中断。对各中断源的中断请求是否允许，还取决于各中断源的中断允许控制位。

【例 5.1】如果我们要设置外部中断 1，定时器 1 中断允许，其他不允许，请设置 IE 的相应值。

解：根据 IE 的各位的含义，设置如下：

D7	D6	D5	D4	D3	D2	D1	D0
EX	×	×	ES	ET1	EX1	ET0	ET0
1	0	0	0	1	1	0	0

即 8CH。

编写程序时可以用以下两种方法。

(1) 用字节操作指令实现：

```
MOV  IE, #8CH    ；或 MOV  A8H, #8CH
```

(2) 用位操作指令实现：

```
SETB  EA      ; 使 EA=1，CPU 开中断
SETB  ET1     ; 使 ET1=1，定时/计数器 T1 允许中断
SETB  EX1     ; 使 EX1=1，外部中断 1 允许中断
```

2. 中断优先级控制

MCS-51 单片机有两个中断优先级，可实现二级中断服务嵌套。每个中断源的中断优先级都是由中断优先级寄存器 IP 中的相应位的状态来规定的。IP 的状态由软件设定，某位设定为 1，则相应的中断源为高优先级中断；某位设定为 0，则相应的中断源为低优先级中断。单片机复位时，IP 各位清 0，各中断源同为低优先级中断。IP 寄存器(字节地址为 B8H)各位的定义如下：

位号	7	6	5	4	3	2	1	0	
字节地址：B8H				PS	PT1	PX1	PT0	PX0	IP

- PX0(IP.0)：外部中断 0 优先级设定位。
- PT0(IP.1)：定时/计数器 T0 优先级设定位。
- PX1(IP.2)：外部中断 1 优先级设定位。
- PT1(IP.3)：定时/计数器 T1 优先级设定位。
- PS (IP.4)：串行口优先级设定位。

同一优先级中的中断申请不止一个时，则有中断优先权排队问题。同一优先级的中断优先权排队，由中断系统硬件确定的自然优先级形成，其排列如表 5-1 所示。

表 5-1　中断优先级的排列

中 断 源	同级的优先级
外部中断 $\overline{\text{INT0}}$	最高级
定时/计数器 T0 中断	↓
外部中断 $\overline{\text{INT1}}$	↓
定时/计数器 T1 中断	↓
串行口中断	最低级

MCS-51 单片机的中断优先级有三条原则：

- CPU 同时接收到几个中断时，首先响应优先级别最高的中断请求。
- 正在进行的中断过程不能被新的同级或低优先级的中断请求所中断。
- 正在进行的低优先级中断服务，能被高优先级中断请求所中断。

【例 5.2】 设置有如下要求，将 T1，外部中断 1 设置为高优先级，其他为低优先级，求 IP 的值。

解： 根据 IP 的结构，设置如下：

D7	D6	D5	D4	D3	D2	D1	D0
×	×	×	PS	PT1	PX1	PT0	PX0
0	0	0	0	0	1	1	0

即06H。

【例5.3】在上例中，如果5个中断请求同时发生，求中断响应的次序。

解：次序为定时/计数器0→外部中断1→外部中断0→定时/计数器1→串行中断。

为了实现上述后两条原则，中断系统内部设有两个用户不能寻址的优先级状态触发器。其中一个置1，表示正在响应高优先级的中断，它将阻断后来所有的中断请求；另一个置1，表示正在响应低优先级中断，它将阻断后来所有的低优先级中断请求。

5.2 MCS-51单片机中断处理过程

5.2.1 中断响应条件和时间

1. 中断响应条件

CPU响应中断的条件是：

- 中断源有中断请求。
- 此中断源的中断允许位为1。
- CPU开中断(即EA=1)。

同时满足这三个条件时，CPU才有可能响应中断。

CPU执行程序过程中，在每个机器周期的S5P2期间，中断系统对各个中断源进行采样。这些采样值在下一个机器周期内按优先级和内部顺序被依次查询。如果某个中断标志在上一个机器周期的S5P2时被置成了1，那么它将于现在的查询周期中及时被发现。接着CPU便执行一条由中断系统提供的硬件LCALL指令，转向被称作中断向量的特定地址单元，进入相应的中断服务程序。

遇到以下任一条件，硬件将受阻，不产生LCALL指令：

- CPU正在处理同级或高优先级中断。
- 当前查询的机器周期不是所执行指令的最后一个机器周期。即在完成所执行指令前，不会响应中断，从而保证指令在执行过程中不被打断。
- 正在执行的指令为RET、RETI和任何访问IE或IP寄存器的指令。即只有在这些指令后面至少再执行一条指令时才能接受中断请求。

若由于上述条件的阻碍，中断未能得到响应，当条件消失时该中断标志就不再有效，那么该中断将不被响应。就是说，中断标志曾经有效，但未获响应，查询过程在下个机器周期将重新进行。

2. 中断响应时序

某中断的响应时序如图5-3所示。

若M1周期的S5P2前某中断生效，在S5P2期间其中断请求被锁存到相应的标志位中去；M2恰逢指令的最后一个机器周期，且该指令不是RET、RETI和访问IE、IP的指令。于是，M3和M4便可以执行硬件LCALL指令，M5周期将进入了中断服务程序。

MCS-51 的中断响应时间(从标志置 1 到进入相应的中断服务)，至少要 3 个完整的机器周期。

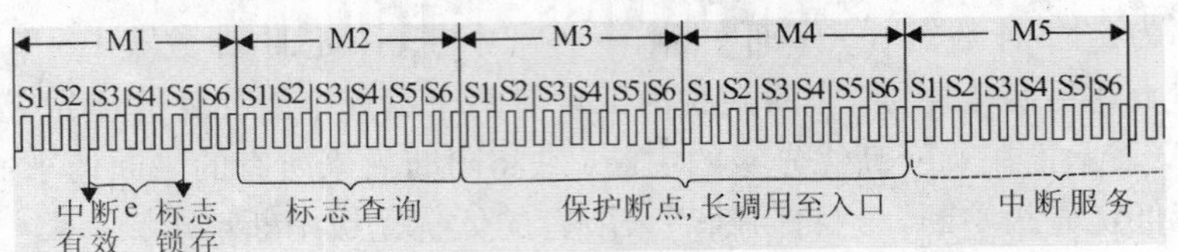

图 5-3　中断响应时序

5.2.2　中断响应过程

CPU 的中断响应过程如下。

(1)　将相应的优先级状态触发器置 1(以阻断后来的同级或低级的中断请求)。

(2)　执行一条硬件 LCALL 指令，即把程序计数器 PC 的内容压入堆栈保存，再将相应的中断服务程序的入口地址送入 PC。MCS-51 系列单片机各中断源的入口地址由硬件事先设定，分配表见表 5-2。

表 5-2　中断源入口地址分配表

中 断 源	入口地址
外部中断 $\overline{INT0}$	0003H
定时/计数器 T0 中断	000BH
外部中断 $\overline{INT1}$	0013H
定时/计数器 T0 中断	001BH
串行口中断	0023H

(3)　执行中断服务程序。

中断响应过程的前两步是由中断系统内部自动完成的，而中断服务程序则要由用户编写程序来完成。编写中断服务程序时应注意：

- 由于 MCS-51 单片机的两个相邻中断源中断服务程序入口地址相距只有 8 个单元，一般的中断服务程序是不够存放的，通常是在中断服务程序的入口地址单元存放一条长转移指令 LJMP，这样可以使中断服务程序能灵活地安排在 64KB 程序存储的器的任何地方。若在 2KB 范围内转移，则可用 AJMP。
- 硬件 LCALL 指令，只是将 PC 内的断点地址压入堆栈保护，而对其他寄存器(如程序状态字寄存器 PSW、累加器 A 等)的内容并不做保护处理。所以，在中断服务程序中，首先用软件保护现场，在中断服务之后，中断返回前恢复现场，以防止中断返回后，丢失原寄存器中的内容。

5.2.3　中断返回

中断服务程序的最后一条指令是 RETI，该指令能使 CPU 结束中断服务程序的执行，

返回到曾经被中断过的程序处，继续执行主程序。RETI 指令的具体功能是：①将中断响应时压入堆栈保存的断点地址从栈顶弹出送回 PC，CPU 从原来中断的地方继续执行程序；②将相应中断优先级状态触发器清 0，通知中断系统，中断服务程序已执行完毕。

注意： 不能用 RET 指令代替 RETI 指令。在中断服务程序中 PUSH 指令与 POP 指令必须成对使用，否则不能正确返回断点。

若外部中断定义为电平触发方式，中断标志位的状态随 CPU 在每个机器周期采样到的外部中断输入引脚的电平变化而变化，这样能提高 CPU 对外部中断请求的响应速度。但外部中断源若有请求，必须把有效的低电平保持到请求获得响应时为止，不然就会漏掉；而在中断服务程序结束之前，中断源又必须撤消其有效的低电平，否则中断返回之后将再次产生中断。

电平触发方式适合于外部中断以低电平输入且中断服务程序能清除外部中断请求源的情况。例如，并行接口芯片 8255 的中断请求线在接受读或写操作后即被复位，以此消除请求电平触发的中断比较方便。

若外部中断定义为边沿触发方式，在相继连续的两次采样中，一个周期采样到外部中断输入为高电平，下一个周期采样到为低电平，则在 IE0 或 IE1 中将锁存一个逻辑 1。即便是 CPU 暂时不能响应，中断申请标志也不会丢失，直到 CPU 响应此中断时才清零。这样，为保证下降沿能被可靠地采样到，外中断引脚上的高低电平(负脉冲的宽度)均至少要保持一个机器周期(若晶振为 12MHz 时，为 1 微秒)。

边沿触发方式适合于以负脉冲形式输入的外部中断请求，如 ADC0809 的转换结束标志信号 EOC 为正脉冲，经反相后就可以作为 MCS-51 的外部中断输入。

5.2.4 中断程序举例

1. 主程序

(1) 主程序的起始地址

MCS-51 单片机复位后，(PC)=0000H，而 0003H~002AH 分别为各中断源的入口地址。所以编写程序时应在 0000H 处写入一条转移指令(一般为长转移指令)，使 CPU 在执行程序时，从 0000H 跳过各中断源的入口地址。主程序则是以跳转指令的目标地址作为起始的地址进行程序的编写，一般从 0030H 开始。

(2) 主程序的初始化内容

所谓初始化，是对将要用到的 MCS-51 系列单片机内部的部件或扩展芯片进行初始的工作状态的设定。MCS-51 系列单片机复位后，特殊功能寄存器 IE、IP 的内容均为 00H，所以应对 IE、IP 进行初始化编程，以开放 CPU 中断，允许某些中断源中断和设置中断优先级。

2. 中断服务程序

中断服务程序是一种特殊功能的程序，它为中断源的特定要求服务，以中断返回指令

结束。在中断响应过程中，断点的保护主要由硬件来完成。对用户来说，在编写中断服务程序时，主要需考虑现场的保护和恢复。中断服务程序一般的编写格式如下：

```
CH1:    CLR  EA
        PUSH  A
        ...
        SETB  EA
        ...
        CLR  EA
        ...
        POP  A
        SETB  EA
        RETI
```

(1) 中断服务程序的起始地址

当 CPU 收到中断请求信号并予以响应时，CPU 把当前的 PC 值压入堆栈进行保护，然后转入相应的中断服务程序入口处执行。MCS-51 系列单片机的中断系统对 5 个中断源分别规定了相应的中断入口地址，但这些入口地址相距只有 8B，如果中断服务程序的指令代码小于 8B，则可以从中断服务程序入口处开始，直接编写中断服务程序；如果中断服务程序的指令代码大于 8B，则应采用与主程序相同的方法，在相应的中断入口地址处规定一条跳转指令，并以跳转指令的目标地址作为起始的地址进行中断服务程序的编写。

(2) 中断服务程序编写中的注意事项

视需要确定是否保护现场；及时清除那些不能被硬件清除的中断请求标志位，以免产生错误的中断；中断服务程序的入栈(PUSH)与出栈(POP)指令必须成对使用，以确保中断服务程序的正确返回；主程序与中断服务程序之间的参数传递与主程序与子程序之间的参数传递方式相同。

在实际的中断系统程序编写中，所编写的程序主要包括主程序和中断服务程序两部分。下面通过具体的实例说明中断控制和中断服务程序的设计。

【例 5.4】写出外部中断 1 为低电平触发、高优先级的中断系统的初始化程序。

解：用位操作指令实现：

```
SETB  EA
SETB  EX1    ; 开放外部中断 1 中断
SETB  PX1    ; 令外部中断 1 为高优先级
SETB  IT1    ; 令外部中断 1 为电平触发
```

采用字节型指令：

```
MOV  IE, #84H        ; 开放外部中断 1 中断
ORL  IP, #04H        ; 令外部中断 1 为高优先级
ANL  TCON, #0FBH     ; 令外部中断 1 为电平触发
```

【例 5.5】单片机外部中断源示例。

图 5-4 为采用单外部中断源的数据采集系统示意图。将 P1 口设置成数据入口，外围设备每准备好一个数据时，发出一个选通信号(正脉冲)，将 D 触发器 Q 端置 1，经 $\overline{Q}$ 端向 $\overline{INT1}$ 送入一个低电平中断请求信号，如前所述，采用电平触发方式时，外部中断请求标志 IE0(IE1)在 CPU 响应中断时不能由硬件自动清除。因此，在响应中断后，要设法清除 $\overline{INT1}$ 的低电平。清除 $\overline{INT1}$ 的方法是，将 P3.0 线与 D 触发器复位端相连，只要在中断服务程序中由 P3.0 输

出一个负脉冲，就能使 D 触发器复位，$\overline{\text{INT1}}$ 无效，从而清除 IE0 标志。

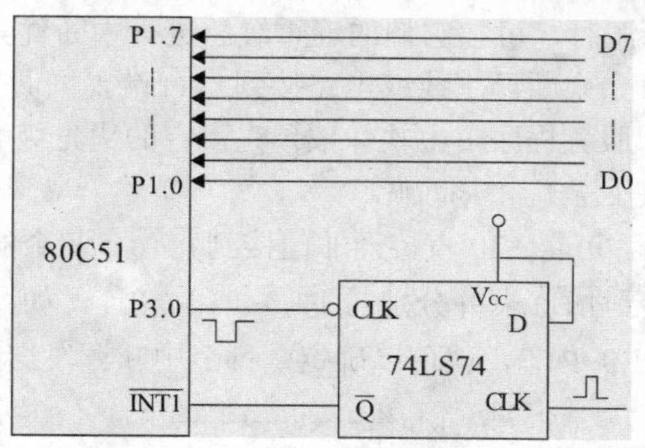

图 5-4　单中断源示例

程序如下：

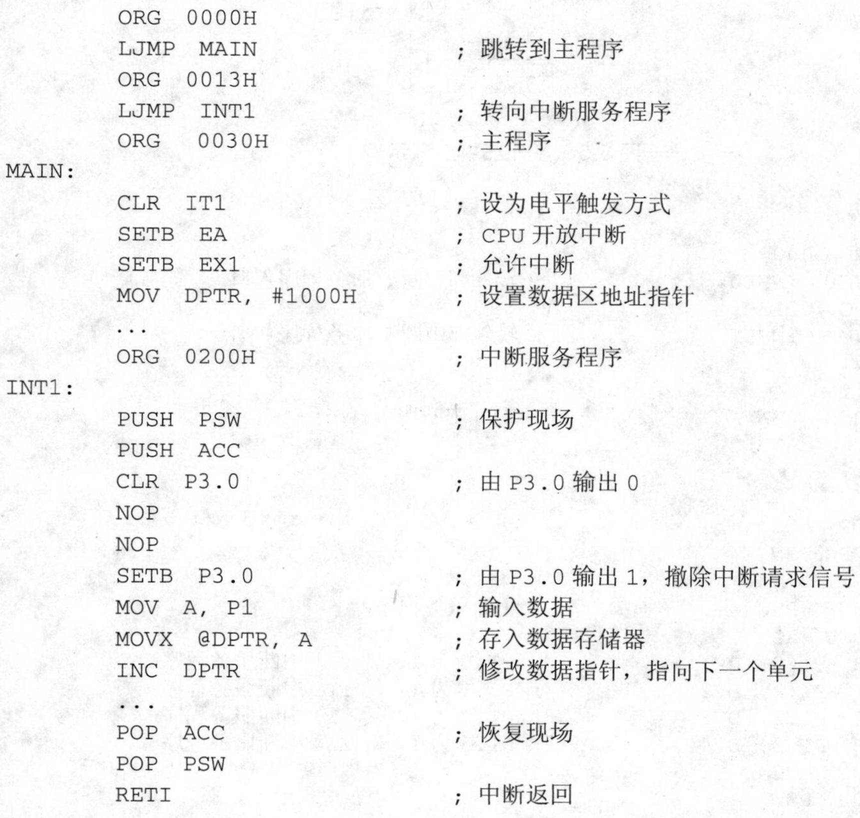

```
        ORG  0000H
        LJMP  MAIN                      ; 跳转到主程序
        ORG  0013H
        LJMP  INT1                      ; 转向中断服务程序
        ORG   0030H                     ; 主程序
MAIN:
        CLR  IT1                        ; 设为电平触发方式
        SETB  EA                        ; CPU 开放中断
        SETB  EX1                       ; 允许中断
        MOV  DPTR, #1000H               ; 设置数据区地址指针
        ...
        ORG  0200H                      ; 中断服务程序
INT1:
        PUSH  PSW                       ; 保护现场
        PUSH  ACC
        CLR  P3.0                       ; 由 P3.0 输出 0
        NOP
        NOP
        SETB  P3.0                      ; 由 P3.0 输出 1，撤除中断请求信号
        MOV  A, P1                      ; 输入数据
        MOVX  @DPTR, A                  ; 存入数据存储器
        INC  DPTR                       ; 修改数据指针，指向下一个单元
        ...
        POP  ACC                        ; 恢复现场
        POP  PSW
        RETI                            ; 中断返回
```

【例 5.6】多外部中断源的系统示例。

设有 5 个外部中断源，中断优先级排队顺序为 YI0、YI1、YI2、YI3、YI4。试设计它们与 MCS-51 单片机的接口。

MCS-51 单片机仅提供了两个外部中断源($\overline{\text{INT0}}$、$\overline{\text{INT1}}$)，而在实际应用中可能有两个以上的中断源，这时必须对外部的中断源进行扩展。扩展外部中断源的方法有：定时/计数器扩展法；采用中断和查询相结合的方法；采用硬件电路扩展法。下面介绍采用中断和查询相结合的外部中断扩展法。

系统有多个外部中断源时，可按它们的轻重缓急进行中断优先级排队，将最高优先级的中断源接在$\overline{INT0}$端，其余中断源用线或电路接到$\overline{INT1}$端，同时分别将它们引向一个 I/O 接口，以便在$\overline{INT1}$的中断服务程序中由软件按预先设定的优先级顺序查询中断的来源。这种方法，原则上可以处理任意多个中断源。

对上述的 5 个中断源。可将 YI0 直接经非门接到$\overline{INT0}$，其余的 YI1~YI4 经集电极开路的非门构成或非门电路接到$\overline{INT1}$端并分别与 P1.0~P1.3 相连，如图 5-5 所示。在$\overline{INT1}$的中断服务程序中依次查询 P1.0~P1.3，就可以确定是哪个中断源发出的中断请求。

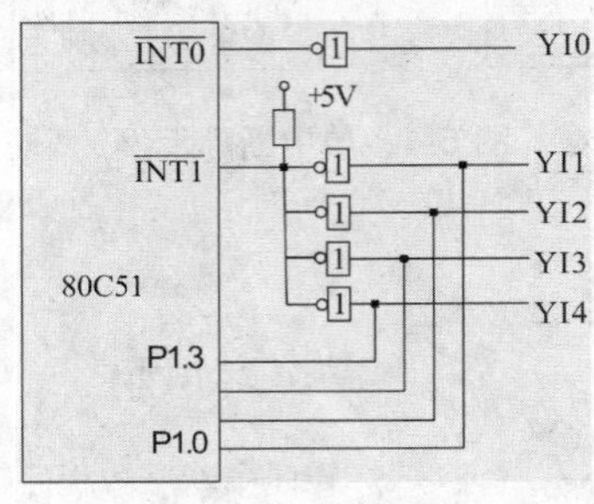

图 5-5　多外部中断源示例

程序如下：

```
         ORG  0003H
         LJMP  INSE0              ; 转外部中断 0 服务程序入口
         ORG  0013H
         LJMP  INSE1              ; 转外部中断 1 服务程序入口
         ...
         ...
INSE0:   PUSH  PSW                ; YI0 中断服务程序
         PUSH  ACC
         ...
         ...
         POP  ACC
         POP  PSW
         RETI
INSE1:   PUSH  PSW                ; 中断服务程序
         PUSH  ACC
         JB  P1.0, DV1            ; P1.0 为 1，转 YI1 中断服务程序
         JB  P1.1, DV2            ; P1.1 为 1，转 YI2 中断服务程序
         JB  P1.2, DV3            ; P1.2 为 1，转 YI3 中断服务程序
         JB  P1.3, DV4            ; P1.3 为 1，转 YI4 中断服务程序
INRET:   POP  ACC
         POP  PSW
         RETI
DV1:     ...                      ; YI1 中断服务程序
         AJMP  INRET
DV2:     ...                      ; YI2 中断服务程序
         AJMP  INRET
DV3:     ...                      ; YI3 中断服务程序
         AJMP  INRET
DV4:     ...                      ; YI4 中断服务程序
         AJMP  INRET
```

5.3 MCS-51 的定时/计数器

5.3.1 定时/计数器的结构和工作原理

1. 定时/计数器的结构

图 5-6 是定时/计数器结构框图。

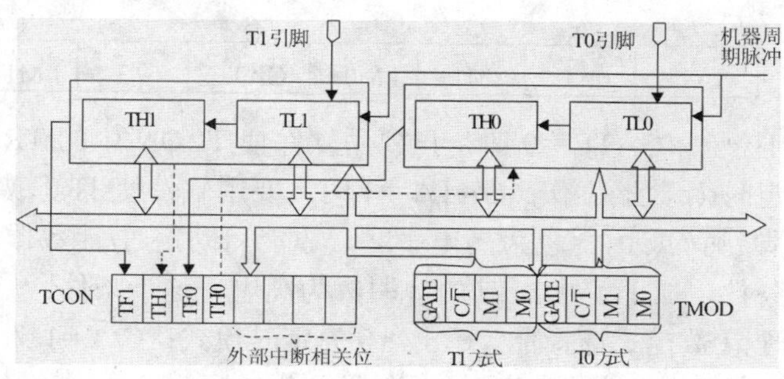

图 5-6 定时/计数器结构框图

定时/计数器的实质是加 1 计数器(16 位)，由高 8 位和低 8 位两个寄存器组成。TMOD 是定时/计数器的工作方式寄存器，确定工作方式和功能；TCON 是控制寄存器，控制 T0、T1 的启动和停止及设置溢出标志。

2. 定时/计数器的工作原理

加 1 计数器输入的计数脉冲有两个来源，一个是由系统的时钟振荡器输出脉冲经 12 分频后送来；一个是 T0(P3.4)或 T1(P3.5)引脚输入的外部脉冲源。每来一个脉冲计数器加 1，当加到计数器为全 1 时，再输入一个脉冲就使计数器回零，且计数器的溢出使 TCON 中 TF0 或 TF1 置 1，向 CPU 发出中断请求(定时/计数器中断允许时)。如果定时/计数器工作于定时模式，则表示定时时间已到；如果工作于计数模式，则表示计数值已满。

可见，由溢出时计数器的值减去计数初值才是加 1 计数器的计数值。

设置为定时器模式时，加 1 计数器是对内部机器周期计数(1 个机器周期等于 12 个振荡周期，即计数频率为晶振频率的 1/12)。计数值 N 乘以机器周期 T_{cy} 就是定时时间 t。

设置为计数器模式时，外部事件计数脉冲由 T0(P3.4)或 T1(P3.5)引脚输入到计数器。在每个机器周期的 S5P2 期间采样 T0、T1 引脚电平。当某周期采样到一高电平输入，而下一周期又采样到一低电平时，则计数器加 1，更新的计数值在下一个机器周期的 S3P1 期间装入计数器。由于检测一个从 1 到 0 的下降沿需要 2 个机器周期，因此要求被采样的电平至少要维持一个机器周期。当晶振频率为 12MHz 时，最高计数频率不超过 1/2MHz，即计数脉冲的周期要大于 2μs。

5.3.2 定时/计数器的控制

MCS-51 单片机定时/计数器的工作由两个特殊功能寄存器控制。TMOD 用于设置其工作方式；TCON 用于控制其启动和中断申请。

1. 工作方式寄存器 TMOD

工作方式寄存器 TMOD 用于设置定时/计数器的工作方式，低四位用于 T0，高四位用于 T1。其格式如下：

位号	7	6	5	4	3	2	1	0	
字节地址：89H	GATE	$C/\overline{T}$	M1	M0	GATE	$C/\overline{T}$	M1	M0	TMOD

- GATE：门控位。GATE＝0 时，只要用软件使 TCON 中的 TR0 或 TR1 为 1，就可以启动定时/计数器工作；GATA＝1 时，要用软件使 TR0 或 TR1 为 1，同时外部中断引脚 $\overline{\text{INT0}}$ 或 $\overline{\text{INT1}}$ 也为高电平时，才能启动定时/计数器工作，即此时定时器的启动条件，加上了 $\overline{\text{INT0}}$ 或 $\overline{\text{INT1}}$ 引脚为高电平这一条件。
- $C/\overline{T}$：定时/计数模式选择位。$C/\overline{T}$ ＝0 为定时模式；$C/\overline{T}$ =1 为计数模式。
- M1M0：工作方式设置位。定时/计数器有四种工作方式，由 M1M0 进行设置。如表 5-3 所示。

表 5-3　定时/计数器工作方式设置表

M1M0	工作方式	说　明
00	方式 0	13 位定时/计数器
01	方式 1	16 位定时/计数器
10	方式 2	8 位自动重装定时/计数器
11	方式 3	T0 分成两个独立的 16 位定时/计数器；T1 此方式停止计数

2. 控制寄存器 TCON

TCON 的低 4 位用于控制外部中断，已在前面介绍。TCON 的高 4 位用于控制定时/计数器的启动和中断申请。其格式如下：

位	7	6	5	4	3	2	1	0	
字节地址：88H	TH1	TR1	TF0	TR0					TCON

- TF1(TCON.7)：T1 溢出中断请求标志位。T1 计数溢出时由硬件自动置 TF1 为 1。CPU 响应中断后 TF1 由硬件自动清 0。T1 工作时，CPU 可随时查询 TF1 的状态。所以，TF1 可用作查询测试的标志。TF1 也可以用软件置 1 或清 0，同硬件置 1 或清 0 的效果一样。
- TR1(TCON.6)：T1 运行控制位。TR1 置 1 时，T1 开始工作；TR1 置 0 时，T1 停止工作。TR1 由软件置 1 或清 0。所以，用软件可控制定时/计数器的启动与停止。
- TF0(TCON.5)：T0 溢出中断请求标志位，其功能与 TF1 类同。

- TR0(TCON.4)：T0 运行控制位，其功能与 TR1 类同。

5.3.3 定时/计数器的工作方式

MCS-51 单片机定时/计数器 T0 有 4 种工作方式，T1 有 3 种工作方式。T1 的 3 种工作方式与 T0 的前三种工作方式，除了所使用的寄存器不同外，其他操作完全相同。下面以定时/计数器 T0 为例进行介绍。

1. 方式 0

当 TMOD 的 M1M0 为 00 时，定时/计数器工作于方式 0，如图 5-7 所示。

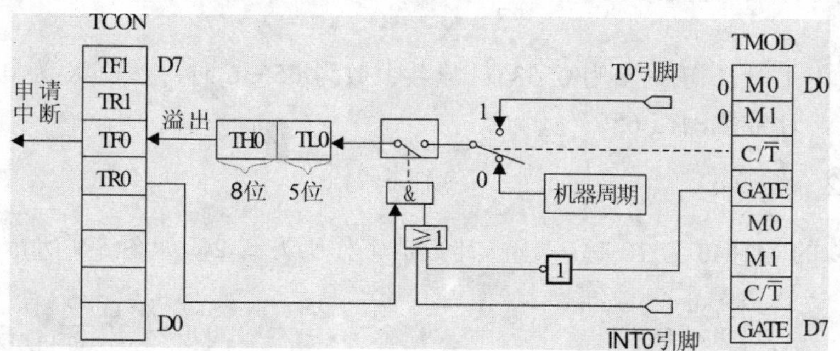

图 5-7 T0 方式 0 的逻辑结构

方式 0 为 13 位计数，由 TL0 的低 5 位(高 3 位未用)和 TH0 的 8 位组成。TL0 的低 5 位溢出时向 TH0 进位，TH0 溢出时，置位 TCON 中的 TF0 标志，向 CPU 发出中断请求。

$C/\overline{T}$ =0 时为定时器模式，且有：

$$N = t / T_{cy}$$

式中 t 为定时时间，N 为计数个数，T_{cy} 为机器周期。

计数初值计算的公式为 $X=2^{13}-N$。式中 X 为计数初值，计数个数为 1 时，初值 X 为 8191；记数个数为 8192 时，初值 X 为 0；即初值范围在 0~8191 时，计数范围在 8192~0。

$C/\overline{T}$ =0 时为计数模式，计数脉冲是 T0 引脚上的外部脉冲。

门控位 GATE 具有特殊的作用。当 GATE=0 时，经反相后使或门输出为 1，此时仅由 TR0 控制与门的开启，与门输出 1 时，控制开关接通，计数开始；当 GATE=1 时，由外中断引脚信号控制或门的输出，此时控制与门的开启由外中断引脚信号和 TR0 共同控制。当 TR0=1 时，外中断引脚信号引脚的高电平启动计数，外中断引脚信号引脚的低电平停止计数。这种方式常用来测量外中断引脚上正脉冲的宽度。

2. 方式 1

当 TMOD 的 M1M0 为 01 时，定时/计数器工作于方式 1，如图 5-8 所示。

方式 1 的计数位数是 16 位，由 TL0 作为低 8 位、TH0 作为高 8 位，组成了 16 位加 1 计数器。

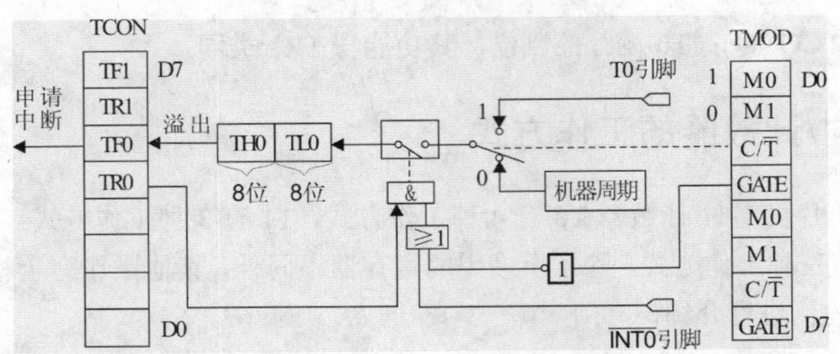

图 5-8 T0 方式 1 的逻辑结构

计数个数与计数初值的关系为：

$$X = 2^{16} - N$$

计数个数为 1 时，初值 X 为 65535；记数个数为 65536 时，初值 X 为 0；即初值范围在 0~65535 时，计数范围在 65536~0。

3. 方式 2

当 TMOD 的 M1M0 为 10 时，定时/计数器工作于方式 2，如图 5-9 所示。

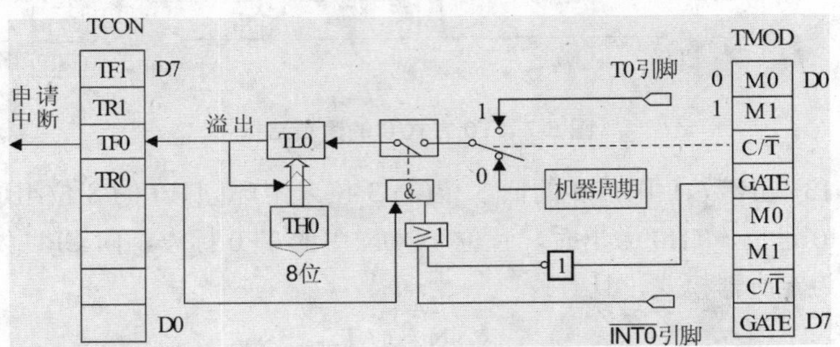

图 5-9 T0 方式 2 的逻辑结构

方式 2 为自动重装初值的 8 位计数方式。TH0 为 8 位初值寄存器。当 TL0 计满溢出时，由硬件使 TF0 置 1，向 CPU 发出中断请求，并将 TH0 中的计数初值自动送入 TL0。TL0 从初值重新进行加 1 计数。

计数个数与计数初值的关系为：

$$X = 2^{8} - N$$

计数个数为 1 时，初值 X 为 6255，记数个数为 256 时，初值 X 为 0，即初值范围在 0~255 时，计数范围在 256~0。

由于工作方式 2 省去了用户在软件中重装计数初值的程序，特别适合于用作较精确的脉冲信号发生器和串口通信中的波特率发生器。

4. 方式 3

方式 3 只适用于定时/计数器 T0，定时器 T1 处于方式 3 时相当于 TR1=0，停止计数，如图 5-10 所示。

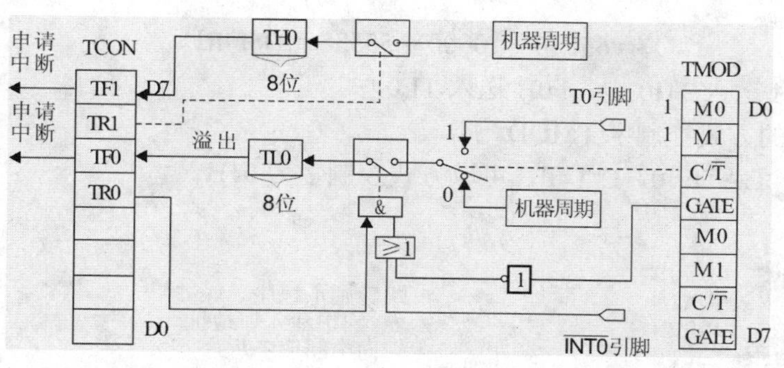

图 5-10　T0 方式 3 的逻辑结构

工作方式 3 将 T0 分成为两个独立的 8 位计数器 TL0 和 TH0，TL0 使用 T0 的所有控制位：$C/\overline{T}$、GATE、TR0、TF0 和 $\overline{INT0}$。当 TL0 计满溢出时，由硬件使 TF0 置 1，向 CPU 发出中断请求。而 TH0 只能用作定时器，并且占 T1 的控制位 TR1、TF1。因此，TH0 的启、停受 TR1 控制，TH0 的溢出将置位 TF1，且占用 T1 的中断源。

5.3.4　定时/计数器用于外部中断扩展

扩展方法是，将定时/计数器设置为计数器方式，计数初值设定为满程，将待扩展的外部中断源接到定时/计数器的外部计数引脚。从该引脚输入一个下降沿信号，计数器加 1 后便产生定时/计数器溢出中断。

【例 5.7】利用 T0 扩展一个外部中断源。将 T0 设置为计数器方式，按方式 2 工作，TH0、TL0 的初值均为 0FFH，T0 允许中断，CPU 开放中断。其初始化程序如下：

```
MOV  TMOD, #06H         ; 置 T0 为计数器方式 2
MOV  TL0, #0FFH         ; 置计数初值
MOV  TH0, #0FFH
SETB  TR0               ; 启动 T0 工作
SETB  EA                ; CPU 开中断
SETB  ET0               ; 允许 T0 中断
```

5.3.5　定时/计数器应用举例

初始化程序应完成如下工作：

- 对 TMOD 赋值，以确定 T0 和 T1 的工作方式。
- 计算初值，并将其写入 TH0、TL0 或 TH1、TL1。
- 中断方式时，则对 IE 赋值，开放中断。
- 使 TR0 或 TR1 置位，启动定时/计数器定时或计数。

【例 5.8】利用定时/计数器 T0 的方式 1，产生 10ms 的定时，并使 P1.0 引脚上输出周期为 20ms 的方波，采用中断方式，设系统时钟频率为 12MHz。

解：

(1)　计算计数初值 X。

由于晶振为 12MHz，所以机器周期 T_{cy} 为 1μs。所以：

$$N = t / T_{cy} = 10\times10^{-3}/1\times10^{-6} = 10000$$

$$X = 65536 - 10000 = 55536 = \text{D8F0H}$$

即应将 D8H 送入 TH0 中，F0H 送入 TL0 中。

(2) 求 T0 的方式控制字 TMOD。

M1M0=01，GATE=0，C/T=0，可取方式控制字为 01H。

程序如下：

```
        ORG  0000H
        LJMP  MAIN                  ; 跳转到主程序
        ORG  000BH                  ; T0 的中断入口地址
        LJMP  DVT0                  ; 转向中断服务程序
        ORG  0100H
MAIN:
        MOV  TMOD, #01H             ; 置 T0 工作于方式 1
        MOV  TH0, #0D8H             ; 装入计数初值
        MOV  TL0, #0F0H
        SETB  ET0                   ; T0 开中断
        SETB  EA                    ; CPU 开中断
        SETB  TR0                   ; 启动 T0
        SJMP  $                     ; 等待中断
DVT0:
        CPL  P1.0                   ; P1.0 取反输出
        MOV  TH0, #0D8H             ; 重新装入计数值
        MOV  TL0, #0F0H
        RETI                        ; 中断返回
        END
```

【例 5.9】已知单片机的晶振频率为 12MHz，利用 T0 的方式 0 产生 1s 的延时。

解：采用方式 0 时，故 TMOD=0000H，因此，方式 0 采用 13 位定时器，其最大的定时时间为 8192×1μs=8.192ms，所以，定时时间可以选择为 5ms，再循环 200 次，就可以达到 1s 的延时效果。定时时间选定后，再确定计数值为 5000，则定时器 1 的初值为：

$$X = M - N = 8192 - 5000 = 3192 = \text{C78H} = 011001111000\text{B}$$

由于 13 位定时器，低 8 位 TL0 只使用了 5 位，其余码均计入高 8 位 TH0 的初值，则 T0 的初值调整为：TH0=63H，TL0=18H。

延时 1s 的程序如下：

```
DELAY:  MOV  R3, #200
        MOV  TMOD, #00H
        MOV  TH0, #63H
        MOV  TL0, #18H
        SETB  TR0
LP1:    JBC  TF0, LP2
        SJMP  LP1
LP2:    MOV  TH0, #63H
        MOV  TL0, 18H
        DJNZ  R3, LP1
        RET
```

【例 5.10】已知系统晶振 6MHz，采用定时器 T0 的工作方式 1 实现延时，实现 P1 口控制的 8 只发光二极管以 1s 的间隔时间循环点亮。

解：无论采用方式 0，还是方式 1，都不能直接实现 1s 的延时，因此，应该通过多次的溢出实现 1s 的延时。比如，使用方式 1，每次的溢出的时间为 100ms，这样连续溢出 10 次就可以得到 1s 的定时。已知系统的晶振为 6MHz，可知晶振周期为 2ms，则：

$$X = 2^{16} - 100\text{ms} / \text{晶振周期}$$
$$= 65536 - 100000 / 2$$
$$= 15536$$
$$= 3CB0H$$

即定时 100ms 的时间初值为：TH0=3CH，TL0=0B0H。

程序清单如下：

```
        ORG  0000H
        LJMP  MAIN
        ORG  000BH
        LJMP  T0IRQ
T0IRQ:  MOV  TH0, #3CH
        MOV  TL0, #0B0H
        INC  R1
        CJNE  R1, #0AH, EXIT
        MOV  R1, #00H
        RL  A
        MOV  P1, A
EXIT:   RETI
MAIN:   MOV  TMOD, #01H
        MOV  TH0, #3CH
        MOV  TL0, #0B0H
        SETB  TE0
        MOV  IE, #82H
        MOV  R1, #00H              ; 连续定时 10 次实现 1s 定时
        MOV  A, #0FEH
        MOV  P1, A
        SJMP  $
```

【例 5.11】某啤酒自动生产线上需要每生产 10 瓶执行装箱操作，将生产出的啤酒自动装箱。试用单片机的计时器实现控制要求。

解：如果啤酒自动生产线上装有传感器装置，每检测到一瓶啤酒就会向单片机发出一个脉冲信号，这样使用计数功能就可以实现控制要求。设用 T1 的工作方式 2 来实现。

程序如下：

```
        MOV  TMOD, #06H            ; TMOD←00000110B
        MOV  TH0, #0F6H            ; T0 的初值=2^8-10=246
        MOV  TL0, #0F6H
LOOP:   JBC  TF0, LOOP1
        AJMP  LOOP
LOOP1:  ...                        ; 驱动电机转动的程序
        AJMP  LOOP
```

【例 5.12】单片机的晶振为 12MHz，利用定时器测量某一外部信号的频率，要求连续测量 5 次，取其平均值作为实测值。

解：根据题意，利用 T0、T1 联合工作可以实现题目的设计要求。选择 T0 作为计数模式，工作在方式 2 下，其输入端 P3.4(T0)接收外部脉冲信号，每次计数 10 个脉冲，计数满时，产生中断请求。选择 T1 为定时模式，工作在方式 1，T0 开始计数的同时启动 T1 开始定时，T0 中断时在中断服务程序中停止 T1 定时，这时 T1 定时值即为 10 个脉冲所需的时间，两者之比即为被测频率，连续测量 5 次计算出平均值，即可实现题中的要求。

根据以上对 T0、T1 功能的设定，TMOD 的控制字为 16H。

T0 的计数初值为：$X = 2^8 - 10 = 246 = F6H$

T1 的定时初值为 00H。

主程序及中断服务程序如下：

```
        ORG  0000H
        AJMP  MAIN
        ORG  000BH
        AJMP  INTZ1
MAIN:   MOV  SP, #15H
        MOV  TMOD, #16H
        MOV  TH0, #0F6H
        MOV  TL0, #0F6H
        MOV  R2, #05H
        MOV  R1, @20H
        SETB  EA
        SETB  ET0
        ORL  TCON, #50H
AD1:    MOV  A, R2
        JNZ  AD2
        ...
```

计数频率值输出并显示：

```
        ...
AD2:    SJMP  AD1
        ORG  0052H
INTZ1:  ANL  TCON, #0AFH
        INC  R1
        MOV  @R1, TL1
        MOV  TL1, #00H
        MOV  TH1, #00H
        DJNZ  R2, L1
        RETI
L1:     IRL  TCON, #50H
        INC  R1
        RETI
```

习　题　5

(1) MCS-51 有几个中断源？各中断标志是如何产生的？又是如何复位的？CPU 响应各中断时，其中断入口地址是多少？

(2) 某系统有三个外部中断源：1、2、3，当某一中断源变低电平时便要求 CPU 处理，它们的优先处理次序由高到低为 3、2、1，处理程序的入口地址分别为 2000H、2100H、2200H。试编写主程序及中断服务程序(转至相应的入口即可)。

(3) 外部中断源有电平触发和边沿触发两种触发方式，这两种触发方式所产生的中断过程有何不同？怎样设定？

(4) 定时/计数器工作于定时和计数方式时有何异同点？

(5) 定时/计数器的 4 种工作方式各有何特点？

(6) 要求定时/计数器的运行控制完全由 TR1、TR0 确定和完全由、高低电平控制时，其初始化编程应做何处理？

第 6 章　MCS-51 单片机的串口通信

MCS-51 单片机具有一个采用通用异步接收/发送器(UART)工作方式的全双工串行通信接口，可以同时发送和接收数据。利用它，MCS-51 单片机可以方便地与其他计算机或具有串行接口的外围设备实现双机、多机通信。本章主要介绍串行口的概念、MCS-51 串行口的结构、原理和应用。

6.1　串口通信的基本知识

6.1.1　通信的基本概念

计算机通信是将计算机技术和通信技术的相结合，完成计算机与外部设备或计算机与计算机之间的信息交换。计算机通信可以分为两大类：并行通信与串行通信。并行通信即数据的各位同时传送；串行通信即数据一位一位地顺序传送。图 6-1 为这两种通信方式的示意图。

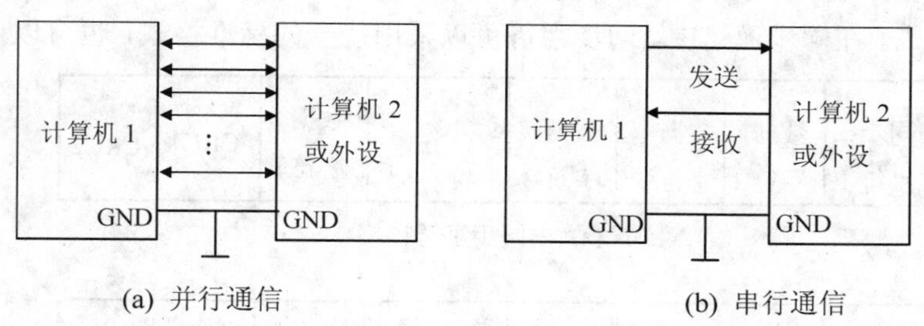

图 6-1　两种通信方式的示意图

并行通信的特点是控制简单、传输速度快，但由于传输线较多，长距离传送时成本高且接收方的各位同时接收存在困难；串行通信的特点是传输线少，长距离传送时成本低，且可以利用电话网等现成的设备，但数据的传送控制比并行通信复杂。

6.1.2　串行通信的分类

按照串行数据的时钟控制方式，串行通信可分为同步通信和异步通信两类。

1. 异步通信(Asynchronous Communication)

异步通信是指通信的发送与接收设备使用各自的时钟控制数据的发送和接收过程。为使双方的收发协调，要求发送和接收设备的时钟尽可能一致。异步通信的示意图如图 6-2 所示。

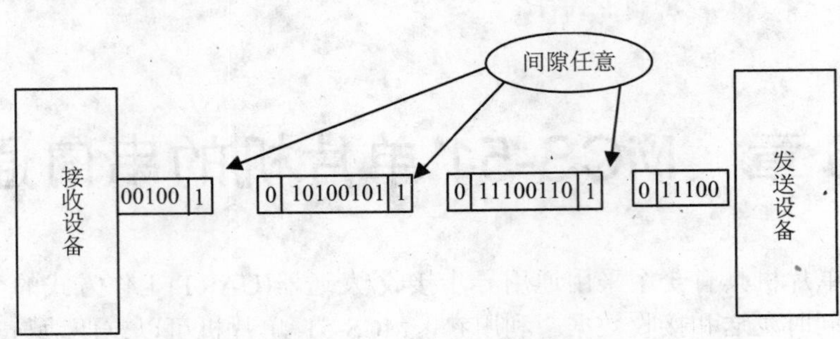

图 6-2　异步通信示意图

异步通信是以字符(构成的帧)为单位进行传输，字符与字符之间的间隙(时间间隔)是任意的，但每个字符中的各位是以固定的时间传送的，即字符之间是异步的(字符之间不一定有“位间隔”的整数倍的关系)，但同一字符内的各位是同步的(各位之间的距离均为“位间隔”的整数倍)。

异步通信的特点是不要求收发双方时钟的严格一致，实现容易，设备开销较小，但每个字符要附加 2~3 位用于起止位，各帧之间还有间隔，因此传输效率不高。

2. 同步通信(Synchronous Communication)

同步通信是一种连续串行传送数据的通信方式，一次通信只传输一帧信息。这里的信息帧和异步通信的字符帧不同，通常有若干个数据字符，如图 6-3 所示。图 6-3(a)为单同步字符帧结构，图 6-3(b)为双同步字符帧结构，但它们均由同步字符、数据字符和校验字符 CRC 三部分组成。在同步通信中，同步字符可以采用统一的标准格式，也可以由用户约定。

同步字符 1	数据字符 1	数据字符 2	数据字符 3	…	数据字符 n	CRC1	CRC2

(a) 单同步字符帧格式

同步字符 1	同步字符 2	数据字符 1	数据字符 2	…	数据字符 n	CRC1	CRC2

(b) 双同步字符帧格式

图 6-3　同步通信的字符帧格式

6.1.3　串行通信的制式

在串行通信中，数据是在两个站之间进行传送的，按照数据传送方向，串行通信可分为单工(Simplex)、半双工(Half Duplex)和全双工(Full Duplex)三种制式。图 6-4 为三种制式的示意图。

在单工制式下，通信线的一端接发送器，一端接接收器，数据只能按照一个固定的方向传送，如图 6-4(a)所示。

在半双工制式下，系统的每个通信设备都由一个发送器和一个接收器组成，它允许两个方向的数据传递，但不能同时传输，只能交替进行，如图 6-4(b)所示。

在全双工制式下，它允许两个方向同时进行数据传输，如图 6-4(c)所示。

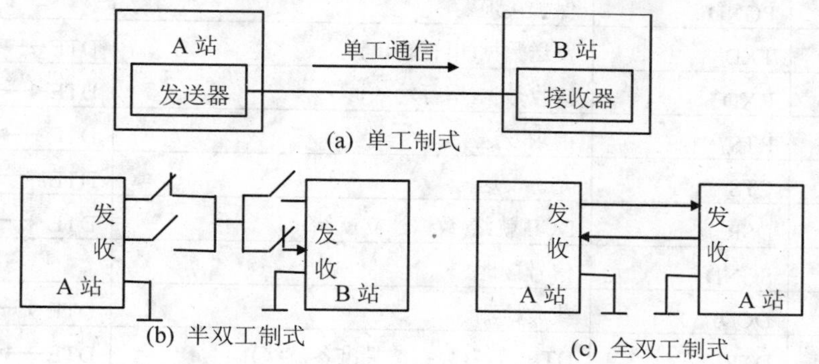

图 6-4　单工、半双工和全双工三种制式示意图

6.1.4　串行通信接口标准

1. RS-232C 接口

RS-232C 是使用最早、应用最多的一种异步串行通信总线标准。它是美国电子工业协会(EIA)1962 年公布，1969 年最后修订而成的。其中，RS 表示 Recommended Standard，232 是该标准的标识号，C 表示最后一次修订。

RS-232C 主要用来定义计算机系统的一些数据终端设备(DTE)和数据电路终接设备(DCE)之间的电气性能。

(1) 机械特性

RS-232C 接口规定使用 25 针连接器，连接器的尺寸及每个插针的排列位置都有明确的定义。然而 RS-232C 标准在连接器方面没有严格规定，在一般应用中并不一定用到全部 RS-232C 标准的全部信号，所以，在实际应用中常常使用 9 针连接器代替 25 针连接器。连接器的引脚定义如图 6-5 所示。

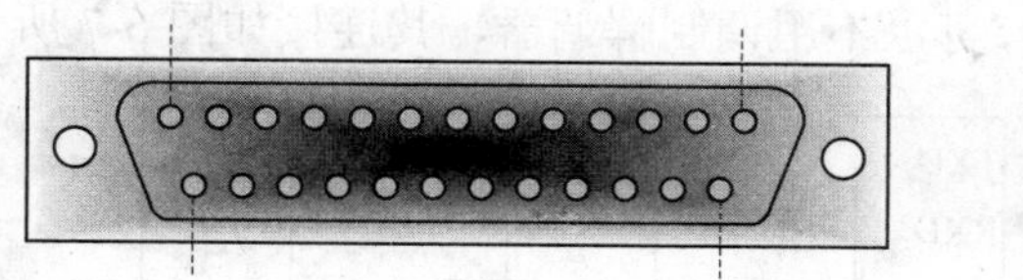
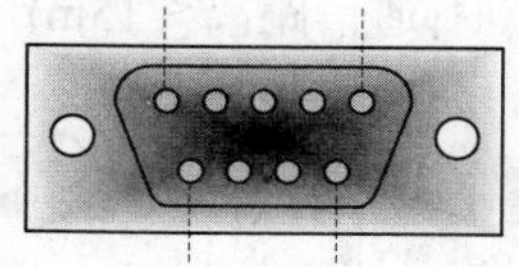

图 6-5　DB-25(阳头)和 DB-9(阳头)连接器定义

(2) 功能特性

RS-232C 标准接口的主要引脚定义如表 6-1 所示。

表 6-1　RS-232C 标准接口的主要引脚定义

插针序号	信号名称	功　能	信号方向
1	PGND	保护接地	
2(3)	TXD	发送数据(串行输出)	DTE → DCE
3(2)	RXD	接收数据(串行输入)	DTE ← DCE
4(7)	RTS	请求发送	DTE → DCE
5(8)	CTS	允许发送	DTE ← DCE
6(6)	DSR	DCE 就绪(数据建立就绪)	DTE ← DCE
7(5)	SGND	信号接地	
8(1)	DCD	载波检测	DTE ← DCE
20(4)	DTR	DTE 就绪(数据终端准备就绪)	DTE → DCE
22(9)	RI	振铃指示	DTE ← DCE

(3)　电气特性

RS-232C 采用负逻辑电平，规定 DC(−3~−15V)为逻辑 1，DC(+3~+15V)为逻辑 0，−3~+3V 为过渡区，不作定义。

RS-232C 的逻辑电平与通常的 TTL 和 CMOS 电平不兼容，为实现与 TTL 或 CMOS 电路的连接，要外加电平转换电路。

(4)　过程特性

过程特性规定了信号之间的时序关系，以便正确地接收和发送数据。

远程通信 RS-232C 总线连接如图 6-6 所示。

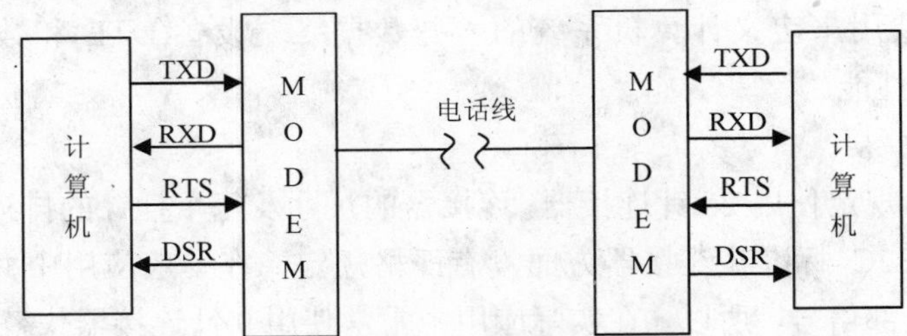

图 6-6　远程通信的 RS-232C 总线连接

近程通信时(通信距离≤15m)，可以不用调制解调器，其连接如图 6-7 所示。

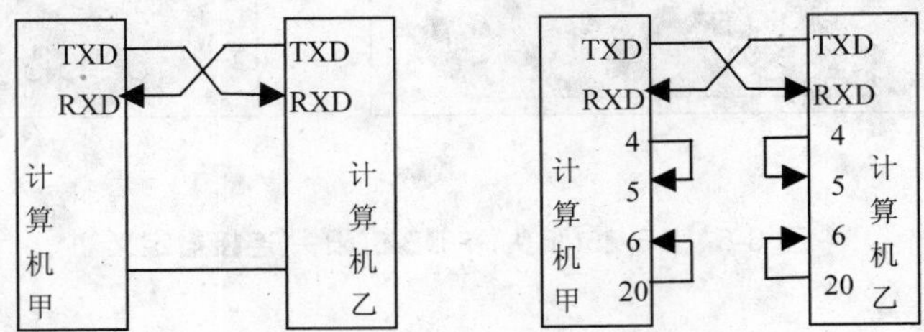

图 6-7　近程通信的 RS-232C 总线连接

(5) RS-232C 电平与 TTL 电平转换驱动电路

MCS-51 单片机串行接口与 RS-232C 接口不能直接对接，必须进行电平转换。常用的电平转换集成电路是传输线驱动器 MC1488 和传输线接收器 MC1489，MC1488 芯片输入的是 TTL 信号，输出的是 RS232 信号；MC1489 芯片输入的是 RS232 信号，输出的为 TTL 信号。

(6) 采用 RS-232C 接口存在的问题

① 传输距离短，传输速率低。RS-232C 总线标准受电容允许值的约束，使用时传输距离一般不要超过 15 米(线路条件好时也不超过几十米)。最高传送速率为 20kbps。

② 有电平偏移。RS-232C 总线标准要求收发双方共地。通信距离较大时，收发双方的地电位差别较大，在信号地上将有比较大的地电流并产生压降。

③ 抗干扰能力差。

2. RS-422A 接口

RS-422A 输出驱动器为双端平衡驱动器。如果其中一条线为逻辑“1”状态，另一条线就为逻辑“0”，比采用单端不平衡驱动对电压的放大倍数大一倍。差分电路能从地线干扰中拾取有效信号，差分接收器可以分辨 200mV 以上电位差。若传输过程中混入了干扰和噪声，由于差分放大器的作用，可使干扰和噪声相互抵消。因此可以避免或大大减弱地线干扰和电磁干扰的影响。

RS-422A 传输速率(90kbps)时，传输距离可达 1200 米。

3. RS-485 接口

RS-485 是 RS-422A 的变型：RS-422A 用于全双工，而 RS-485 则用于半双工。RS-485 是一种多发送器标准，在通信线路上最多可以使用 32 对差分驱动器/接收器。如果在一个网络中连接的设备超过 32 个，还可以使用中继器。

RS-485 的信号传输采用两线间的电压来表示逻辑 1 和逻辑 0。由于发送方需要两根传输线，接收方也需要两根传输线。传输线采用差动信道，所以它的干扰抑制性极好，又因为它的阻抗低，无接地问题，所以传输距离可达 1200 米，传输速率可达 1Mbps。

6.2　MCS-51 单片机的串口及控制寄存器

6.2.1　MCS-51 串行口结构

MCS-51 内部有两个独立的接收、发送缓冲器 SBUF。SBUF 属于特殊功能寄存器。发送缓冲器只能写入不能读出，接收缓冲器只能读出不能写入，二者共用一个字节地址(99H)。串行口的结构如图 6-8 所示。

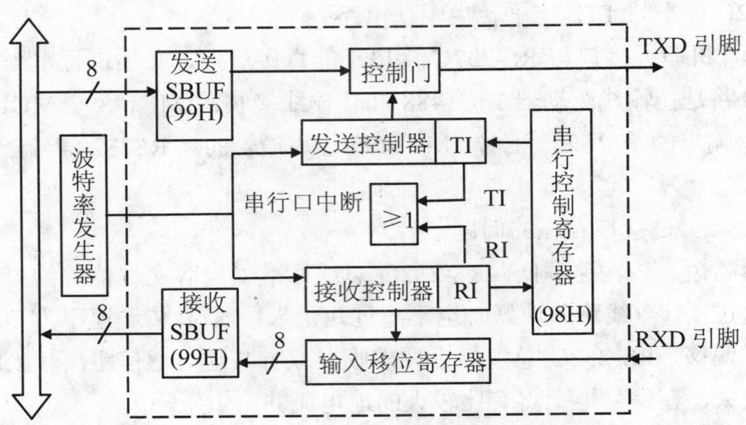

图 6-8　串行口结构示意图

6.2.2　MCS-51 串行控制寄存器

与 MCS-51 串行口有关的特殊功能寄存器有 SBUF、SCON、PCON。

1. 串行口数据缓冲器 SBUF

SBUF 是两个在物理上独立的接收、发送寄存器，一个用于存放接收到的数据，另一个用于存放欲发送的数据，可同时发送和接收数据。两个缓冲器共用一个地址 99H，通过对 SBUF 的读、写指令来区别是对接收缓冲器还是发送缓冲器进行操作。CPU 在写 SBUF 时，就是修改发送缓冲器；读 SBUF，就是接收缓冲器的内容。接收或发送数据，是通过串行口对外的两条独立收发信号线 RXD(P3.0)、TXD(P3.1)来实现的，因此可以同时发送、接收数据，其工作方式为全双工制式。

2. 串行口控制寄存器 SCON

SCON 是一个特殊功能寄存器，用以设定串行口的工作方式、接收/发送控制以及设置状态标志，可以位寻址，字节地址为 98H。单片机复位时，所有位为 0。

位号	7	6	5	4	3	2	1	0	
字节地址：98H	SM0	SM1	SM2	REN	TB8	RB8	TI	RI	SCON

对各位的说明如下。

- SM0、SM1：串行方式选择位，其定义如表 6-2 所示。
- SM2：多机通信控制位，用于方式 2 和方式 3 中。在方式 2 和方式 3 处于接收方式时，若 SM2=1，且接收到的第 9 位数据 RB8 为 0 时，不激活 RI；若 SM2=1，且 RB8=1 时，则置 RI=1。在方式 2、3 处于接收或发送方式时，若 SM2=0，不论接收到的第 9 位 RB8 为 0 还是为 1，TI、RI 都以正常方式被激活。在方式 1 处于接收时，若 SM2=1，则只有收到有效的停止位后，RI 置 1。在方式 0 中，SM2 应为 0。

表 6-2　串行方式定义

SM0	SM1	工作方式	功　能	波 特 率
0	0	方式 0	8 位同步移位寄存器	fosc/12
0	1	方式 1	10 位异步收发器	可变
1	0	方式 2	11 位异步收发器	fosc/64 或 fosc/32
1	1	方式 3	11 位异步收发器	可变

- REN：允许串行接收位。它由软件置位或清零。REN=1 时，允许接收；REN=0 时，禁止接收。
- TB8：发送数据的第 9 位。在方式 2 和方式 3 中，由软件置位或复位，可做奇偶校验位。在多机通信中，可作为区别地址帧或数据帧的标识位，一般约定地址帧时，TB8 为 1，数据帧时，TB8 为 0。
- RB8：接收数据的第 9 位。功能同 TB8。
- TI：发送中断标志位。在方式 0 中，发送完 8 位数据后，由硬件置位；在其他方式中，在发送停止位之初由硬件置位。因此，TI 是发送完一帧数据的标志，可以用指令 JBC TI, rel 来查询是否发送结束。当 TI=1 时，也可向 CPU 申请中断，响应中断后，必须由软件清除 TI。
- RI：接收中断标志位。在方式 0 中，接收完 8 位数据后，由硬件置位；在其他方式中，在接收停止位的中间由硬件置位。同 TI 一样，也可以通过 JBC RI, rel 来查询是否接收完一帧数据。当 RI=1 时，也可申请中断，响应中断后，必须由软件清除 RI。

3. 电源控制寄存器 PCON

PCON 主要是为单片机的电源控制设置的专用寄存器，不可位寻址，字节地址为 87H。

位号	7	6	5	4	3	2	1	0	
字节地址：87H	SMOD								PCON

PCON 中只有一位 SMOD 与串行口工作有关，SMOD(PCON.7)为波特率倍增位，在串行口方式 1、方式 2、方式 3 时，波特率与 SMOD 有关，当 SMOD=1 时，波特率提高一倍。复位时，SMOD=0。

6.3　串口的工作方式

6.3.1　方式 0

方式 0 时，串行口为同步移位寄存器的输入输出方式。主要用于扩展并行输入或输出口。数据由 RXD(P3.0)引脚输入或输出，同步移位脉冲由 TXD(P3.1)引脚输出。发送和接收均为 8 位数据，低位在先，高位在后。波特率固定为 fosc/12。

1. 方式 0 输出

当一个数据写入串行口发送缓冲器 SBUF 时，串行口将 8 位数据以 fosc/12 的波特率从 RXD 引脚输出(低位在前)，发送完置中断标志 TI 为 1，请求中断。方式 0 的输出时序如图 6-9 所示。

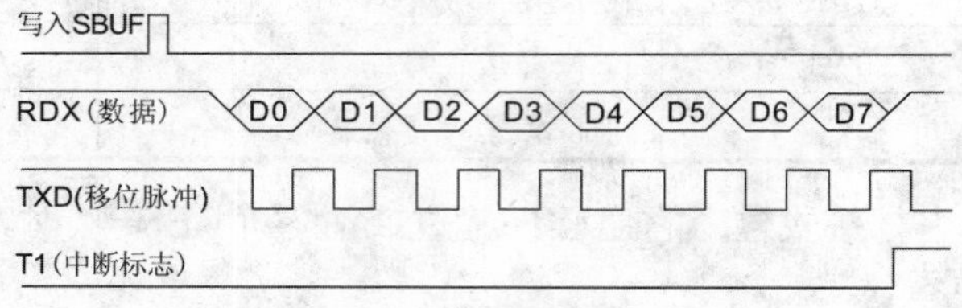

图 6-9　方式 0 的输出时序

2. 方式 0 输入

在满足 REN=1 和 RI=0 的条件下，串行口即开始从 RXD 端以 fosc/12 的波特率输入数据(低位在前)，当接收完 8 位数据后，置中断标志 RI 为 1，请求中断。在再次接收数据之前，必须由软件清 RI 为 0。方式 0 的输入时序如图 6-10 所示。

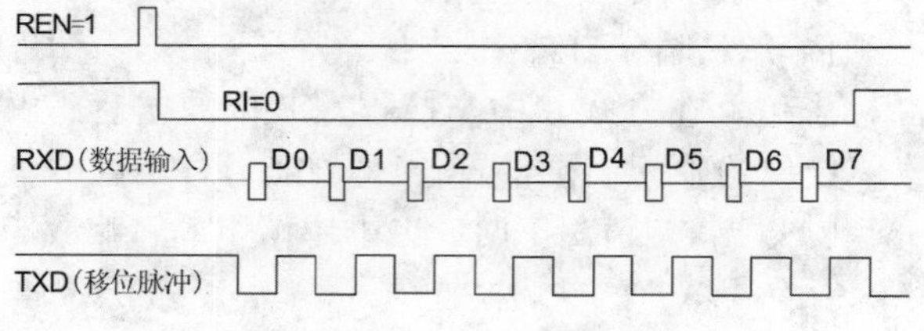

图 6-10　方式 0 输入时序

串行控制寄存器 SCON 中的 TB8 和 RB8 在方式 0 中未用。值得注意的是，每当发送或接收完 8 位数据后，硬件会自动置 TI 或 RI 为 1，CPU 响应 TI 或 RI 中断后，必须由用户用软件清 0。方式 0 时，SM2 必须为 0。

6.3.2　方式 1

方式 1 是 10 位数据的异步通信口。TXD 为数据发送引脚，RXD 为数据接收引脚，传送一帧数据的格式如图 6-11 所示，其中 1 位起始位，8 位数据位，1 位停止位。

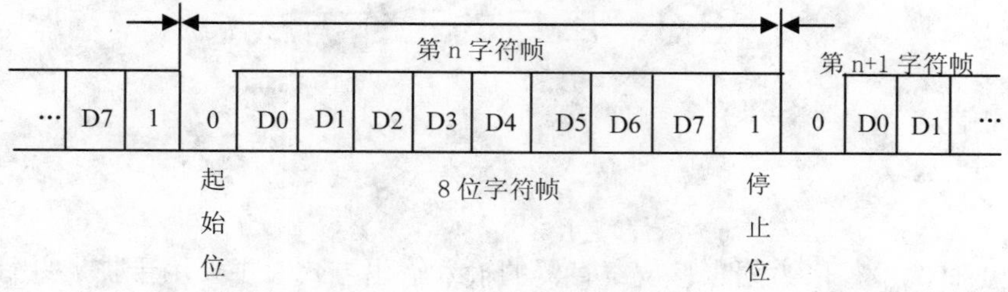

图 6-11　方式 1 的 10 位数据格式

1. 方式 1 输出

发送时，数据从 TXD 端输出，当数据写入发送缓冲器 SBUF 后，启动发送器发送。当发送完一帧数据后，置中断标志 TI 为 1。方式 1 所传送的波特率取决于定时器 1 的溢出率和 PCON 中的 SMOD 位，方式 1 的输出时序如图 6-12 所示。

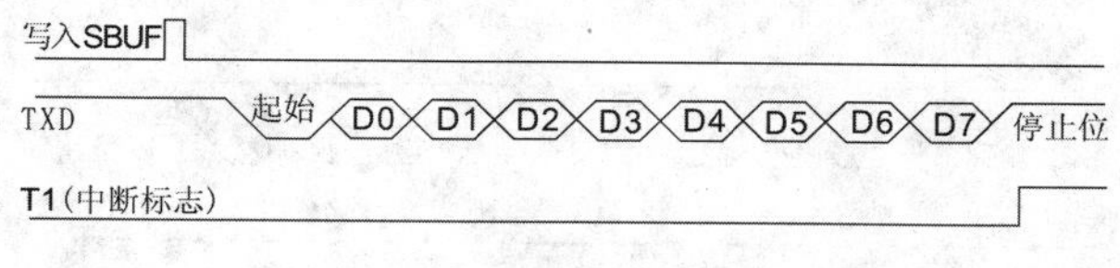

图 6-12　方式 1 输出时序

2. 方式 1 输入

接收时，由 REN 置 1，允许接收，串行口采样 RXD，当采样由 1 到 0 跳变时，确认是起始位“0”，开始接收一帧数据。当 RI=0，且停止位为 1 或 SM2=0 时，停止位进入 RB8 位，同时置中断标志 RI；否则信息将丢失。所以，方式 1 接收时，应先用软件清除 RI 或 SM2 标志。方式 1 的输入时序如图 6-13 所示。

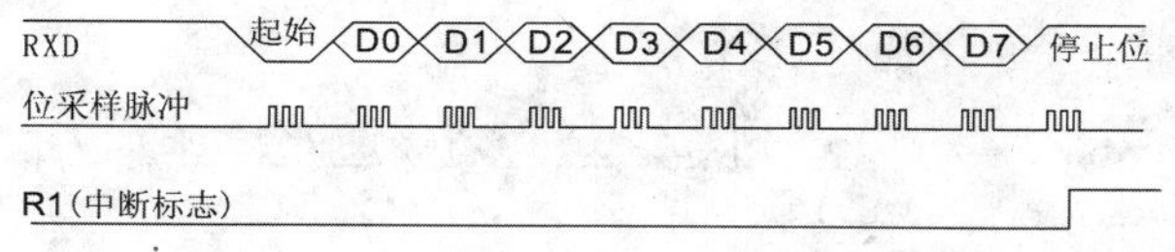

图 6-13　方式 1 输入时序

6.3.3　方式 2 和方式 3

方式 2 或方式 3 时为 11 位数据的异步通信口。TXD 为数据发送引脚，RXD 为数据接收引脚。发送或接收一帧数据包括 1 位起始位 0，8 位数据位，1 位可编程位(用于奇偶校验)和 1 位停止位 1。除了波特率以外，方式 3 和方式 2 完全相同，方式 2 的波特率固定为晶振频率的 1/64 或 1/32，方式 3 的波特率由定时器 T1 的溢出率决定。传送一帧数据的格式如图 6-14 所示。

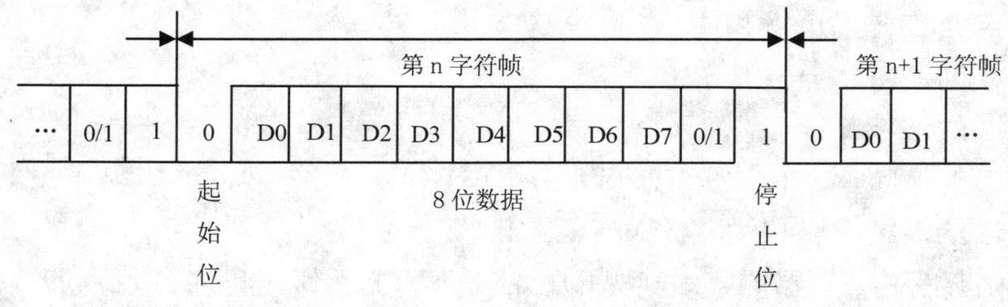

图 6-14　方式 2、3 的 11 位数据格式

1. 方式 2、3 输出

发送时，先根据通信协议由软件设置 TB8，然后用指令将要发送的数据写入 SBUF，

启动发送器。写 SBUF 的指令时，除了将 8 位数据送入 SBUF 外，同时还将 TB8 装入发送移位寄存器的第 9 位，并通知发送控制器进行一次发送。一帧信息即从 TXD 发送，在送完一帧信息后，TI 被自动置 1，在发送下一帧信息之前，TI 必须由中断服务程序或查询程序清 0。

方式 2、3 的输出时序如图 6-15 所示。

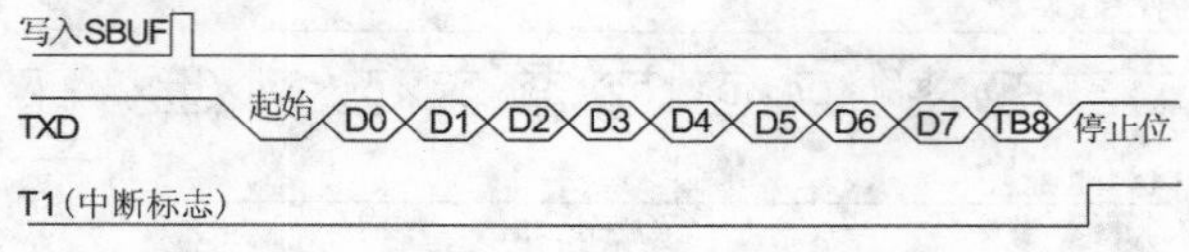

图 6-15　方式 2、3 的输出时序

2. 方式 2、3 输入

当 REN=1 时，允许串行口接收数据。数据由 RXD 端输入，接收 11 位的信息。当接收器采样到 RXD 端的负跳变，并判断起始位有效后，开始接收一帧信息。当接收器接收到第 9 位数据后，若同时满足以下条件：RI=0 和 SM2=0 或接收到的第 9 位数据为 1，则接收数据有效，8 位数据送入 SBUF，第 9 位送入 RB8，并置 RI=1。若不满足上述条件，则信息丢失。方式 2、3 的输入时序如图 6-16 所示。

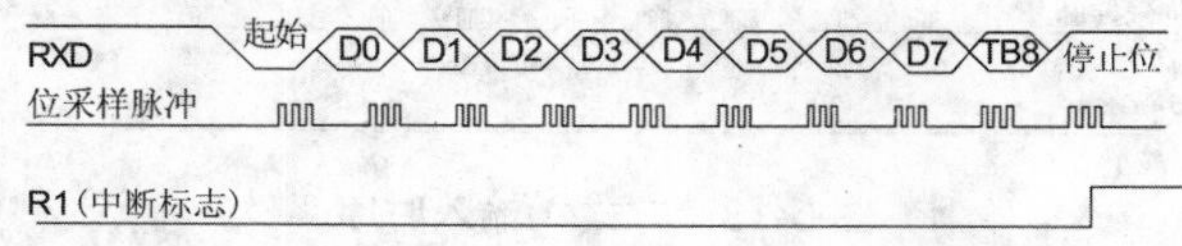

图 6-16　方式 2、3 的输入时序

6.3.4　波特率的计算

在串行通信中，收发双方对发送或接收数据的速率要有约定。通过软件可对单片机串行口编程为四种工作方式，其中方式 0 和方式 2 的波特率是固定的，而方式 1 和方式 3 的波特率是可变的，由定时器 T1 的溢出率来决定。

串行口的四种工作方式对应三种波特率。由于输入的移位时钟的来源不同，所以，各种方式的波特率计算公式也不相同。

- 方式 0 的波特率 = fosc/12
- 方式 2 的波特率 $=(2^{SMOD}/64)\cdot fosc$
- 方式 1 的波特率 $=(2^{SMOD}/32)\cdot$(T1 溢出率)
- 方式 3 的波特率 $=(2^{SMOD}/32)\cdot$(T1 溢出率)

当 T1 作为波特率发生器时，最典型的用法是使 T1 工作在自动再装入的 8 位定时器方式(即方式 2，且 TCON 的 TR1=1，以启动定时器)。这时溢出率取决于 TH1 中的计数值。

T1 溢出率 $= fosc / \{12\times[256-(TH1)]\}$

在单片机的应用中，常用的晶振频率为 12MHz 和 11.0592MHz。所以，选用的波特率也相对固定。常用的串行口波特率以及各参数的关系如表 6-3 所示。

表 6-3　常用波特率与定时器 1 的参数关系

串口工作方式及波特率(b/s)		fosc(MHz)	SMOD	定时器 T1		
				$C/\overline{T}$	工作方式	初值
方式 1、3	62.5k	12	1	0	2	FFH
	19.2k	11.0592	1	0	2	FDH
	9600	11.0592	0	0	2	FDH
	4800	11.0592	0	0	2	FAH
	2400	11.0592	0	0	2	F4H
	1200	11.0592	0	0	2	E8H

串行口工作之前，应对其进行初始化，主要是设置产生波特率的定时器 1、串行口控制和中断控制。具体步骤如下。

(1) 确定 T1 的工作方式(编程 TMOD 寄存器)。

(2) 计算 T1 的初值，装载 TH1、TL1。

(3) 启动 T1(编程 TCON 中的 TR1 位)。

(4) 确定串行口控制(编程 SCON 寄存器)。

(5) 串行口在中断方式工作时，要进行中断设置(编程 IE、IP 寄存器)。

6.4　串口的应用

6.4.1　双机通信

如果两个 MCS-51 单片机系统距离较近，那么就可以将它们的串行口直接相连，实现双机通信。

1. 硬件连接

双机通信的硬件连接如图 6-17 所示。

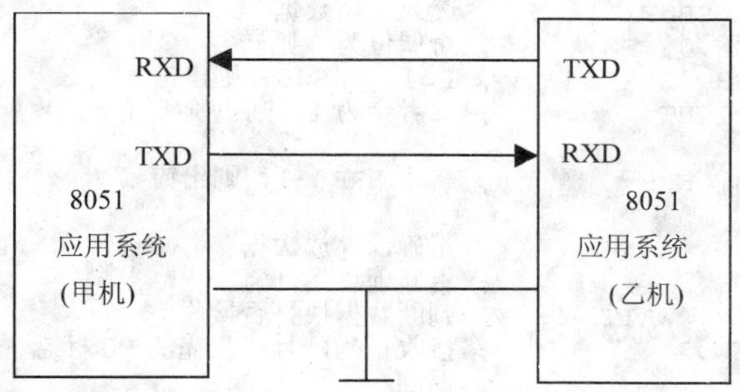

图 6-17　双机通信接口电路

2. 双机通信的软件编程

对于双机通信的程序，通常采用两种方法：查询方式和中断方式。

(1) 查询方式

① 甲机发送

编程将甲单机片外 1000H~101FH 单元的数据块从串行口输出。定义方式 2 发送，TB8 为奇偶校验位。发送波特率 375kb/s，晶振为 12MHz，SMOD=1。

参考发送子程序如下：

```
        MOV   SCON, #80H        ; 设置串行口为方式 2
        MOV   PCON, #80H        ; SMOD=1
        MOV   DPTR, #1000H      ; 设数据块指针
        MOV   R7, #20H          ; 设数据块长度
START:
        MOVX  A, @DPTR          ; 取数据给 A
        MOV   C, P
        MOV   TB8, C            ; 奇偶位 P 送给 TB8
        MOV   SBUF, A           ; 数据送 SBUF，启动发送
WAIT:
        JBC   TI, CONT          ; 判断一帧是否发送完。若发送完，清 TI，取下一个数据
        AJMP  WAIT              ; 未完等待
CONT:
        INC   DPTR              ; 更新数据单元
        DJNZ  R7, START         ; 循环发送至结束
        RET
```

② 乙机接收

编程使乙机接收甲机发送过来的数据块，并存入片内 50H~6FH 单元。接收过程要求判断 RB8，若出错置 F0 标志为 1，正确则置 F0 标志为 0，然后返回。

在进行双机通信时，两机应采用相同的工作方式和波特率。参考接收子程序如下：

```
        MOV   SCON, #80H        ; 设置串行口为方式 2
        MOV   PCON, #80H        ; MOD=1
        MOV   R0, #50H          ; 设置数据块指针
        MOV   R7, #20H          ; 设置数据块长度
        SETB  REN               ; 启动接收
WAIT:
        JBC   RI, READ          ; 判断是否接收完一帧。若完，清 RI，读入数据
        AJMP  WAIT              ; 未完等待
READ:
        MOV   A, SBUF           ; 读入一帧数据
        JNB   PSW.0, PZ         ; 奇偶位为 0 则转
        JNB   RB8, ERR          ; P=1，RB8=0，则出错
        SJMP  RIGHT             ; 二者全为 1，则正确
PZ:
        JB   RB8, ERR           ; P=0，RB8=1，则出错
RIGHT:
        MOV   @R0, A            ; 正确，存放数据
        INC   R0                ; 更新地址指针
        DJNZ  R7, WAIT          ; 判断数据块是否接收完
        CLR   PSW.5             ; 接收正确，且接收完清 F0 标志
        RET                     ; 返回
ERR:
        SETB  PSW.5             ; 出错，置 F0 标志为 1
        RET                     ; 返回
```

在上述查询方式的双机通信中，因为发送双方单片机的串行口均按方式 2 工作，所以帧格式是 11 位的，收发双方均是采用奇偶位 TB8 来进行校验的。传送数据的波特率与定时器无关，所以程序中没有涉及定时器的编程。

(2) 中断方式

在很多应用中，双机通信的接收方都采用中断的方式来接收数据，以提高 CPU 的工作效率；发送方仍然采用查询方式发送。

① 甲机发送

上面的通信程序，收发双方是采用奇偶位 TB8 来进行校验的，这里介绍一种用累加和进行校验的方法。

编程将甲单机片内 60H~6FH 单元的数据块从串行口发送，在发送之前将数据块长度发送给乙机，当发送完 16 个字节后，再发送一个累加校验和。定义双机串行口按方式 1 工作，晶振为 11.059MHz，波特率为 2400b/s，定时器 1 按方式 2 工作。经计算或查表 6-3 得到定时器预置值为 0F4H，SMOD=0。

参考发送子程序如下：

```
        MOV  TMOD, #20H        ; 设置定时器 1 为方式 2
        MOV  TL1, #0F4H        ; 设置预置值
        MOV  TH1, #0F4H
        SETB  TR1              ; 启动定时器 1
        MOV  SCON, #50H        ; 设置串行口为方式 1，允许接收
START:
        MOV  R0, #60H          ; 设置数据指针
        MOV  R5, #10H          ; 设置数据长度
        MOV  R4, #00H          ; 累加校验和初始化
        MOV  SBUF, R5          ; 发送数据长度
WAIT1:
        JBC  TI, TRS           ; 等待发送
        AJMP  WAIT1
TRS:
        MOV  A, @R0            ; 读取数据
        MOV  SBUF, A           ; 发送数据
        ADD  A, R4
        MOV  R4, A             ; 形成累加和
        INC  R0                ; 修改数据指针
WAIT2:
        JBC  TI, CONT          ; 等待发送一帧数据
        AJMP  WAIT2
CONT:
        DJNZ  R5, TRS          ; 判断数据块是否发送完
        MOV  SBUF, R4          ; 发送累加校验和
WAIT3:
        JBC  TI, WAIT4         ; 等待发送
        AJMP  WAIT3
WAIT4:
        JBC  RI, READ          ; 等待乙机回答
        AJMP  WAIT4
READ:
        MOV  A, SBUF           ; 接收乙机数据
        JZ  RIGHT              ; 00H，发送正确，返回
        AJMP  START            ; 发送出错，重发
RIGHT:
        RET
```

② 乙机接收

乙机接收甲机发送的数据，并存入以 2000H 开始的片外数据存储器中。首先接收数据长度，接着接收数据，当接收完 16 个字节后，接收累加和校验码，进行校验。数据传送结束后，根据校验结果向甲机发送一个状态字，00H 表示正确，0FFH 表示出错，出错则甲机重发。

接收采用中断方式。设置两个标志位(7FH，7EH 位)来判断接收到的信息是数据块长度、数据还是累加校验和。

参考接收程序如下：

```
        ORG  0000H
        LJMP  CSH              ; 转初始化程序
        ORG  0023H
        LJMP  INTS             ; 转串行口中断程序
        ORG  0100H
CSH:
        MOV  TMOD, #20H        ; 设置定时器 1 为方式 2
        MOV  TL1, #0F4H        ; 设置预置值
        MOV  TH1, #0F4H
        SETB  TR1              ; 启动定时器 1
        MOV  SCON, #50H        ; 串行口初始化
        SETB  7FH              ; 置长度标志位为 1
        SETB  7EH              ; 置数据块标志位为 1
        MOV  31H, #20H         ; 规定外部 RAM 的起始地址
        MOV  30H, #00H
        MOV  40H, #00H         ; 清累加和寄存器
        SETB  EA               ; 允许串行口中断
        SETB  ES
        LJMP  MAIN             ; MAIN 为主程序，根据用户要求编写
INTS:
        CLR  EA                ; 关中断
        CLR  RI                ; 清中断标志
        PUSH  A                ; 保护现场
        PUSH  DPH
        PUSH  DPL
        JB  7FH, CHANG         ; 判断是数据块长度吗？
        JB  7EH, DATA          ; 判断是数据块吗？
        SUM:
        MOV  A, SBUF           ; 接收校验和
        CJNZ  A, 40H, ERR      ; 判断接收是否正确
        MOV  A, #00H           ; 二者相等，正确，向甲机发送 00H
        MOV  SBUF, A
WAIT1:
        JNB  TI, WAIT1
        CLR  TI
        SJMP  RETURN           ; 发送完，转到返回
ERR:
        MOV  A, #0FFH          ; 二者不相等，错误，向甲机发送 FFH
        MOV  SBUF, A
WAIT2:
        JNB  TI, WAIT2
        CLR  TI
        SJMP  AGAIN            ; 发送完，转重新开始
CHANG:
        MOV  A, SBUF           ; 接收长度
        MOV  41H, A            ; 长度存入 41H 单元
        CLR  7FH               ; 清长度标志位
        SJMP  RETURN           ; 转返回
```

```
DATA:
        MOV  A, SBUF            ; 接收数据
        MOV  DPH, 31H           ; 存入片外 RAM
        MOV  DPL, 30H
        MOVX  @DPTR, A
        INC  DPTR               ; 修改片外 RAM 的地址
        MOV  31H, DPH
        MOV  30H, DPL
        ADD  A, 40H             ; 形成累加和，放在 40H 单元
        MOV  40H, A
        DJNZ  41H, RETURN       ; 判断数据块是否接收完
        CLR  7EH                ; 接收完，清数据块标志位
        SJMP  RETURN
AGAIN:
        SETB  7FH               ; 接收出错，恢复标志位，重新开始接收
        SETB  7EH
        MOV  31H, #20H          ; 恢复片外 RAM 起始地址
        MOV  30H, #00H
        MOV  40H, #00H          ; 累加和寄存器清零
RETURN:
        POP  DPL                ; 恢复现场
        POP  DPH
        POP  A
        SETB  EA                ; 开中断
        RETI                    ; 返回
```

6.4.2 多机通信

1. 硬件连接

MCS-51 串行口的方式 2 和方式 3 有一个专门的应用领域，即多机通信。这一功能通常采用主从式多机通信方式，在这种方式中，要用一台主机和多台从机。主机发送的信息可以传送到各个从机或指定的从机，各从机发送的信息只能被主机接收，从机与从机之间不能进行通信。图 6-18 是多机通信的一种连接示意图。

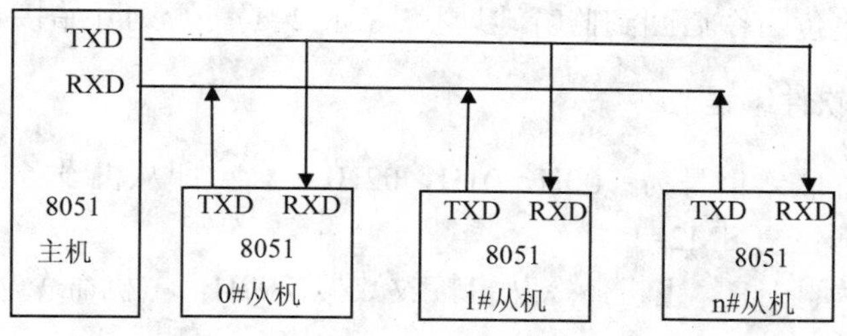

图 6-18 多机通信连接示意图

2. 通信协议

多机通信的实现，主要是依靠主、从机之间正确地设置与判断 SM2 和发送或接收的第 9 位数据来(TB8 或 RB8)完成的。我们首先将上述二者的作用总结如下。

在单片机串行口以方式 2 或方式 3 接收时，一方面，若 SM2=1，表示置多机通信功能位。这时有两种情况：

- 接收到第 9 位数据为 1，此时数据装入 SBUF，并置 RI=1，向 CPU 发中断请求。
- 接收到第 9 位数据为 0，此时不产生中断，信息将被丢失，不能接收。另一方面，若 SM2=0，则接收到的第 9 位信息无论是 1 还是 0，都产生 RI=1 的中断标志，接收的数据装入 SBUF。根据这个功能，就可以实现多机通信。

在编程前，首先要为各从机定义地址编号，如分别为 00H、01H、02H 等。在主机想发送一个数据块给某个从机时，它必须先送出一个地址字节，以辨认从机。编程实现多机通信的过程如下。

(1) 主机发送一帧地址信息，与所需的从机联络。主机应置 TB8 为 1，表示发送的是地址帧。例如：

```
MOV  SCON, #0D8H          ; 设串行口为方式 3，TB8=1，允许接收
```

(2) 所有从机初始化设置 SM2=1，处于准备接收一帧地址信息的状态。例如：

```
MOV  SCON, #0F0H          ; 设串行口为方式 3，SM2=1，允许接收
```

(3) 各从机接收到地址信息，因为 RB8=1，则置中断标志 RI。中断后，首先判断主机送过来的地址信息与自己的地址是否相符。对于地址相符的从机，置 SM2=0，以接收主机随后发来的所有信息。对于地址不相符的从机，保持 SM2=1 的状态，对主机随后发来的信息不理睬，直到发送新的一帧地址信息。

(4) 主机发送控制指令和数据信息给被寻址的从机。其中，主机置 TB8 为 0，表示发送的是数据或控制指令。对于没选中的从机，因为 SM2=1，RB8=0，所以不会产生中断，对主机发送的信息不接收。

(5) 主机接收数据时先判断数据接收标志(RB8)，若 RB8=1，表示数据传送结束，并比较此帧校验和，若正确则回送正确信号 00H，此信号命令该从机复位(即重新等待地址帧)；若校验和出错，则发送 0FFH，命令该从机重发数据。若接收帧的 RB8=0，则存数据到缓冲区，并准备接收下帧信息。

(6) 主机收到从机应答地址后，确认地址是否相符，如果地址不符，发复位信号(数据帧中 TB8=1)；如果地址相符，则清 TB8，开始发送数据。

(7) 从机收到复位命令后回到监听地址状态(SM2=1)。否则开始接收数据和命令。

3. 多机通信的软件编程

主机发送的地址联络信号为：00H，01H，02H，……(即从机设备地址)，地址 FFH 为命令各从机复位，即恢复 SM2=1。

主机命令编码为：01H，主机命令从机接收数据；02H，主机命令从机发送数据。其他都按 02H 对待。

从机状态字格式为：

位号	7	6	5	4	3	2	1	0
	ERR	0	0	0	0	0	TRDY	RRDY

- RRDY=1：表示从机准备好接收。
- TRDY=1：表示从机准备好发送。
- ERR=1：表示从机接收的命令是非法的。

程序分为主机程序和从机程序。约定一次传递数据为 16 个字节。

(1) 主机程序清单

设从机地址号存于 40H 单元，命令存于 41H 单元。代码如下：

```
        ORG  0000H
        AJMP  MAIN
        ORG  0030H
MAIN:
        MOV  TMOD, #20H              ; T1 方式 2
        MOV  TH1, #0FDH              ; 初始化波特率 9600
        MOV  TL1, #0FDH
        MOV  PCON, #00H
        SETB  TR1
        MOV  SCON, #0F0H             ; 串口方式 3，多机，准备接收应答
LOOP1:
        SETB  TB8
        MOV  SBUF, 40H               ; 发送预通信从机地址
        JNB  TI, $
        CLR  TI
        JNB  RI, $                   ; 等待从机对联络应答
        CLR  RI
        MOV  A, SBUF                 ; 接收应答，读至 A
        XRL  A, 40H                  ; 判应答的地址是否正确
        JZ  AD_OK
AD_ERR:
        MOV  SBUF, #0FFH             ; 应答错误，发命令 FFH
        JNB  TI, $
        CLR  TI
        SJMP  LOOP1                  ; 返回重新发送联络信号
AD_OK:
        CLR  TB8                     ; 应答正确
        MOV  SBUF, 41H               ; 发送命令字
        JNB  TI, $
        CLR  TI
        JNB  RI, $                   ; 等待从机对命令应答
        CLR  RI
        MOV  A, SBUF                 ; 接收应答，读至 A
        XRL  A, #80H                 ; 判断应答是否正确
        JNZ  CO_OK
        SETB  TB8
        SJMP  AD_ERR                 ; 错误处理
CO_OK:
        MOV  A, SBUF                 ; 应答正确，判是发送还是接收命令
        XRL  A, #01H
        JZ  SE_DATA                  ; 从机准备好接收，可以发送
        MOV  A, SBUF
        XRL  A, #02H
        JZ  RE_DATA                  ; 从机准备好发送，可以接收
        LJMP  SE_DATA
RE_DATA:
        MOV  R6, #00H                ; 清校验和接收 16 个字节数据
        MOV  R0, #30H
        MOV  R7, #10H
LOOP2:
        JNB  RI, $
        CLR  RI
        MOV  A, SBUF
```

```
        MOV  @R0, A
        INC  R0
        ADD  A, R6
        MOV  R6, A
        DJNZ  R7, LOOP2
        JNB  RI, $
        CLR  RI
        MOV  A, SBUF                 ; 接收校验和并判断
        XRL  A, R6
        JZ  XYOK                     ; 校验正确
        MOV  SBUF, #0FFH             ; 校验错误
        JNB  TI, $
        CLR  TI
        LJMP  RE_DATA
XYOK:
        MOV  SBUF, #00H              ; 校验和正确，发 00H
        JNB  TI, $
        CLR  TI
        SETB  TB8                    ; 置地址标志
        LJMP  RET_END
SE_DATA:
        MOV  R6, #00H                ; 发送 16 个字节数据
        MOV  R0, #30H
        MOV  R7, #10H
LOOP3:
        MOV  A, @R0
        MOV  SBUF, A
        JNB  TI, $
        CLR  TI
        INC  R0
        ADD  A, R6
        MOV  R6, A
        DJNZ  R7, LOOP3
        MOV  A, R6
        MOV  SBUF, A                 ; 发校验和
        JNB  TI, $
        CLR  TI
        JNB  RI, $
        CLR  RI
        MOV  A, SBUF
        XRL  A, #00H
        JZ  RET_END                  ; 从机接收正确
        SJMP  SE_DATA                ; 从机接收不正确，重新发送
RET_END:
        JMP  LOOP1
        END
```

(2) 从机程序清单

设本机号存于 40H 单元，41H 单元存放“发送”命令，42H 单元存放“接收”命令。代码如下：

```
        ORG  0000H
        LJMP  MAIN
        ORG  0023H
        LJMP  SERVE
        ORG  0030H
MAIN:
        MOV  TMOD, #20H              ; 初始化串行口
        MOV  TH1, #0FDH
```

```
        MOV  TL1, #0FDH
        MOV  PCON, #00H
        SETB  TR1
        MOV  SCON, #0F0H
        SETB  EA                    ; 开中断
        SETB  ES
        SETB  RRDY                  ; 发送与接收准备就绪
        SETB  TRDY
MAIN_LOOP:
        NOP
        SJMP  MAIN_LOOP
;**********************************************************************
;中断服务程序
SERVE:
        PUSH  PSW
        PUSH  ACC
        CLR  ES
        CLR  RI
        MOV  A, SBUF
        XRL  A, 40H                 ; 判断是否本机地址
        JZ  SER_OK
        LJMP  ENDI                  ; 非本机地址，继续监听
SER_OK:
        CLR  SM2                    ; 是本机地址，取消监听状态
        MOV  SBUF, 40H              ; 本机地址发回
        JNB  TI, $
        CLR  TI
        JNB  RI, $
        CLR  RI
        JB  RB8, ENDII              ; 是复位命令，恢复监听
        MOV  A, SBUF                ; 不是复位命令，判是“发送”还是“接收”
        XRL  A, 41H
        JZ  SERISE                  ; 收到“发送”命令，发送处理
        MOV  A, SBUF
        XRL  A, 42H
        JZ  SERIRE                  ; 收到“接收”命令，接收处理
        SJMP  FFML                  ; 非法命令，转非法处理
SERISE:
        JB  TRDY, SEND              ; 从机发送是否准备好
        MOV  SBUF, #00H
        SJMP  WAIT01
SEND:
        MOV  SBUF, #02H             ; 返回“发送准备好”
WAIT01:
        JNB  TI, $
        CLR  TI
        JNB  RI, $
        CLR  RI
        JB  RB8, ENDII              ; 主机接收是否准备就绪
        LCALL  SE_DATA              ; 发送数据
        LJMP  S_END
FFML:
        MOV  SBUF, #80H             ; 发非法命令，恢复监听
        JNB  TI, $
        CLR  TI
        LJMP  ENDII
SERIRE:
        JB  RRDY, RECE              ; 从机接收是否准备好
        MOV  SBUF, #00H
        SJMP  WAIT02
```

```
RECE:
        MOV  SBUF, #01H            ; 返回“接收准备好”
WEIT02:
        JNB  TI, $
        CLR  TI
        JNB  RI, $
        CLR  RI
        JB  RB8, ENDII             ; 主机发送是否就绪
        LCALL  RE_DATA             ; 接收数据
        LJMP  S_END
ENDII:
        SETB  SM2
ENDI:
        SETB  ES
S_END:
        POP  ACC
        POP  PSW
        RETI
;*********************************************************************
;发送数据块子程序
SE_DATA:
        CLR  TRDY
        MOV  R6, #00H
        MOV  R0, #30H
        MOV  R7, #10H
LOOP2:
        MOV  A, @R0
        MOV  SBUF, A
        JNB  TI, $
        CLR  TI
        INC  R0
        ADD  A, R6
        MOV  R6, A
        DJNZ  R7, LOOP2            ; 数据块发送完毕?
        MOV  A, R6
        MOV  SBUF, A
        JNB  TI, $                 ; 发送校验和
        CLR  TI
        JNB  RI, $
        CLR  RI
        MOV  A, SBUF
        XRL  A, #00H               ; 判发送是否正确
        JZ  SEND_OK
        SJMP  SE_DATA              ; 发送错误，重发
SEND_OK:
        SETB  SM2                  ; 发送正确，继续监听
        SETB  ES
        RET
;*********************************************************************
; 接收数据块子程序
RE_DATA:
        CLR  RRDY
        MOV  R6, #00H
        MOV  R0, #30H
        MOV  R7, #10H
LOOP3:
        JNB  RI, $
        CLR  RI
        MOV  A, SBUF
```

```
        MOV  @R0, A
        INC  R0
        ADD  A, R6
        MOV  R6, A
        DJNZ  R7, LOOP3              ; 接收数据块完毕?
        JNB  RI, $                   ; 接收校验和
        CLR  RI
        MOV  A, SBUF
        XRL  A, R6                   ; 判断校验和是否正确
        JZ  RECE_OK
        MOV  SBUF, #0FFH             ; 校验和错误，发 FFH
        JNB  TI, $
        CLR  TI
        LJMP  RE_DATA                ; 重新接收
RECE_OK:
        MOV  A, #00H                 ; 校验和正确，发 00H
        MOV  SBUF, A
        JNB  TI, $
        CLR  TI
        SETB  SM2                    ; 继续监听
        SETB  ES
        RET
        END
```

习　题　6

(1) MCS-51 单片机串行口有几种工作方式？如何选择？简述其特点。

(2) 串行通信的接口标准有哪几种？

(3) 在串行通信中通信速率与传输距离之间的关系如何？

(4) 简述 MCS-51 单片机多机通信的特点。

第 7 章 单片机接口及控制技术

在单片机应用系统中，除了 CPU 和存储器外，都需要用到一些外围设备，以实现人机对话，使人们能够控制和掌握单片机的运行。单片机与外设的连接，涉及到接口技术。不同的外设有不同的接口方法和控制电路，程序的实现方法也不同。本章由易到难，介绍了简单 I/O 控制，数码管和液晶显示，键盘接口和实时时钟的原理、接口电路，并用实例讲述它们的使用方法。

7.1 简单 I/O 口控制

7.1.1 原理及流水灯电路

由 MCS-51 组成的单片机系统在通常情况下，P0 口分时复用作为地址、数据总线，P2 口用作为高 8 位地址总线，P3 口部分端口用作第二功能，P1 口通常只用作 I/O 口。

P1 口是 8 位准双向口，它的每一位都可独立地定义为输入或输出，因此既可作为 8 位的并行 I/O 口，也可作为 8 位的输入输出端。

利用 P1 口加上发光二极管和电阻，就可以组成流水灯的电路，如图 7-1 所示。从电路图中分析可知，当需要 D7 亮时，只需把 P1.7 端口置低；相反，P1.7 端口置高，D7 熄灭。D0~D6 的点亮和熄灭的方法与 D7 相同。要实现流水灯功能，我们只要将发光二极管 D7~D0 依次点亮、熄灭，8 只 LED 灯便会一亮一暗地成为从下到上移动的流水灯了。

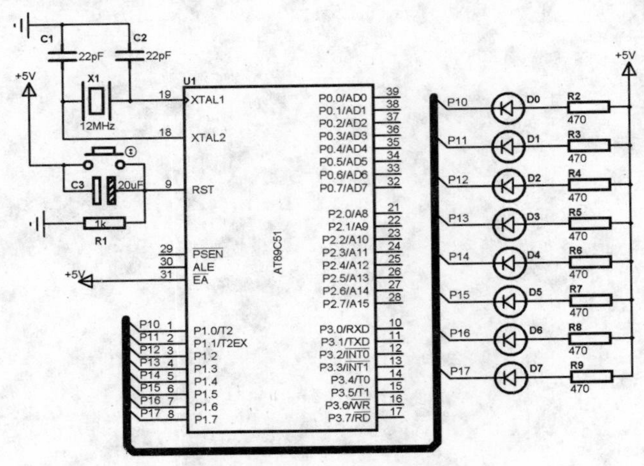

图 7-1 流水灯电路图

单片机执行每条指令的时间很短，在控制每只二极管亮灭的时候需要延时一段时间，否则我们就看不到“流水”的效果了。

7.1.2　控制程序及流程图

1. 程序清单

程序清单如下：

```
        V_LOOP  EQU  30H                ；控制变量，控制发光二极管的亮灭
        ORG  0000H
        LJMP  START
        ORG  0100H
START:
        MOV  SP, #60H
        MOV  P1, #0FFH
        MOV  R0, #7FH
CLEAR_RAM:                              ；清除 00~FFH 中的内容(为零)
        MOV  @R0, #0
        DJNZ  R0, CLEAR_RAM
        MOV  V_LOOP, #7FH               ；初始化控制变量
MAIN_LOOP:
        MOV  A, V_LOOP
        RR  A                           ；改变控制变量
        MOV  P1, A
        MOV  V_LOOP, A
        CALL  DELAY_1S                  ；调用延时 1s 子程序
        JMP  MAIN_LOOP
;*************************************************************
DELAY_1S:                               ；延时 1s 子程序，晶振为 12M
        MOV  R3, #4

DELAY_LOOP3:
        MOV  R2, #250

DELAY_LOOP2:
        MOV  R1, #249
        NOP

DELAY_LOOP1:
        NOP
        NOP
        DJNZ  R1, DELAY_LOOP1
        DJNZ  R2, DELAY_LOOP2
        DJNZ  R3, DELAY_LOOP3
        RET
        END
```

2. 程序流程图

流水灯程序的流程图如图 7-2 所示。

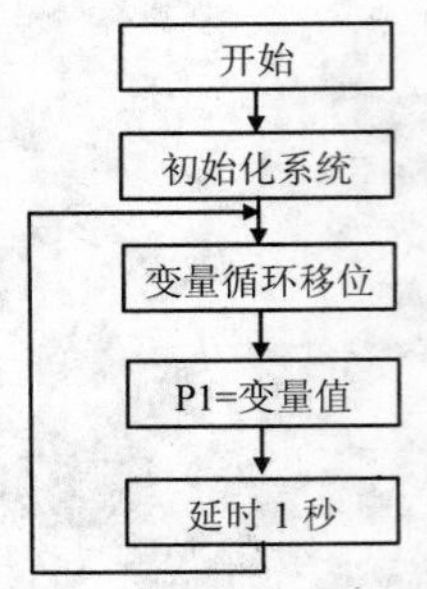

图 7-2　流水灯程序的流程图

7.2　数码管显示

7.2.1　原理及控制电路

1. 数码管工作原理

如图 7-3 所示为七段 LED 数码管的原理图，数码管由 8 个发光二极管构成，通过不同的组合可用来显示数字 0~9、字符 A~F、H、L、P、R、U、Y、符号“–”及小数点“.”。

共阳极数码管的 8 个发光二极管的阳极(二极管正端)连接在一起。通常，公共阳极接高电平(一般接电源)，其他管脚接段驱动电路输出端。当某段驱动电路的输出端为低电平时，则该端所连接的字段导通并点亮，根据发光字段的不同组合可显示出各种数字或字符。

共阴极数码管的 8 个发光二极管的阴极(二极管负端)连接在一起。通常，公共阴极接低电平(一般接地)，其他管脚接段驱动电路输出端。当某段驱动电路的输出端为高电平时，则该端所连接的字段导通并点亮，根据发光字段的不同组合可显示出各种数字或字符。

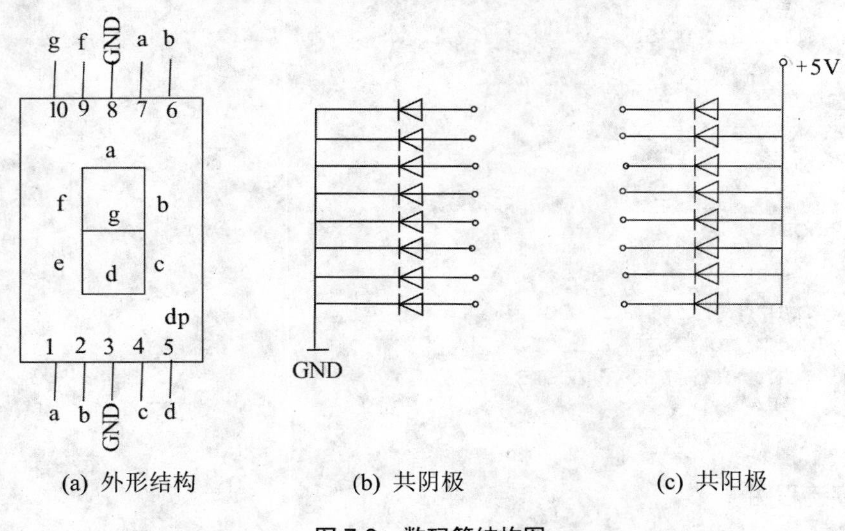

(a) 外形结构　(b) 共阴极　(c) 共阳极

图 7-3　数码管结构图

要使数码管显示出相应的数字或字符，必须使段数据口输出相应的字形编码。对照图 7-3(a)，字型码各位定义为：数据线 D0 与 a 字段对应，D1 与 b 字段对应……，依此类推。

要显示出某一数字或字符，共阴极和共阳极数码管的字型编码恰好对应相反，使用共阳极数码管，数据为 0 表示对应字段亮，数据为 1 表示对应字段暗，而使用共阴极数码管，数据为 0 表示对应字段暗，数据为 1 表示对应字段亮。如要显示“0”，共阳极数码管的字型编码应为 11000000B(即 C0H)，共阴极数码管的字型编码应为 00111111B(即 3FH)。在表 7-1 中列出了共阳极数码管的字型编码表。

表 7-1　共阳极数码管字型编码表

显示字符	dp	g	f	e	d	c	b	a	字型码
0	1	1	0	0	0	0	0	0	C0H
1	1	1	1	1	1	0	0	1	F9H
2	1	0	1	0	0	1	0	0	A4H
3	1	0	1	1	0	0	0	0	B0H
4	1	0	0	1	1	0	0	1	99H
5	1	0	0	1	0	0	1	0	92H
6	1	0	0	0	0	0	1	0	82H
7	1	1	1	1	1	0	0	0	F8H
8	1	0	0	0	0	0	0	0	80H
9	1	0	0	1	0	0	0	0	90H
A	1	0	0	0	1	0	0	0	88H
B	1	0	0	0	0	0	1	1	83H
C	1	1	0	0	0	1	1	0	C6H
D	1	0	1	0	0	0	0	1	A1H
E	1	0	0	0	0	1	1	0	86H
F	1	0	0	0	1	1	1	0	8EH
-	1	0	1	1	1	1	1	1	BFH
.	0	1	1	1	1	1	1	1	7FH
熄灭	1	1	1	1	1	1	1	1	FFH

2. 静态显示原理

静态显示是指数码管显示某一字符时，相应的发光二极管恒定导通或恒定截止。

这种显示方式的各位数码管相互独立，公共端恒定接地(共阴极)或接正电源(共阳极)。每个数码管的 8 个字段分别与一个 8 位 I/O 口地址相连，I/O 口只要有段码输出，相应字符即显示出来，并保持不变，直到 I/O 口输出新的段码。采用静态显示方式，较小的电流即可获得较高的亮度，且占用 CPU 时间少，编程简单，显示便于监测和控制，但其占用的 I/O 口多，硬件电路复杂，成本高，只适合于显示位数较少的场合。

3. 动态显示原理

动态显示是一位一位地轮流点亮各位数码管，这种逐位点亮显示器的方式称为位扫描。通常，各位数码管的段选线相应并联在一起，由一个 8 位的 I/O 口控制，称为数码管的数据端口；各位的位选线(公共阴极或阳极)由另外的 I/O 口线控制，称为数码管的控制端。动态方式显示时，各数码管分时轮流选通，要使其稳定显示，必须采用扫描方式，即在某一时刻只选通一位数码管，并送出相应的段码，在另一时刻选通另一位数码管，并送出相应的段码。依此规律循环，即可使各位数码管显示将要显示的字符。这些字符是在不同的时刻分别显示，但由于人眼存在视觉暂留效应，只要每位显示间隔足够短就可以给人以同时显示的感觉。

采用动态显示方式比较节省 I/O 口，硬件电路也较静态显示方式简单，但其亮度不如静态显示方式，而且在显示位数较多时，CPU 要依次扫描，占用 CPU 较多的时间。

4. 数码管显示电路图

图 7-4 和图 7-5 分别为静态显示和动态显示的原理图，它们都能完成 0~99 的计数工作，但在实现方法上有所不同。在静态显示时，计数的值发生改变时，才进行数据的显示更新；而在动态显示时，由于数据端公用，所以需要循环显示，并且要在 20ms 内完成一次循环，才能保证显示的字符不闪烁。

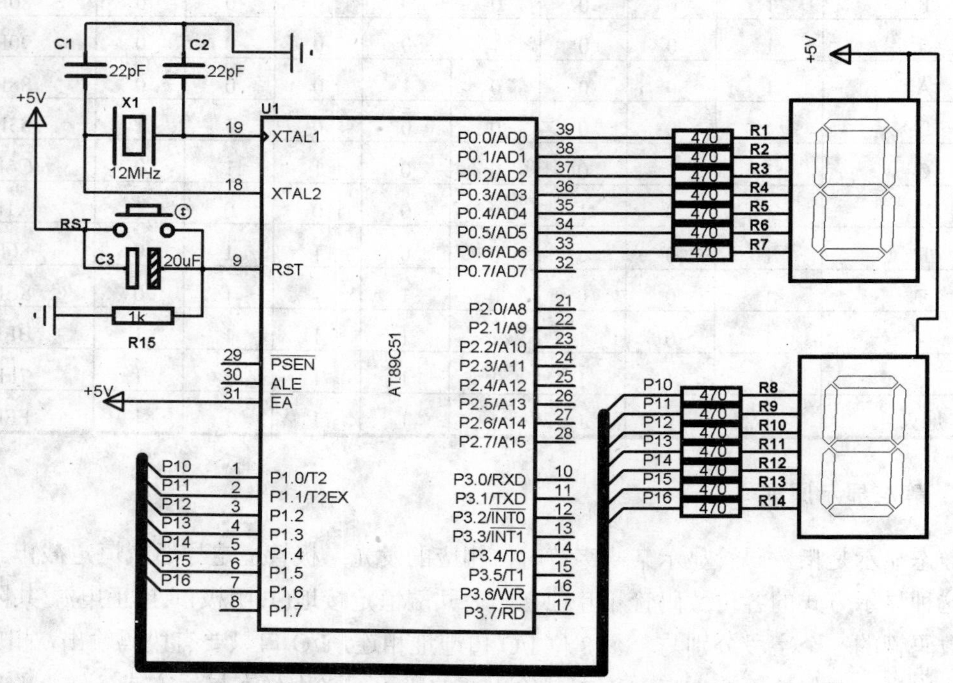

图 7-4　数码管静态显示原理图

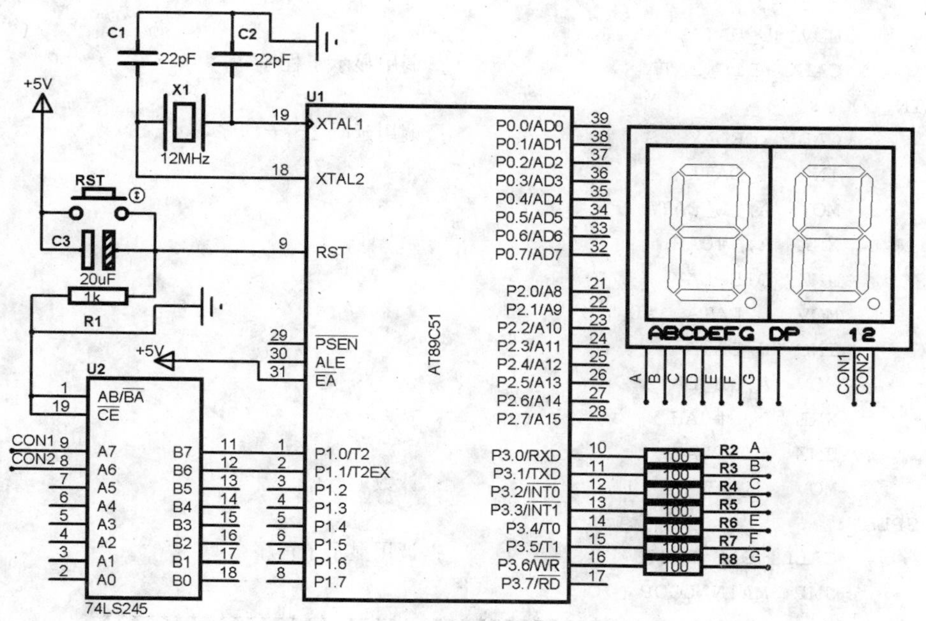

图 7-5　数码管动态显示原理图

7.2.2　控制程序及流程图

使用静态显示和动态显示可以实现相同的功能，除了硬件的区别外，在程序实现上也有很大的差别。在静态显示时，只需要在数据改变时更新显示，一般在主程序中完成；而在动态显示时，更新显示的频率很高，在主程序中实现的话，会影响单片机处理其他任务，一般用定时中断完成，避免单片机资源的浪费。

下面是用静态显示和动态显示两种方法实现 00~99 秒的循环计时程序及流程图。

1. 数码管静态显示程序

数码管静态显示程序如下：

```
        H_DATA   EQU  30H              ; 计数数据十位
        L_DATA   EQU  31H              ; 计数数据个位
        ORG  0000H
        LJMP  START
        ORG  0100H
START:
        MOV  SP, #60H
        MOV  R0, #7FH
CLEAR_RAM:

        MOV  @R0, #0
        DJNZ  R0, CLEAR_RAM            ; 清除 00~FFH 中的内容(为零)
        MOV  H_DATA, #0
```

```
        MOV  L_DATA, #0
        CALL  DIS_DATA                    ; 调用显示子程序
MAIN_LOOP:
        CALL  DELAY_1S                    ; 调用延时 1s 子程序
        INC  L_DATA
        MOV  A, L_DATA
        XRL  A, #0AH
        JNZ  DISPLAY
        MOV  L_DATA, #0
        INC  H_DATA
        MOV  A, H_DATA
        XRL  A, #0AH
        JNZ  DISPLAY
        MOV  H_DATA, #0                   ; 计数
DISPLAY:
        CALL  DIS_DATA                    ; 调用显示子程序
        JMP  MAIN_LOOP
;**********************************************************
DIS_DATA:
        MOV  DPTR, #TABLE                 ; 显示子程序
        MOV  A, H_DATA
        MOVC  A, @A+DPTR
        MOV  P0, A
        MOV  DPTR, #TABLE
        MOV  A, L_DATA
        MOVC  A, @A+DPTR
        MOV  P1, A
        RET
TABLE:  DB  0C0H,0F9H,0A4H,0B0H,99H,92H,82H,0F8H,80H,90H
;**********************************************************
DELAY_1S:
        MOV  R3, #4                       ; 延时 1s 子程序
DELAY_LOOP3:
        MOV  R2, #250
DELAY_LOOP2:
        MOV  R1, #249
        NOP
DELAY_LOOP1:
        NOP
        NOP
        DJNZ  R1, DELAY_LOOP1
        DJNZ  R2, DELAY_LOOP2
        DJNZ  R3, DELAY_LOOP3
        RET
        END
```

2. 数码管动态显示程序

数码管动态显示程序如下：

```
        H_CON  EQU  P1.0                ; 控制十位数码管阳极
        L_CON  EQU  P0.1                ; 控制个位数码管阳极
        PORT_DATA  EQU  P3              ; 数码管数据端
        DIS_CON  EQU  20H.0             ; 显示控制：1-显示个位，0-显示十位
        H_DATA  EQU  30H                ; 计数数据十位
        L_DATA  EQU  31H                ; 计数数据个位
        ORG  0000H
        LJMP START
        ORG  000BH
        LJMP  INT_TIME0                 ; TIME0 中断
        ORG  0100H
START:
        MOV  SP, #60H
        MOV  P1, #0FFH
        MOV  R0, #7FH
CLEAR_RAM:
        MOV  @R0, #0
        DJNZ  R0, CLEAR_RAM
        MOV  TMOD, #01H
        MOV  TH0, #0F0H
        MOV  TL0, #5FH                  ; 4mS 中断初值
        SETB  ET0
        SETB  EA
        SETB  TR0
MAIN_LOOP:
        CALL  DELAY_1S                  ; 调用延时 1s 子程序
        INC  L_DATA
        MOV  A, L_DATA
        XRL  A, #0AH
        JNZ  MAIN_LOOP
        MOV  L_DATA, #0
        INC  H_DATA
        MOV  A, H_DATA
        XRL  A, #0AH
        JNZ  MAIN_LOOP
        MOV  H_DATA, #0                 ; 计数
        JMP  MAIN_LOOP
;*************************************************************
INT_TIME0:                              ; TIME0 中断，实现动态显示
        PUSH  ACC
        PUSH  PSW
        SETB  RS0
        MOV  TH0, #0F0H
        MOV  TL0, #5FH
        CALL  DIS_DATA                  ; 调用显示子程序
```

```
        POP  PSW
        POP  ACC
        RETI
;***********************************************************
DIS_DATA:                                  ; 显示子程序
        CPL  DIS_CON
        JB  DIS_CON, DIS_LDATA
        CLR  L_CON
        SETB  H_CON
        MOV  DPTR, #TABLE
        MOV  A, H_DATA
        MOVC  A, @A+DPTR
        JMP  DIS_DATA_END
DIS_LDATA:
        CLR  H_CON
        SETB  L_CON
        MOV  DPTR, #TABLE
        MOV  A, L_DATA
        MOVC  A, @A+DPTR
DIS_DATA_END:
        MOV  PORT_DATA, A
        RET
TABLE:  DB  0C0H,0F9H,0A4H,0B0H,99H,92H,82H,0F8H,80H,90H
;***********************************************************
DELAY_1S:
        MOV  R3, #4
DELAY_LOOP3:
        MOV  R2, #250
DELAY_LOOP2:
        MOV  R1, #249
        NOP
DELAY_LOOP1:
        NOP
        NOP
        DJNZ  R1, DELAY_LOOP1
        DJNZ  R2, DELAY_LOOP2
        DJNZ  R3, DELAY_LOOP3
        RET
        END
```

3. 静态显示及动态显示流程图

(1) 数码管静态显示的流程图如图 7-6 所示。

(2) 动态显示主程序的程序与静态显示主程序的程序相似，动态显示的主程序部分只完成计数的工作，数据显示的工作是在 TIME0 中完成。

显示子程序的流程图如图 7-7 所示。

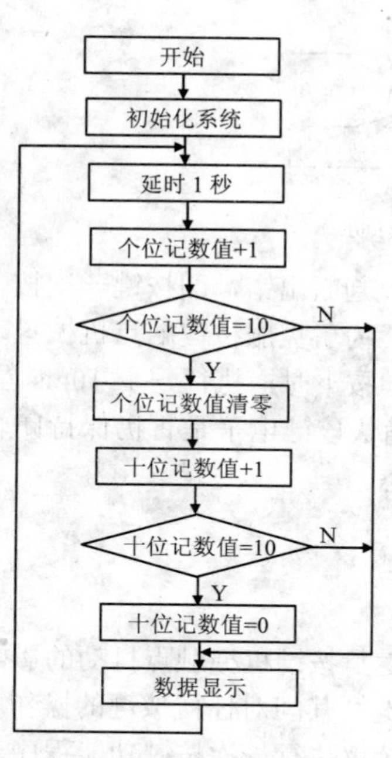

图 7-6 数码管静态显示流程图

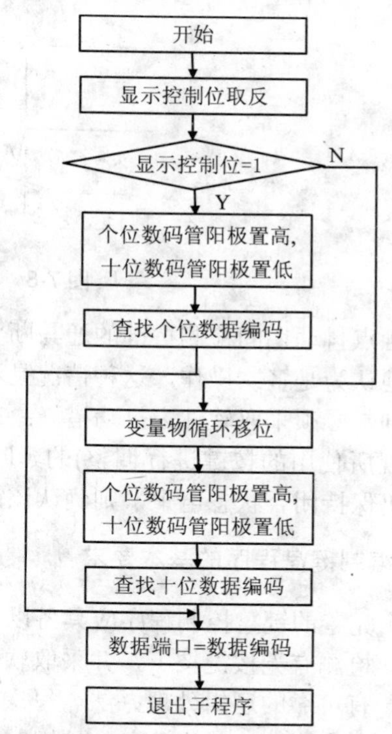

图 7-7 动态显示中显示子程序的流程图

7.3 键盘及接口

7.3.1 键盘原理及控制电路

1. 键盘工作原理

按键按照结构原理可分为两类，一类是触点式开关按键，如机械式开关、导电橡胶式开关等；另一类是无触点式开关按键，如电气式按键，磁感应按键等。前者造价低，后者寿命长。目前，微机系统中最常见的是触点式开关按键。

按键按照接口原理可分为编码键盘与非编码键盘两类，这两类键盘的主要区别是识别键符及给出相应键码的方法。编码键盘主要是用硬件来实现对键的识别，非编码键盘主要是由软件来实现键盘的定义与识别。

单片机的键盘通常使用机械触点式按键开关，其主要功能是把机械上的通断转换成为电气上的逻辑关系。也就是说，它能提供标准的 TTL 逻辑电平，以便与通用数字系统的逻辑电平相容。

机械式按键再按下或释放时，由于机械弹性作用的影响，通常伴随有一定时间的触点机械抖动，然后其触点才稳定下来。其抖动过程如图 7-8 所示，抖动时间的长短与开关的机械特性有关，一般为 5~10ms。

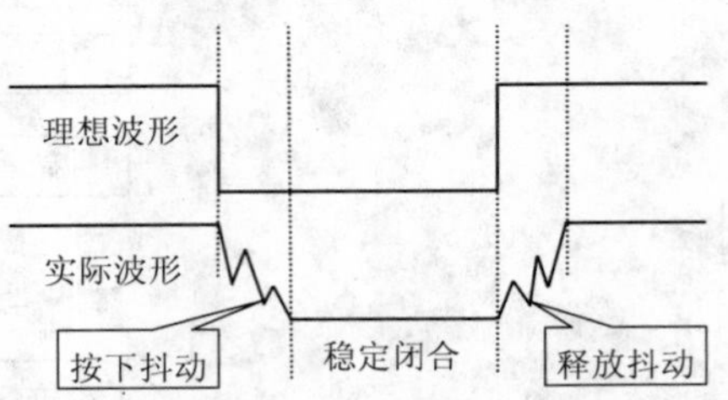

图 7-8　按键触点的机械抖动

在触点抖动期间检测按键的通与断状态，可能导致判断出错，即按键一次按下或释放被错误地认为是多次操作，这种情况是不允许出现的。为了克服按键触点机械抖动所致的检测误判，必须采取软件去抖动措施：在检测到有按键按下时，执行一个 10ms 左右(具体时间应视所使用的按键进行调整)的延时程序后，再确认该键电平是否仍保持闭合状态电平，若仍保持闭合状态电平，则确认该键处于闭合状态。

2. 编制键盘程序的基本要求

一个完善的键盘控制程序应具备以下功能：

- 检测有无按键按下，并采取软件措施，消除键盘按键机械触点抖动的影响。
- 有可靠的逻辑处理办法。每次只处理一个按键，其间对任何按键的操作对系统不产生影响，且无论一次按键时间有多长，系统仅执行一次按键功能程序。
- 准确输出按键值(或键号)，以满足处理不同按键功能的要求。

3. 键盘控制电路

图 7-9 为键盘实验原理图，在 P2.0 和 P2.1 两个端口上连接按键，为了避免按键按下时电流过大，在端口外部接上拉电阻。

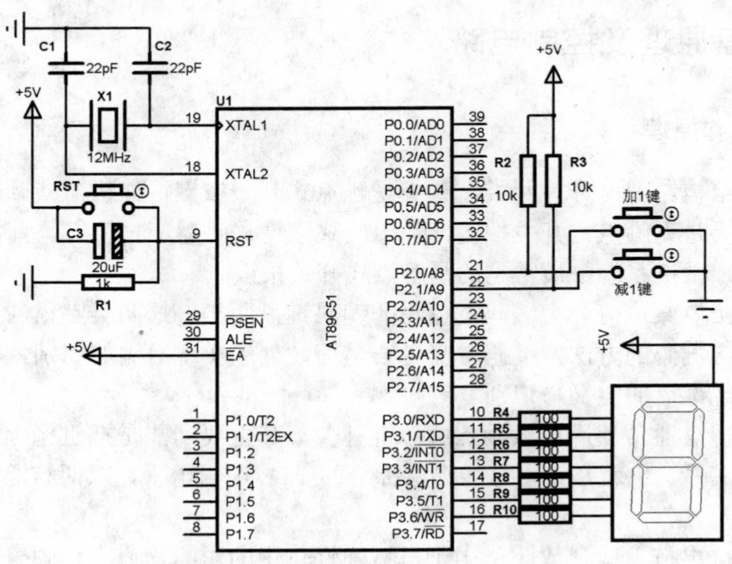

图 7-9　键盘控制原理图

7.3.2 控制程序及流程图

1. 键盘控制程序

通过按键实现数字 0~9 的循环显示，P2.0 口的按键实现加 1 功能，P2.1 口的按键实现数字减 1 功能，显示采用数码管的静态显示方式。程序清单如下：

```
        KEY_FLAG  EQU  20H.0          ; 按键按下标志。1-按下  0-释放
        KEY_EXECUTE  EQU  20H.1       ; 按键执行标志。1-执行  0-不执行
        KEY_OLD  EQU  30H             ; 按键键值
        DIS_DATA  EQU  31H            ; 计数值
        ORG  0000H
        LJMP  START
        ORG  0100H
START:
        MOV  SP, #60H
        MOV  P2, #0FFH
        MOV  P3, #0FFH
        MOV  R0, #7FH
CLEAR_RAM:
        MOV  @R0, #0
        DJNZ  R0, CLEAR_RAM
        CALL  DISPLAY
MAIN_LOOP:
        CALL  KEY_JUDGE               ; 调用按键判断子程序
        JNB  KEY_EXECUTE, MAIN_LOOP
        CLR  KEY_EXECUTE
        MOV  A, KEY_OLD
        CJNE  A, #01H, KEY_ADD
        CALL  DATA_DEC                ; 调用计数加 1 子程序
        JMP  DISPLAY_DATA
KEY_ADD:
        CALL  DATA_INC                ; 调用计数减 1 子程序
DISPLAY_DATA:
        CALL  DISPLAY                 ; 调用显示子程序
        JMP  MAIN_LOOP
;***********************************************************
;按键判断子程序
;入口参数:无
;出口参数:KEY_OLD、KEY_FLAG、KEY_EXECUTE
KEY_JUDGE:
        JB  KEY_FLAG, KEY_RELEASE_JUDGE
        MOV  A, P2
```

```
        ANL  A, #03H
        MOV  KEY_OLD, A
        CJNE  A, #03H, KEY_JUDGE_START
        JMP  KEY_JUDGE_END
KEY_RELEASE_JUDGE:
        MOV  A, P2
        ANL  A, #03H
        CJNE  A, #03H, KEY_JUDGE_END
        CLR  KEY_FLAG
        JMP  KEY_JUDGE_END
KEY_JUDGE_START:
        CALL  DELAY_10MS
        MOV  A, P2
        ANL  A, #03H
        XRL  A, KEY_OLD
        JNZ  KEY_JUDGE_END
        SETB  KEY_FLAG
        SETB  KEY_EXECUTE
KEY_JUDGE_END:
        RET
;************************************************************
DELAY_10MS:                                   ;延时 10ms 子程序
        MOV  R2, #10
DELAY_LOOP2:
        MOV  R1, #249
        NOP
DELAY_LOOP1:
        NOP
        NOP
        DJNZ  R1, DELAY_LOOP1
        DJNZ  R2, DELAY_LOOP2
        RET
;************************************************************
;计数加 1 子程序
DATA_INC:
        INC  DIS_DATA
        MOV  A, DIS_DATA
        CJNE  A, #0AH, DATA_INC_END
        MOV  DIS_DATA, #0
DATA_INC_END:
        RET
;************************************************************
;计数减 1 子程序
```

```
DATA_DEC:
        DEC  DIS_DATA
        MOV  A, DIS_DATA
        CJNE  A, #0FFH, DATA_DEC_END
        MOV  DIS_DATA, #9
DATA_DEC_END:
        RET
;************************************************************
;显示子程序
DISPLAY:
        MOV  DPTR, #TABLE
        MOV  A, DIS_DATA
        MOVC  A, @A+DPTR
        MOV  P3, A
        RET
TABLE:  DB  0C0H,0F9H,0A4H,0B0H,99H,92H,82H,0F8H,80H,90H
        END
```

2. 程序流程图

主程序流程图如图 7-10 所示。

按键判断子程序的流程图如图 7-11 所示。

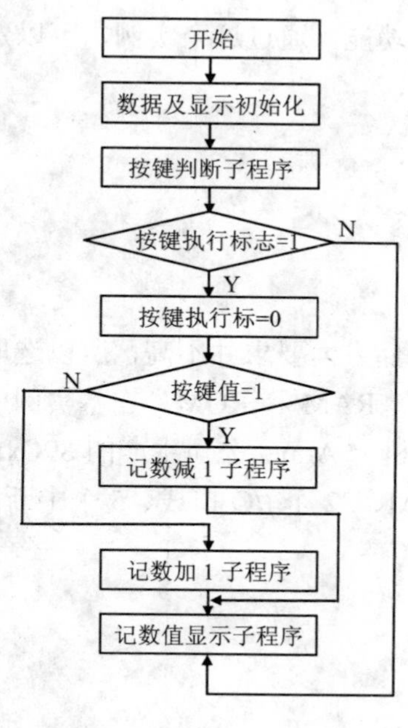

图 7-10 键盘控制主程序流程图

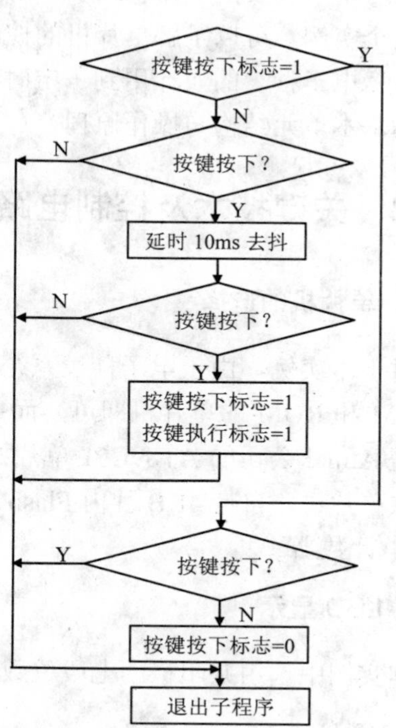

图 7-11 按键判断子程序流程图

7.4 键盘及显示综合实例——秒表

7.4.1 功能说明

基于单片机的定时与控制装置在诸多行业都有着广泛的应用，电子秒表的设计就是一个典型的例子。在单片机电子秒表的设计电路中，除了基本的单片机系统外，还需要外部的控制设备和显示装置。一般的控制装置为按键开关，显示装置为 LED 数码管。

电子秒表系统可以实现以下的功能：

- 用开关控制电子秒表的启动、停止和复位。
- 七段数码管的高 2 位显示秒表的分钟值，中间 2 位显示秒表的秒值，低 2 位显示秒表的百分秒值。

通过电子秒表这个简单的实例，可以迅速地了解单片机的使用方法，具体表现在以下三个方面。

(1) 电子秒表的构成电路简单，可以说就是一个单片机的最小系统，通过这个实例，读者可以理解单片机最小系统的概念，知道怎么样才能让自己的单片机系统运行起来，认识到单片机的学习不仅仅局限在理论上。

(2) 电子秒表的电路包括了单片机控制系统中最常用的输入/输出设备：键盘和显示。通过这个实例，可以了解单片机的控制。

(3) 电子秒表的设计用到了定时及中断这两个常用功能，通过这个实例，可以熟悉单片机的基本单元结构与操作原理。

7.4.2 关键技术及控制电路

1. 单片机的选择

对于本实例，由于电子秒表系统在数据的处理和存储方面要求并不高，所以选取片内带 RAM 和 ROM 的单片机即可，而并不需要在片外扩展 RAM 和 ROM。在本实例中，选取的是 Atmel 公司的 AT89C51 单片机。AT89C51 单片机为 Atmel 公司生产的 89Cxx 系列的一款单片机，自带 4KB 片内 Flash、128B 的片内 RAM、32 个 I/O 口线、5 个中断源及 2 个定时/计数器。

2. LED 显示

本实例中选用共阳极的七段位数码管。

3. 键盘输入

在本实例设计两个按键：启动/停止键和复位键。

4. 控制电路

控制电路如图 7-12 所示，由 74LS245 控制 6 位数码管的阳极，P3 口控制数码管的数据段，通过动态显示来显示数据。

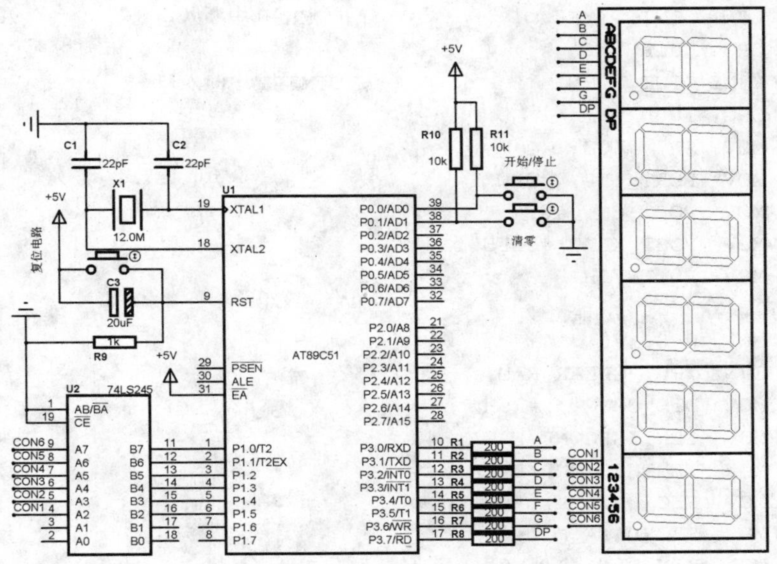

图 7-12 秒表控制电路

7.4.3 控制程序及流程图

电子秒表的开始和停止由启动/停止键决定，在停止计时后，通过复位键恢复初始状态。

1. 电子秒表控制程序

电子秒表控制程序如下：

```
;系统使用 12M 晶振
PORT_LED  EQU  P3
PORT_CS  EQU  P1
PORT_KEY  EQU  P0
DIS_FLAG  EQU  20H.0              ; 数码管显示控制。1-显示，0-不显示
KEY_FLAG  EQU  20H.1              ; 按键按下标志。1-按下，0-未按下
EXECUTE_FLAG  EQU  20H.2          ; 秒表执行标志。1-执行，0-不执行
STOP_FLAG  EQU  20H.3             ; 秒表停止标志。1-停止，0-正常计时
CENTISECOND_DATA  EQU  30H        ; 百分之一秒计数
TENTHSECOND_DATA  EQU  31H        ; 十分之一秒计数
SEC_DATA_L  EQU  32H              ; 秒计数(个位)
SEC_DATA_H  EQU  33H              ; 秒计数(十位)
MIN_DATA_L  EQU  34H              ; 分计数(个位)
MIN_DATA_H  EQU  35H              ; 十计数(十位)
KEY_OLD  EQU  40H                 ; 旧键值
KEY_NEW  EQU  41H                 ; 新键值
```

```
        KEY_COUNT  EQU  42H              ; 按键去抖
        DIS_COUNT  EQU  50H              ; 显示位控制
        ORG  0000H
        LJMP  START
        ORG  000BH
        LJMP  INT_TIME0                  ; TIMER0 中断入口
        ORG  001BH
        LJMP  INT_TIME1                  ; TIMER1 中断入口
        ORG  100H
START:  MOV  SP, #60H
        MOV  PORT_LED, #00H
        MOV  PORT_CS, #00H
        MOV  PORT_KEY, #0FFH
        MOV  R0, #7FH
CLEAR_RAM:
        MOV  @R0, #0
        DJNZ  R0, CLEAR_RAM
        MOV  DIS_COUNT, #20H
        MOV  CENTISECOND_DATA, #0
        MOV  TENTHSECOND_DATA, #0
        MOV  SEC_DATA_L, #0
        MOV  SEC_DATA_H, #0
        MOV  MIN_DATA_L, #0
        MOV  MIN_DATA_H, #0
        MOV  TMOD, #11H
        MOV  TH0, #0D8H
        MOV  TL0, #0FCH                  ; 10ms 中断初值
        MOV  TH1, #0FEH
        MOV  TL1, #0CH                   ; 0.5ms 中断初值
        SETB  ET0
        SETB  ET1
        SETB  PT0
        SETB  EA
        SETB  TR0
        SETB  TR1
LOOP:   NOP
        NOP
        JNB  DIS_FLAG, END_DISPLAY
        CLR  DIS_FLAG
        CALL  DISPLAY                    ; 调用显示子程序
END_DISPLAY:
        JMP  LOOP
;***************************************************************
INT_TIME0:                               ; TIMER0，秒表计数
        PUSH  PSW
        PUSH  ACC
        SETB  RS0
        CLR  RS1
        MOV  TH0, #0D8H
```

```
        MOV  TL0, #0FCH
        JNB  EXECUTE_FLAG, INT_TIME0_END
        CALL  TIME_ADD                      ; 调用秒表计数子程序
INT_TIME0_END:
        POP  ACC
        POP  PSW
        RETI
;***********************************************************
INT_TIME1:                                  ; TIMER0，显示控制和按键判断
        PUSH  PSW
        PUSH  ACC
        SETB  RS1
        CLR  RS0
        MOV  TH1, #0F8H
        MOV  TL1, #2FH
        SETB  DIS_FLAG
        CALL  SCAN_KEY                      ; 调用按键扫描子程序
INT_TIME1_END:
        POP  ACC
        POP  PSW
        RETI
;***********************************************************
TIME_ADD:                                   ; 秒表计数子程序
        INC  CENTISECOND_DATA
        MOV  A, CENTISECOND_DATA
        CJNE  A, #10, TIME_ADD_END
        MOV  CENTISECOND_DATA, #0
        INC  TENTHSECOND_DATA
        MOV  A, TENTHSECOND_DATA
        CJNE  A, #10, TIME_ADD_END
        MOV  TENTHSECOND_DATA, #0
        INC  SEC_DATA_L
        MOV  A, SEC_DATA_L
        CJNE  A, #10, TIME_ADD_END
        MOV  SEC_DATA_L, #0
        INC  SEC_DATA_H
        MOV  A, SEC_DATA_H
        CJNE  A, #10, TIME_ADD_END
        MOV  SEC_DATA_H, #0
        INC  MIN_DATA_L
        MOV  A, MIN_DATA_L
        CJNE A, #10, TIME_ADD_END
        MOV  MIN_DATA_L, 0
        INC  MIN_DATA_H
        MOV  A, MIN_DATA_H
        CJNE  A, #10, TIME_ADD_END
        MOV  MIN_DATA_H, 0
        CLR  EXECUTE_FLAG
TIME_ADD_END:
```

```
        RET
;*************************************************************
DISPLAY:                                    ; 显示子程序
        MOV  A, DIS_COUNT
        RL  A
        MOV  DIS_COUNT, A
        CJNE  A, #40H, DISPLAY_TENTHSECOND
DISPLAY_CENTISECOND:
        MOV  DIS_COUNT, #1
        CALL  DISPLAY_CENTISECOND_DATA
        JMP  DISPLAY_END
DISPLAY_TENTHSECOND:
        CJNE  A, #2, DISPLAY_SEC_DATA_L
        CALL  DISPLAY_TENTHSECOND_DATA
        JMP  DISPLAY_END
DISPLAY_SEC_DATA_L:
        CJNE  A, #4, DISPLAY_SEC_DATA_H
        CALL  DISPLAY_SEC_DATA_LOW
        JMP  DISPLAY_END
DISPLAY_SEC_DATA_H:
        CJNE  A, #8, DISPLAY_MIN_DATA_L
        CALL  DISPLAY_SEC_DATA_HIGH
        JMP  DISPLAY_END
DISPLAY_MIN_DATA_L:
        CJNE  A, #10H, DISPLAY_MIN_DATA_H
        CALL  DISPLAY_MIN_DATA_LOW
        JMP  DISPLAY_END
DISPLAY_MIN_DATA_H:
        CJNE  A, #20H, DISPLAY_CENTISECOND
        CALL  DISPLAY_MIN_DATA_HIGH
DISPLAY_END:
        RET
;*************************************************************
DISPLAY_CENTISECOND_DATA:                   ; 显示百分之一秒子程序
        CALL  SET_PORT_CS
        MOV  A, CENTISECOND_DATA
        MOV  DPTR, #TABLE
        MOVC  A, @A+DPTR
        MOV  PORT_LED, A
        RET
;*************************************************************
DISPLAY_TENTHSECOND_DATA:                   ; 显示十分之一秒子程序
        CALL  SET_PORT_CS
        MOV  A, TENTHSECOND_DATA
        MOV  DPTR, #TABLE
        MOVC  A, @A+DPTR
        MOV  PORT_LED, A
        RET
;*************************************************************
```

```
DISPLAY_SEC_DATA_LOW:                     ; 显示秒低位子程序
       CALL  SET_PORT_CS
       MOV  A, SEC_DATA_L
       MOV  DPTR, #TABLE
       MOVC  A, @A+DPTR
       ANL  A, #7FH
       MOV  PORT_LED, A
DISPLAY_SEC_DATA_LOW_END:
       RET

;*********************************************************
DISPLAY_SEC_DATA_HIGH:                    ; 显示秒高位
       CALL  SET_PORT_CS
       MOV  A, SEC_DATA_H
       MOV  DPTR, #TABLE
       MOVC  A, @A+DPTR
       MOV  PORT_LED, A
DISPLAY_SEC_DATA_HIGH_END:
       RET

;*********************************************************
DISPLAY_MIN_DATA_LOW:                     ; 显示分低位子程序
       CALL  SET_PORT_CS
       MOV  A, MIN_DATA_L
       MOV  DPTR, #TABLE
       MOVC  A, @A+DPTR
       ANL  A, #7FH
       MOV  PORT_LED, A
DISPLAY_MIN_DATA_LOW_END:
       RET

;*********************************************************
DISPLAY_MIN_DATA_HIGH:                    ; 显示分高位子程序
       CALL  SET_PORT_CS
       MOV  A, MIN_DATA_H
       MOV  DPTR, #TABLE
       MOVC  A, @A+DPTR
       MOV  PORT_LED, A
DISPLAY_MIN_DATA_HIGH_END:
       RET
SET_PORT_CS:
       MOV  A, PORT_CS
       ANL  A, #0C0H
       ORL  A, DIS_COUNT
       MOV  PORT_CS, A
       NOP
       NOP
       RET
```

```
;*************************************************************
CLR_PORT_CS:
        MOV  A, PORT_CS
        ORL  A, #3FH
        MOV  PORT_CS, A
        RET
TABLE:
        DB  0C0H,0F9H,0A4H,0B0H,99H,92H,82H,0F8H,80H,90H

;*************************************************************
SCAN_KEY:                               ; 按键扫描子程序
        JB  KEY_FLAG, KEY_RELEASE_JUDGE
        MOV  A, PORT_KEY
        ANL A, #03H
        MOV  R6, A
        XRL  A, #03H
        JZ  SCAN_KEY_END
        MOV  A, R6
        MOV  KEY_NEW, A
        XRL  A, KEY_OLD
        JNZ  RE_KEY_JUDGE
        INC  KEY_COUNT
        MOV  A, KEY_COUNT
        CJNE  A, #10, SCAN_KEY_END
        SETB  KEY_FLAG
        CALL  KEY_EXECUTE               ; 调用按键执行子程序
        JMP  SCAN_KEY_END
RE_KEY_JUDGE:
        MOV  A, KEY_NEW
        MOV  KEY_OLD, A
        MOV  KEY_COUNT, #0
        JMP  SCAN_KEY_END
KEY_RELEASE_JUDGE:
        MOV  A, PORT_KEY
        ANL  A, #03H
        XRL  A, #03H
        JNZ  SCAN_KEY_END
        CLR  KEY_FLAG
        MOV  KEY_COUNT, #0
SCAN_KEY_END:
        RET

;*************************************************************
KEY_EXECUTE:                            ; 按键执行子程序
        MOV  A, KEY_OLD
        CJNE  A, #02, CLR_COUNT_JUDGE
        JBC  EXECUTE_FLAG, COUNT_STOP
        JB  STOP_FLAG, KEY_EXECUTE_END
        SETB  EXECUTE_FLAG
```

```
        SETB  TR0
        JMP   KEY_EXECUTE_END
COUNT_STOP:
        SETB  STOP_FLAG
        CLR   TR0
        JMP   KEY_EXECUTE_END
CLR_COUNT_JUDGE:
        JB  EXECUTE_FLAG, KEY_EXECUTE_END
        CLR  STOP_FLAG
        MOV  CENTISECOND_DATA, #0
        MOV  TENTHSECOND_DATA, #0
        MOV  SEC_DATA_L, #0
        MOV  SEC_DATA_H, #0
        MOV  MIN_DATA_L, #0
        MOV  MIN_DATA_H, #0
KEY_EXECUTE_END:
        RET
        END
```

2. 程序流程图

在主程序中，主要完成显示工作，而显示的间隔由 TIMER1 控制，显示方式是采用动态显示方式；计时工作由 TIMER0 完成，每次中断时间为百分之一秒(10ms)；按键的判断和执行也是在 TIMER0 中完成，这样可以使 CPU 有更多的时间去处理其他事情，增强单片机的处理能力。主程序主要完成动态显示，而动态显示方式在前面章节中有详细的介绍，这里只给出按键判断子程序的流程图，如图 7-13 所示。

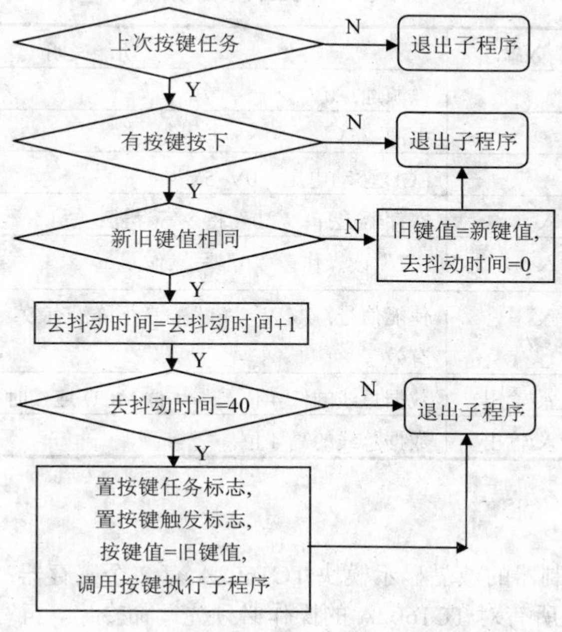

图 7-13　按键判断子程序流程图

7.5 LCD 点阵字符型液晶显示器

7.5.1 TC1602A 简介

点阵字符型液晶显示器是专门用于显示数字、字母、图形符号及少量自定义符号的显示器。由于其具有功耗低、体积小、重量轻、超薄等优点，自问世以来LCD就得到了广泛应用。字符型液晶显示器模块在国际上已经规范化，在市场上内核为HD44780的较常见。本节以内核为HD44780的TCl602A型LCD为例介绍其使用方法。

1. TCl602A 的特点

(1) 可与8位或4位微处理器直接相连。

(2) 内藏式字符发生器ROM可提供160种工业标准字符，包括全部大小写字母、阿拉伯数字及日文假名，以及32个特殊字符或符号的显示。

(3) 内藏RAM可根据用户的需要，由用户自行设计定义字符或符号。

(4) +5V单电源供电。

(5) 低功耗(10mW)。

2. 引脚及其功能

TC1602A共有16个引脚，其中P15、P16为背光源输入，由于TCl602A液晶块是不带背光的，因此我们可以不用它，其引脚及功能如表7-2所示。

表 7-2 TCl602A 引脚功能

引 脚	符 号	输入输出	功能说明
1	Vss		电源地：0V
2	Vdd		电源：5V
3	Vee		LCD驱动电压：0V~5V
4	RS	输入	寄存器选择："0"指令寄存器；"1"数据寄存器
5	R/$\overline{W}$	输入	"1"读操作；"0"写操作
6	E	输入	使能信号：R/$\overline{W}$="1"，E下降沿有效；R/$\overline{W}$="0"，E高电平有效
7~10	D0~D3	输入/输出	数据总线的低4位，与4位MCU连接时不用
11~14	D4~D7	输入/输出	数据总线的高4位

3. 指令系统

内含HD44780控制器的液晶显示模块TC1602A有2个寄存器：一个是命令寄存器，另一个是数据寄存器。所有对TC1602A的操作必须先写命令字，再写数据。内含HD44780控制器的指令系统如表7-3所示，各指令功能介绍如下。

表7-3 指令系统

控制信号		指令代码								功能
RS	R/$\overline{W}$	D7	D6	D5	D4	D3	D2	D1	D0	
0	0	0	0	0	0	0	0	0	1	清屏
0	0	0	0	0	0	0	0	1	*	软复位
0	0	0	0	0	0	0	1	I/D	S	内部方式设置
0	0	0	0	0	0	1	D	C	B	显示开关控制
0	0	0	0	0	1	S/C	R/L	*	*	位移控制
0	0	0	0	1	DL	N	F	*	*	系统方式设置
0	0	0	1	ACG						CG RAM 地址设置
0	0	1	ADD							DD RAM 地址设置
0	1	BF	AC							忙状态检查
1	0	写数据								MCU→LCD
1	1	读数据								LCD←MCU

(1) 清屏指令

清屏指令使DDRAM的内容全部被清除，光标回到左上角的原点，地址计数器AC=0。

(2) 软复位指令

本指令使光标和光标所在的字符回原点，但DDRAM单元的内容不变。

(3) 设置输入模式指令

其中I/D位是控制当数据写入DD RAM(CG RAM)或从DD RAM(CG RAM)中读出数据时，AC自动加1或自动减1。I/D=1时，自动加1；I/D=0时，自动减1。而S位则控制显示内容左移或右移，当S=1且数据写入DD RAM时，显示将全部左移(I/D=1)或右移(I/D=1)，此时光标看上去未动，仅仅显示内容移动；但读出时显示内容不移动：当S=0时，显示不移动，光标左移或右移。

(4) 显示开关控制指令

其中D位是显示控制位。当D=1时，开显示；而D=0时则关显示，此时DD RAM的内容保持不变。

C位为光标控制位。当C=1时，开光标显示；C=0时则关光标显示。

B位是闪烁控制位。当B=1时，光标和光标所指的字符共同以1.25Hz的速率闪烁；B=0时不闪烁。

(5) 位移控制指令

此指令使光标或显示画面在没有对DD RAM进行读、写操作时被左移或右移。在两行显示方式下光标或闪烁的位置从第一行移到第二行。移动真值表如表7-4所示。

(6) 系统方式设置指令

这条指令设置数据接口位数等，即采用4位总线还是采用8位总线，显示行数及点阵是5*7还是5*10。当DL=1时，选择数据总线为8位的，数据位为D7~D0；当DL=0时，选择4位数据总线，这时只用到了D7~D4，而D3~D0不用，在此方式下数据操作需要2次完成。当N=1时，两行显示；当N=0时为一行显示。当F=0时，5*7点阵；当F=1时为5*10点阵。

表 7-4　移动真值表

S/C	R/L	说　明
0	0	光标左移，AC 自动减 1
0	1	光标右移，AC 自动加 1
1	0	光标和显示一起左移
1	1	光标和显示一起右移

(7)　CG RAM 地址设置指令

这条指令设置 CG RAM 地址指针，地址码 D5~D0 被送入 AC。在此后，就可以将用户自定义的显示字符数据写入 CG RAM 或从 CG RAM 中读出。

(8)　DD RAM 地址设置指令

此指令设置 DD RAM 地址指针的值，此后就可以将要显示的数据写入到 DD RAM 中。在 HD44780 控制器中由于内嵌有大量的常用字符，这些字符都集成在 CG ROM 中，当要显示这些点阵字符时，只需把该字符所对应的字符代码送到指定的 DD RAM 中即可。内含 HD44780 控制器的点阵字符型 LCD 显示器的字符代码表如表 7-5 所示。

表 7-5　点阵字符型 LCD 的字符代码表

高四位 / 低四位	LLLL	LLHL	LLHH	LHLL	LHLH	LHHL	LHHH	HLLL	HLLH	HLHL	HLHH	HHLL	HHLH	HHHL	HHHH
LLLL	CG RAM (1)		0	@	P	`	p				ー	タ	ミ	α	p
LLLH	(2)	!	1	A	Q	a	q			。	ア	チ	ム	ä	q
LLHL	(3)	"	2	B	R	b	r			「	イ	ツ	メ	β	θ
LLHH	(4)	#	3	C	S	c	s			」	ウ	テ	モ	ε	∞
LHLL	(5)	$	4	D	T	d	t			、	エ	ト	ヤ	μ	Ω
LHLH	(6)	%	5	E	U	e	u			・	オ	ナ	ユ	σ	ü
LHHL	(7)	&	6	F	V	f	v			ヲ	カ	ニ	ヨ	ρ	Σ
LHHH	(8)	'	7	G	W	g	w			ァ	キ	ヌ	ラ	g	π
HLLL	(1)	(	8	H	X	h	x			ィ	ク	ネ	リ	√	x̄
HLLH	(2)	)	9	I	Y	i	y			ゥ	ケ	ノ	ル	⁻¹	
HLHL	(3)	*	:	J	Z	j	z			ェ	コ	ハ	レ	j	千
HLHH	(4)	+	;	K	[	k	{			ォ	サ	ヒ	ロ	×	万
HHLL	(5)	,	<	L	¥	l	|			ャ	シ	フ	ワ	¢	円
HHLH	(6)	-	=	M	]	m	}			ュ	ス	ヘ	ン	£	÷
HHHL	(7)	.	>	N	^	n	→			ョ	セ	ホ	゛	ñ	
HHHH	(8)	/	?	O	_	o	←			ッ	ソ	マ	゜	ö	█

4. 操作时序

要想正确操作点阵字符型 LCD 液晶显示器，就必须满足它的时序要求，内嵌 HD44780 控制器的液晶显示器的读、写时序如图 7-14、7-15 所示，读写时序参数如表 7-6 所示。

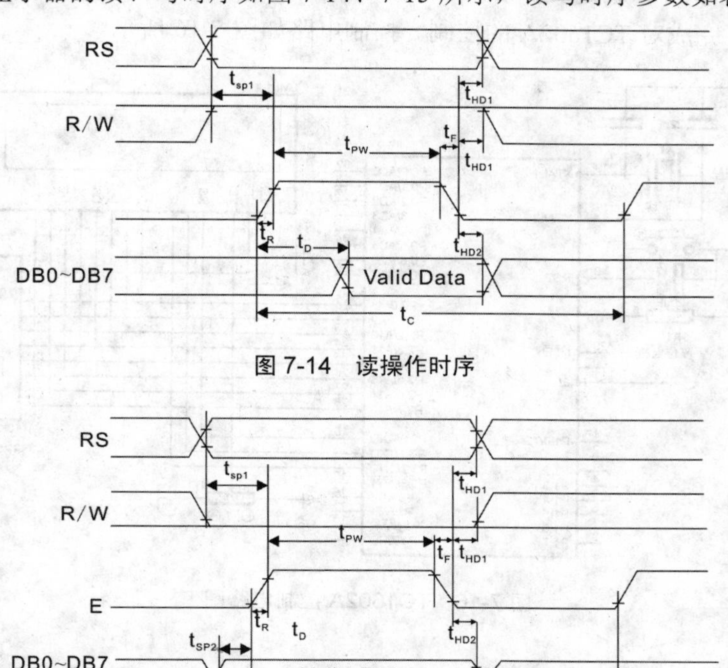

图 7-14　读操作时序

图 7-15　写操作时序

在每次进行读写操作时，应首先检测上次操作是否完成，否则将由于读写速度过快而使一些命令丢失，或在每次读写操作后延时 1ms 等待读写完成。

表 7-6　时序参数表

时序参数	符　号	极限值			单　位	测试条件
		最 小 值	典 型 值	最 大 值		
E 信号周期	t_c	450	-	-	ns	引脚 E
E 脉冲宽度	t_{PW}	150	-	-	ns	
E 上升沿/下降沿时间	t_R , t_F	-	-	25	ns	
地址建立时间	t_{SP1}	30	-	-	ns	引脚 E、RS、R/$\overline{W}$
地址保持时间	t_{HD1}	10	-	-	ns	
数据建立时间(读操作)	t_D	-	-	100	ns	引脚 DB0~DB7
数据保持时间(读操作)	t_{HD2}	20	-	-	ns	
数据建立时间(写操作)	t_{SP2}	40	-	-	ns	
数据保持时间(写操作)	t_{HD2}	10	-	-	ns	

7.5.2 控制电路

使用单片机的 P0 口传送数据 D0~D7，P2.0、P2.1、P2.2 分别控制 TC1602A 的 RS、R/$\overline{W}$ 和 E 引脚，即可完成对 TC1602A 的控制。控制电路如图 7-16 所示。

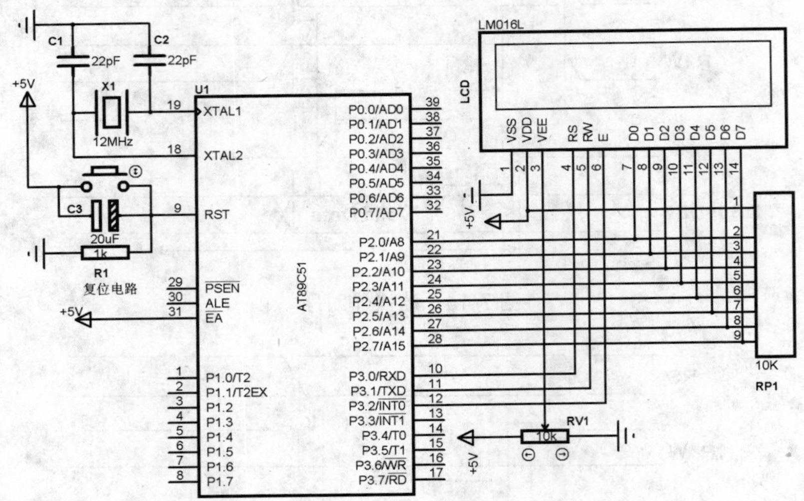

图 7-16 TC1602A 控制电路图

7.5.3 控制程序及流程图

1. LCD 显示控制程序

以下程序完成在 LCD 上用 5*7 点阵两行显示数据，第一行从第四位显示 LCDTEST，第二行从第二位显示 2008Y05M05D，程序清单如下：

```
          LCDRS  EQU  P3.0
          LCDRW  EQU  P3.1
          LCDEN  EQU  P3.2
          DATA_PORT  EQU  P2
          ORG  0000H
          LJMP  MAIN
          ORG  0100H
MAIN:
          MOV  SP, #60H
          MOV  R2, #38H
          ACALL  WRCLCD                 ；设置为 8 总线 16*2 行，5*7 点阵
          MOV  R2, #01
          ACALL  WRCLCD                 ；清除屏幕
          MOV  R2, #06H
          ACALL  WRCLCD                 ；光标移动，显示区不移动
          MOV  R2, #0CH
```

```
        ACALL  WRCLCD                    ;开显示、关光标、不闪烁
        MOV  R2, #84H
        ACALL  WRCLCD                    ; 设置从第一行第四位显示
        MOV  R3, #07                     ; 显示数据个数
        MOV  DPTR, #TABLE1               ; 显示数据首地址
DIS_LINE1:
        MOV  A, #0
        MOVC  A, @A+DPTR
        MOV  R2, A
        ACALL  WRDLCD
        INC  DPTR
        DJNZ  R3, DIS_LINE1
        MOV  R2, #0C2H
        ACALL  WRCLCD                    ; 设置从第二行第二位显示
        MOV  R3, #11                     ; 显示数据个数
        MOV  DPTR, #TABLE2               ; 显示数据首地址
DIS_LINE2:
        MOV  A, #0
        MOVC  A, @A+DPTR
        MOV  R2, A
        ACALL  WRDLCD
        INC  DPTR
        DJNZ  R3, DIS_LINE2
        JMP  $
;*********************************************************
;等待上次操作完成
LCD_WAIT:
        CLR  LCDRS
        SETB  LCDRW
        NOP
        SETB  LCDEN
        NOP
        CLR  LCDEN
        ACALL  DELAY
        RET
;*********************************************************
;写指令代码子程序
;R2 存放指令代码
WRCLCD:
        PUSH  ACC
        PUSH  DPL
        PUSH  DPH
        PUSH  PSW
        CLR  LCDEN
        CLR  LCDRS
        CLR  LCDRW
        NOP
        MOV  A, R2
```

```
        MOV  DATA_PORT, A
        SETB  LCDEN
        NOP
        CLR  LCDEN
        CALL  LCD_WAIT
        POP  PSW
        POP  DPH
        POP  DPL
        POP  ACC
        RET
;***********************************************************
;写数据子程序
;R2 存放指令代码
WRDLCD:
        PUSH  ACC
        PUSH  DPL
        PUSH  DPH
        PUSH  PSW
        CLR  LCDEN
        SETB  LCDRS
        CLR  LCDRW
        NOP
        MOV  A, R2
        MOV  DATA_PORT, A
        SETB  LCDEN
        NOP
        CLR  LCDEN
        CALL  LCD_WAIT
        POP  PSW
        POP  DPH
        POP  DPL
        POP  ACC
        RET

TABLE1: DB 4CH,43H,44H,54H,45H,53H,54H;LCDTEST
TABLE2: DB 32H,30H,30H,38H,59H,30H,35H,4DH, 30H,35H,44H
         ;  2   0   0   8   Y   0  5   M   0   5   D
;***********************************************************
;延时子程序
DELAY:
        MOV  R7, #20H
DELAY0:
        MOV  R6, #20H
DELAY1: DJNZ  R6, DELAY1
        DJNZ  R7, DELAY0
        RET
        END
```

2. 程序流程图

在本程序中，写指令代码和数据都是根据写操作时序图来编写的，在每次读写操作后，添加了延时程序，等待上次操作完成。

主程序的流程图如图 7-17 所示。

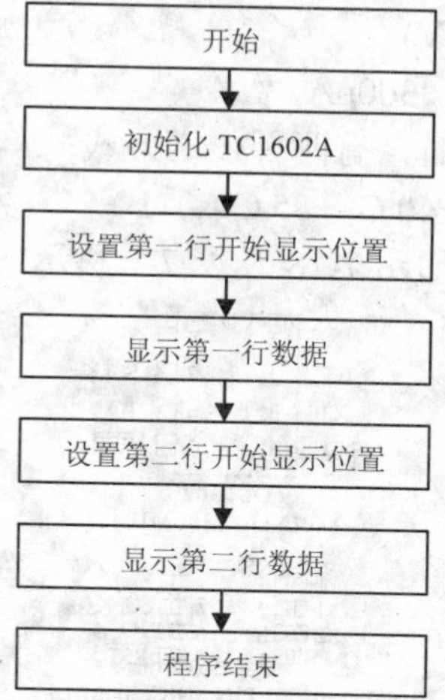

图 7-17　主程序流程图

7.6　DS1302 实时时钟

7.6.1　实时时钟 DS1302

1. 实时时钟 DS1302 概述

DS1302 是 Dallas 公司推出的一款时钟/日历芯片。实时时钟/日历电路具有能计算 2100 年之前的秒、分、时、天、月、年的能力，还可以实现闰年的天数可自动调整，时钟操作可通过 AM/PM 指示决定采用 24 或 12 小时格式。DS1302 与单片机之间能简单地采用同步串行的方式进行通信，仅需用到三个口线：

- $\overline{\text{RST}}$ (复位)
- I/O(数据线)
- SCLK(串行时钟)

时钟/RAM 的读/写数据以一个字节或多达 31 个字节的字符组方式通信。DS1302 工作时功耗很低，保持数据和时钟信息时功率小于 1mW。

DS1302 是由 DS1202 改进而来，增加了以下的特性：双电源管脚用于主电源和备份电源供电，Vcc1 为可编程涓流充电电源，附加 7 个字节存储器。因而，DS1302 是一款性价比极高的时钟芯片，它已被广泛用于电表、水表、气表、电话、传真机、便携式仪器以及电池供电的仪器仪表等产品领域。

其主要特性如下。

(1) 实时时钟具有能计算 2100 年之前的秒、分、时、天、月、年的能力，还有闰年调整的能力。

(2) 31×8 位暂存数据存储 RAM。

(3) 串行 I/O 口方式使得管脚数量最少。

(4) 宽范围工作电压(2.0~5.5V)。

(5) 工作电流在 2.0 时，小于 300nA。

(6) 读/写时钟或 RAM 数据时，有两种传送方式：单字节传送和多字节传送方式。

(7) 可选工业级温度范围：-40°C~+85°C。

PCF8563 的管脚排列及描述如图 7-18 及表 7-7 所示。

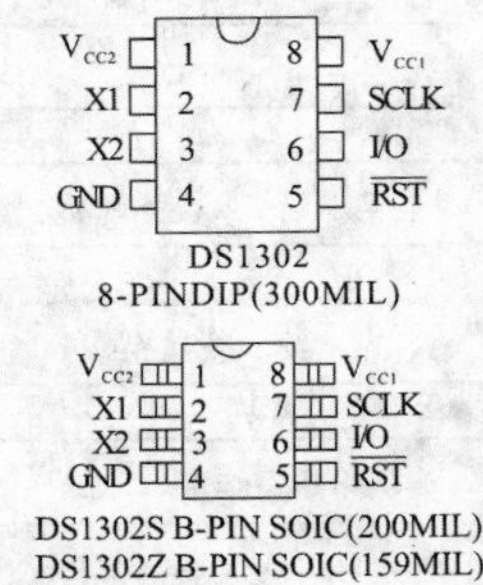

图 7-18　PCF8563 的管脚排列

表 7-7　引脚功能

符　号	引　脚	功　能
X1、X2	2、3	32.768KHz 晶振管脚
GND	4	电源地
$\overline{RST}$	5	复位脚
Vcc1、Vcc2	1、8	电源供电管脚
I/O	6	串行数据 I/O
SCLK	7	串行时钟输入

2. 基本控制操作

为了初始化任何数据的传输，$\overline{RST}$ 引脚信号应由低变高，并且应将具有地址和控制信息的 8 位数据(控制字节)装入芯片的移位寄存器内，数据的读、写可以用单字节或多字节的突发模式进行。所有的数据应在时钟的下降沿变化，而在时钟的上升沿，芯片或与之相连的设备进行输出。

3. 命令字节

命令字节的格式如下：

7	6	5	4	3	2	1	0
1	RAM/$\overline{CK}$	A4	A3	A2	A1	A0	RD/$\overline{W}$

每次数据的传输都是由命令字节开始，这里最高有效位必须是“1”。位 6 是时钟/日历(0)或 RAM(1)的标示位。位 1 到位 5 定义片内寄存器的地址。最低位定义了写操作(0)或读操作(1)。命令字节的传输从最低位开始。

4. 数据的写入或读出

对芯片的所有写入或读出操作都是有命令字节为引导的，每次仅写入或读出一个字节数据称为单字节操作。每次对时钟/日历的 8 个字节或 31 个 RAM 字节进行全体写入或读出操作，称为多字节突发模式操作。数据传送格式如图 7-19 所示。

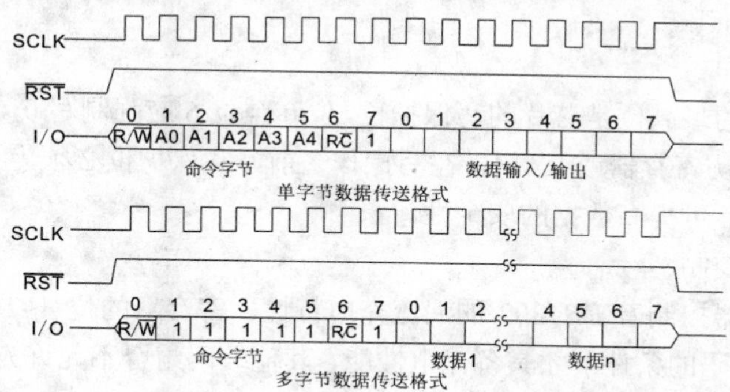

图 7-19　单字节和多字节数据传送格式

5. 片内寄存器地址及功能

DS1302 内部的各寄存器地址及功能如图 7-20 所示，其中秒、分、时、日、月、星期、年的数据是以压缩的 8421BCD 码形式存放的。

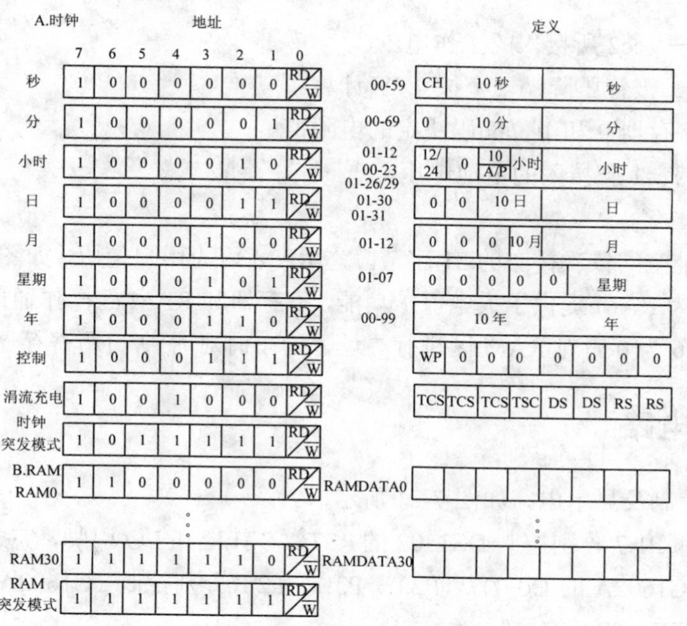

图 7-20　DS1302 内部的各寄存器地址及功能

(1) 时钟/日历寄存器

如图 7-20 所示，有秒、分、小时、日、月、星期和年共 7 个寄存器，其中小时寄存器的最高位决定其为 12 小时制(1)或 24 小时制(0)。当为 12 小时制时，位 5 若为 0，就是上午(AM)，为 1 就是下午(PM)。

(2) 时钟暂停标志

秒寄存器的最高位是时钟暂停标志。当该位被置 1 时，时钟振荡电路停止工作，DS1302 进入低功耗空闲状态，这时芯片消耗电流将小于 100nA。当该位被置 0 时，时钟将会正常工作。

(3) 芯片写操作

写保护寄存器的最高位是芯片的写保护位，位 0 至位 6 应强制写 0，且读出时始终为 0。对任何片内时钟/日历寄存器或 RAM，在写操作之前，写保护位必须为 0，否则不可写入。通过置位写保护位，可提高数据的安全性。

(4) 涓流充电控制

涓流充电寄存器控制着 DS1302 的涓流充电特性。寄存器的位 4~7 决定是否具备充电性能：仅在 1010 编码的条件下才具备充电性能，其他编码组合不允许充电。位 2 和位 3 选择在 Vcc1 和 Vcc2 之间是一个还是两个二极管串入其中。如果编码是 01，选择一个二极管；如果编码是 10，选择两个二极管；其他编码不允许充电。位 0 和位 1 用于选择与二极管相串联的电阻值，其中编码 01 为 2kΩ，10 为 4kΩ，11 为 8kΩ，而 00 将不允许充电。因此，根据涓流充电寄存器的不同编码，可得到不同的充电电流。充电电流具体计算公式如下。

$$I = (5.0V - V_D - V_E)/R$$

式中：

- 5.0V——Vcc2 所接入的工作电压。
- V_D——二极管压降，一个按 0.7V 计算。
- R——寄存器 0 和 1 位编码决定的电阻值。
- V_E——Vcc1 脚接入的电池电压。

(5) RAM

在 RAM 寻址空间依次排布的 31 字节静态 RAM 可为用户使用，如图 7-20 所示。Vcc1 引脚的备用电源为 RAM 提供了失电保护功能，寄存器和 RAM 的操作通过命令字节的位 6 加以区别。当位 6 为 0 时对 RAM 区进行寻址，为 1 时对时钟/日历寄存器寻址。

7.6.2 控制电路

DS1302 的控制及显示电路如图 7-21 所示。

P1.5、P1.6 和 P1.7 分别控制 DS1302 的 $\overline{\text{RST}}$、SCLK 和 I/O 引脚，完成对 DS1302 的控制；P0 口控制 TC1602A 的 D0~D7，P2.0、P2.1、P2.2 分别控制 TC1602A 的 RS、R/$\overline{\text{W}}$ 和 E 引脚，完成对 TC1602A 的控制。

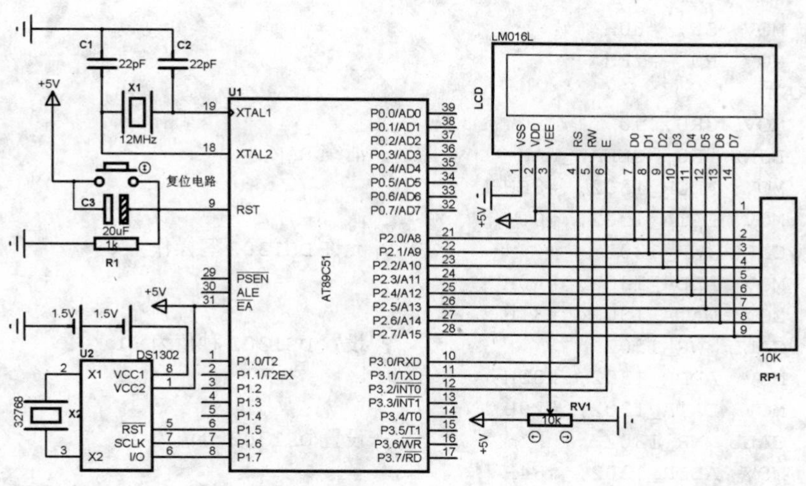

图 7-21　DS1302 的控制及显示电路

7.6.3　控制程序及流程图

1. DS1302 实时时钟控制程序

本程序实现从 08 年 5 月 5 日 13 时 29 分 31 秒开始计时，并在 LCD 上显示计时结果。程序清单如下：

```
        DATA_PORT  EQU  P2
        RST  BIT  P1.5
        CLK  BIT  P1.6
        DAT  BIT  P1.7
        LCDRS  EQU  P3.0
        LCDRW  EQU  P3.1
        LCDEN  EQU  P3.2
        LINE1_DATA  EQU  82H              ; 1602A 第一行开始显示位置
        LINE2_DATA  EQU  0C3H             ; 1602A 第二行开始显示位置
        ADDR_1302  EQU  30H               ; DS1302 地址
        DATA_1302  EQU  31H               ; DS1302 数据
        DATA_SEC  EQU  40H                ; DS1302 当前秒数据
        DATA_MIN  EQU  41H                ; DS1302 当前分数据
        DATA_HOU  EQU  42H                ; DS1302 当前时数据
        DATA_DAY  EQU  43H                ; DS1302 当前日数据
        DATA_MON  EQU  44H                ; DS1302 当前月数据
        DATA_YEAR  EQU  45H               ; DS1302 当前年数据
        DIS_DATA  EQU  50H                ; 显示数据
        COMMAND_DATA  EQU  51H            ; 显示位置
        ORG  0000H
        LJMP  START
        ORG  100H
START:
```

```
        MOV  SP, #60H
        MOV  R0, #7FH
CLEAR_RAM:
        MOV  @R0, #0
        DJNZ  R0, CLEAR_RAM              ; 清空 RAM
        MOV  ADDR_1302, #8EH
        MOV  DATA_1302, #0
        CALL  WR_1302                    ; 允许 DS1302 写操作
        MOV  ADDR_1302, #80H
        MOV  DATA_1302, #31H
        CALL  WR_1302                    ; 设置 DS1302 秒值为 31
        MOV  ADDR_1302, #82H
        MOV  DATA_1302, #29H
        CALL  WR_1302                    ; 设置 DS1302 分值为 29
        MOV  ADDR_1302, #84H
        MOV  DATA_1302, #13H
        CALL  WR_1302                    ; 设置 DS1302 时值为 13
        MOV  ADDR_1302, #86H
        MOV  DATA_1302, #05H
        CALL  WR_1302                    ; 设置 DS1302 日值为 05
        MOV  ADDR_1302, #88H
        MOV  DATA_1302, #05H
        CALL  WR_1302                    ; 设置 DS1302 月值为 05
        MOV  ADDR_1302, #8CH
        MOV  DATA_1302, #08H
        CALL  WR_1302                    ; 设置 DS1302 年值为 08
        MOV  R2, #38H
        ACALL  WRCLCD                    ; 设置 TC1602A 为 8 总线，16*2 行，5*7 点阵
        MOV  R2, #01
        ACALL  WRCLCD                    ; 清除屏幕
        MOV  R2, #06H
        ACALL  WRCLCD                    ; 光标移动，显示区不移动
        MOV  R2, #0CH
        ACALL  WRCLCD                    ; 开显示、关光标、不闪烁
        CALL  WRCGRAM                    ; 设置 CGRAM 的内容
        MOV  R2, #LINE1_DATA             ; 设置从第一行第三位显示
        ACALL  WRCLCD                    ; 设置从第一行第三位显示
        MOV  R3, #11                     ; 显示数据个数
        MOV  DPTR, #TABLE1               ; 显示数据首地址
DIS_LINE1:
        MOV  A, #0
        MOVC  A, @A+DPTR
        MOV  R2, A
        ACALL  WRDLCD
        INC  DPTR
        DJNZ  R3, DIS_LINE1              ; 显示“2008 年 05 月 28 日”
        MOV  R2, #LINE2_DATA
        ACALL  WRCLCD                    ; 设置从第二行第四位显示
        MOV  R3, #9
        MOV  DPTR, #TABLE2
```

```
DIS_LINE2:
        MOV  A, #0
        MOVC  A, @A+DPTR
        MOV  R2, A
        ACALL  WRDLCD
        INC  DPTR
        DJNZ  R3, DIS_LINE2              ; 显示“07H29M31S”
LOOP:
        NOP
        MOV  ADDR_1302, #81H
        CALL  RD_1302
        MOV  A, DATA_1302
        XRL  A, DATA_SEC
        JZ  LOOP                         ; 比较 DS1302 秒值是否改变
        MOV  A, DATA_1302
        MOV  DATA_SEC, A
        MOV  DIS_DATA, A
        MOV  COMMAND_DATA, #LINE2_DATA+6
        CALL  DISPLAY                    ; 显示新秒值
        MOV  ADDR_1302, #83H
        CALL  RD_1302
        MOV  A, DATA_1302
        XRL  A, DATA_MIN
        JZ  LOOP                         ; 比较 DS1302 分值是否改变
        MOV  A, DATA_1302
        MOV  DATA_MIN, A
        MOV  DIS_DATA, A
        MOV  COMMAND_DATA, #LINE2_DATA+3
        CALL  DISPLAY                    ; 显示新秒值
        MOV  ADDR_1302, #85H
        CALL  RD_1302
        MOV  A, DATA_1302
        XRL  A, DATA_HOU
        JZ  LOOP                         ; 比较 DS1302 时值是否改变
        MOV  A, DATA_1302
        MOV  DATA_HOU, A
        MOV  DIS_DATA, A
        MOV  COMMAND_DATA, #LINE2_DATA
        CALL  DISPLAY                    ; 显示新时值
        MOV  ADDR_1302, #87H
        CALL  RD_1302
        MOV  A, DATA_1302
        XRL  A, DATA_DAY
        JZ  LOOP                         ; 比较 DS1302 日值是否改变
        MOV  A, DATA_1302
        MOV  DATA_DAY, A
        MOV  DIS_DATA, A
        MOV   COMMAND_DATA, #8AH
        CALL  DISPLAY                    ; 显示新日值
```

```
        MOV  ADDR_1302, #LINE1_DATA+7
        CALL  RD_1302
        MOV  A, DATA_1302
        XRL  A, DATA_MON
        JZ  LOOP                        ; 比较DS1302月值是否改变
        MOV  A, DATA_1302
        MOV  DATA_MON, A
        MOV  DIS_DATA, A
        MOV  COMMAND_DATA, #LINE1_DATA+5
        CALL  DISPLAY                   ; 显示新月值
        MOV  ADDR_1302, #8DH
        CALL  RD_1302
        MOV  A, DATA_1302
        XRL  A, DATA_MON
        JZ  LOOP                        ; 比较DS1302月年是否改变
        MOV  A, DATA_1302
        MOV  DATA_MON, A
        MOV  DIS_DATA, A
        MOV  COMMAND_DATA, #LINE1_DATA+2
        CALL  DISPLAY                   ; 显示新年值
        JMP  LOOP
;************************************************************
DISPLAY:
        MOV  R2, COMMAND_DATA
        ACALL  WRCLCD                   ; 修改显示的位置
        MOV  DPTR, #TABLE3
        MOV  A, DIS_DATA
        SWAP  A
        ANL  A, #0FH
        MOVC  A, @A+DPTR
        MOV  R2, A
        ACALL  WRDLCD                   ; 修改显示的新数值高位
        MOV  DPTR, #TABLE3
        MOV  A, DIS_DATA
        ANL  A, #0FH
        MOVC  A, @A+DPTR
        MOV  R2, A
        ACALL  WRDLCD                   ; 修改显示的新数值低位
        RET
;************************************************************
;DS1302发送字节子程序
;入口:R3为发送的数据
WRBYTE:
        MOV  R2, #8
        MOV  A, R3
WR1:
        RRC  A
        MOV  DAT, C
        SETB  CLK
```

```
        NOP
        CLR  CLK
        NOP
        DJNZ  R2, WR1
        RET
;*************************************************************
;DS1302 接收字节子程序
;入口:无
;出口:DATA_1302
RDBYTE:
        MOV  R2, #9
RD1:
        RRC  A
        MOV  C, DAT
        SETB  CLK
        NOP
        CLR  CLK
        NOP
        DJNZ  R2, RD1
        MOV  DATA_1302, A
        RET
;*************************************************************
;写入 DS1302 某地址数据子程序
;入口:ADDR_1302:DS1302 地址  DATA_1302:写入的数据
WR_1302:
        CLR  CLK
        CLR  RST
        NOP
        SETB  RST
        NOP
        MOV  R3, ADDR_1302
        CALL  WRBYTE
        MOV  R3, DATA_1302
        CALL  WRBYTE
        SETB  CLK
        CLR  RST
        RET
;*************************************************************
;读出 DS1302 某地址数据子程序
;入口:ADDR_1302:DS1302 地址
;出口:DATA_1302:从 ADDR_1302 地址读出的数据
RD_1302:
        CLR  CLK
        CLR  RST
        NOP
        SETB  RST
        NOP
        MOV  R3, ADDR_1302
        CALL  WRBYTE
        CALL  RDBYTE
```

```
        SETB  CLK
        CLR  RST
        RET
;***********************************************************
;等待上次操作完成
LCD_WAIT:
        CLR  LCDRS
        SETB  LCDRW
        NOP
        SETB  LCDEN
        NOP
        CLR  LCDEN
        ACALL  DELAY
        RET
;***********************************************************
;写指令代码子程序
;R2 存放指令代码
WRCLCD:
        PUSH  ACC
        PUSH  DPL
        PUSH  DPH
        PUSH  PSW
        CLR  LCDEN
        CLR  LCDRS
        CLR  LCDRW
        NOP
        MOV  A, R2
        MOV  DATA_PORT, A
        SETB  LCDEN
        NOP
        CLR  LCDEN
        CALL  LCD_WAIT
        POP  PSW
        POP  DPH
        POP  DPL
        POP  ACC
        RET
;***********************************************************
;写数据子程序
;R2 存放指令代码
WRDLCD:
        PUSH  ACC
        PUSH  DPL
        PUSH  DPH
        PUSH  PSW
        CLR  LCDEN
        SETB  LCDRS
        CLR  LCDRW
        NOP
        MOV  A, R2
```

```
        MOV  DATA_PORT, A
        SETB  LCDEN
        NOP
        CLR  LCDEN
        CALL  LCD_WAIT
        POP  PSW
        POP  DPH
        POP  DPL
        POP  ACC
        RET
;*************************************************************
;延时子程序
DELAY:
        MOV  R7, #20H
DELAY0:
        MOV  R6, #20H
DELAY1:
        DJNZ  R6, DELAY1
        DJNZ  R7, DELAY0
        RET
;*************************************************************
WRCGRAM:
        PUSH  ACC
        PUSH  DPL
        PUSH  DPH
        PUSH  PSW
        MOV  R2, #40H
        ACALL  WRCLCD
        MOV  R4, #24
        MOV  DPTR, #TB
CGRAM1:
        CLR  A
        MOVC  A, @A+DPTR
        MOV  R2, A
        ACALL  WRDLCD
        INC  DPTR
        DJNZ  R4, CGRAM1
        ACALL  DELAY
        POP  PSW
        POP  DPH
        POP  DPL
        POP  ACC
        RET
;*************************************************************
;定义年月日值
TB:     DB 08H,0FH,12H,0FH,0AH,1FH,02H,02H ;年
        DB 0FH,09H,0FH,09H,0FH,09H,11H,00H ;月
        DB 0FH,09H,09H,0FH,09H,09H,0FH,00H ;日
TABLE1: DB 32H,30H,30H,38H,00H,30H,35H,01H,32H,38H,02H
         ;  2   0   0   8   年  0   5   月  2   8   日
```

```
TABLE2: DB 30H,37H,48H,32H,39H,4DH,33H,31H,53H
        ;  0   7   H   2   9   M   3   1   S
TABLE3: DB 30H,31H,32H,33H,34H,35H,36H,37H,38H,39H
        ;  0   1   2   3   4   5   6   7   8   9
        END
```

2. 程序流程图

本程序的流程图如 7-22 所示。

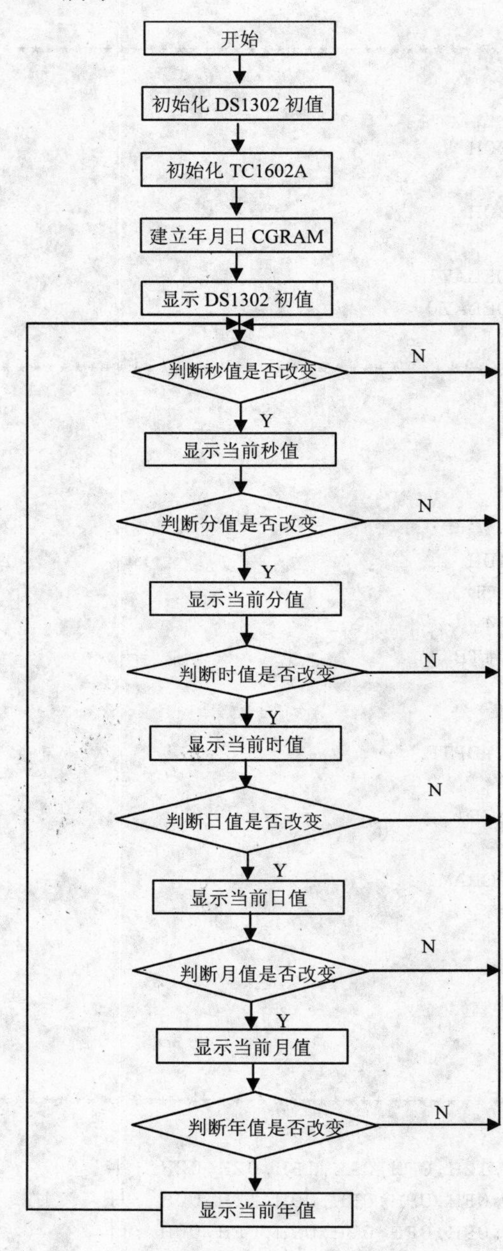

图 7-22　主程序流程图

7.7　ADC0809 电压检测电路

7.7.1　A/D 转换器概述

A/D 转换器用于实现“模拟量→数字量”的转换，按转换原理可分为 4 种，即：

- 计数式 A/D 转换器。
- 双积分式 A/D 转换器。
- 逐次逼近式 A/D 转换器。
- 并行式 A/D 转换器。

目前最常用的是双积分式 A/D 转换器和逐次逼近式 A/D 转换器。双积分式 A/D 转换器的主要优点是转换精度高，抗干扰性能好，价格便宜。其缺点是转换速度较慢，因此，这种转换器主要用于速度要求不高的场合。另一种常用的 A/D 转换器是逐次逼近式的，逐次逼近式 A/D 转换器是一种速度较快，精度较高的转换器，其转换时间大约在几 μs 到几百 μs 之间。通常使用的逐次逼近式典型 A/D 转换器芯片有：

- ADC0801~ADC0805 型 8 位 MOS 型 A/D 转换器(美国国家半导体公司产品)。
- ADC0808/0809 型 8 位 MOS 型 A/D 转换器。
- ADC0816/0817。这类产品除输入通道数增加至 16 个以外，其他性能与 ADC0808/0809 型基本相同。

A/D 转换器的主要技术指标如下。

(1)　分辨率

ADC 的分辨率是指使输出数字量变化一个相邻数码所需输入模拟电压的变化量。常用二进制的位数表示。例如 12 位 ADC 的分辨率就是 12 位，或者说分辨率为满刻度 FS 的 $1/2^{12}$ 。一个 10V 满刻度的 12 位 ADC 能分辨的输入电压变化最小值是 $10V\times1/2^{12}$=2.4mV。

(2)　量化误差

ADC 把模拟量变为数字量，用数字量近似表示模拟量，这个过程称为量化。量化误差是 ADC 的有限位数对模拟量进行量化而引起的误差。实际上，要准确表示模拟量，ADC 的位数需很大甚至无穷大。一个分辨率有限的 ADC 的阶梯状转换特性曲线与具有无限分辨率的 ADC 转换特性曲线(直线)之间的最大偏差即是量化误差。

(3)　偏移误差

偏移误差是指输入信号为零时，输出信号不为零的值，所以有时又称为零值误差。假定 ADC 没有非线性误差，则其转换特性曲线各阶梯中点的连线必定是直线，这条直线与横轴相交点所对应的输入电压值就是偏移误差。

(4)　满刻度误差

满刻度误差又称为增益误差。ADC 的满刻度误差是指满刻度输出数码所对应的实际输入电压与理想输入电压之差。

(5)　线性度

线性度有时又称为非线性度，它是指转换器实际的转换特性与理想直线的最大偏差。

(6) 绝对精度

在一个转换器中，任何数码所对应的实际模拟量输入与理论模拟输入之差的最大值，称为绝对精度。对于 ADC 而言，可以在每一个阶梯的水平中点进行测量，它包括了所有的误差。

(7) 转换速率

ADC 的转换速率是能够重复进行数据转换的速度，即每秒转换的次数。而完成一次 A/D 转换所需的时间(包括稳定时间)，则是转换速率的倒数。

7.7.2 典型 A/D 转换器芯片 ADC0809

1. ADC0809 的主要性能

ADC0809 是典型的 8 位 8 通道逐次逼近式 A/D 转换器，为 CMOS 工艺。主要性能有：

- 分辨率为 8 位。
- 精度——ADC0809 小于±1LSB。
- 单+5V 供电，模拟输入电压范围为 0~+5V。
- 具有锁存控制的 8 路输入模拟开关。
- 可锁存三态输出，输出与 TTL 电平兼容。
- 功耗为 15mW。
- 不必进行零点和满度调整。
- 转换速度取决于芯片外接的时钟频率。时钟频率范围——10~1280kHz。典型值为时钟频率 640kHz，转换时间约为 100μs。

2. ADC0809 的内部结构及引脚功能

ADC0809 的内部逻辑结构如图 7-23 所示。

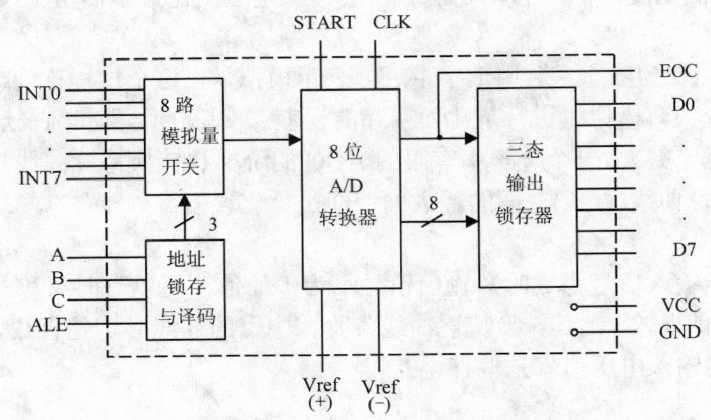

图 7-23 ADC0809 的内部逻辑结构

图 7-23 中，多路开关可选通 8 个模拟通道，允许 8 路模拟量分时输入，共用一个 A/D 转换器进行转换。地址锁存与译码电路完成对 A、B、C 三个地址位进行锁存和译码，其译

码输出用于通道选择，如表 7-8 所示。

表 7-8　通道选择表

C	B	A	选择的通道
0	0	0	IN0
0	0	1	IN1
0	1	0	IN2
0	1	1	IN3
1	0	0	IN4
1	0	1	IN5
1	1	0	IN6
1	1	1	IN7

ADC0809 芯片为 28 引脚双列直插式封装，其引脚排列如图 7-24 所示。

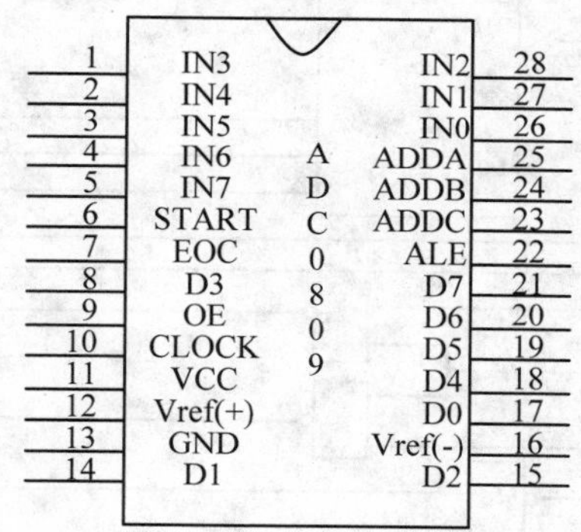

图 7-24　ADC0809 引脚图

ADC0809 引脚功能如下。

(1)　IN7~IN0：模拟量输入通道。ADC0809 对输入模拟量的要求主要有：信号单极性，电压范围 0~5V，若信号过小还需进行放大。另外，在 A/D 转换过程中，模拟量输入的值不应变化太快，因此，对变化速度快的模拟量，在输入前应增加采样保持电路。

(2)　D7~D0：数据输出线。为三态缓冲输出形式，可以和单片机的数据线直接相连。

(3)　ALE：地址锁存允许信号输入端。通常向此引脚输入一个正脉冲时，可将三位地址选择信号 A、B、C 锁存于地址寄存器内并进行译码，选通相应的模拟输入通道。

(4)　START：转换启动信号。START 上跳沿时，所有内部寄存器清 0；START 下跳沿时，开始进行 A/D 转换；在 A/D 转换期间，START 应保持低电平。

(5)　CLK：时钟信号。ADC0809 的内部没有时钟电路，所需时钟信号由外界提供，因此有时钟信号引脚。通常使用频率为 500kHz 的时钟信号。

(6)　EOC：转换结束状态信号。EOC=0，正在进行转换；EOC=1，转换结束。该状态信号既可作为查询的状态标志，又可以作为中断请求信号使用。

(7)　OE：输出允许信号。用于控制三态输出锁存器向单片机输出转换得到的数据。OE=0，输出数据线呈高电阻；OE=1，输出转换得到的数据。

(8) C、B、A：地址线。A 为低位地址，C 为高位地址，用于对模拟通道进行选择。图 7-24 中为 ADDA、ADDB 和 ADDC，其地址状态与通道相对应的关系见表 7-8。

(9) VCC：+5V 电源。

(10) Vref：参考电源。参考电压用来与输入的模拟信号进行比较，作为逐次逼近的基准。其典型值为+5V(Vref (+) =+5V，Vref(−) =0V)。

3. ADC0809 与单片机的接口

ADC0809 与单片机的接口可以采用查询方式和中断方式。

ADC0809 与单片机的接口电路如图 7-25 所示。ADC0809 片内无时钟，利用 89C51 提供的地址锁存允许信号 ALE 经 D 触发器二分频获得。

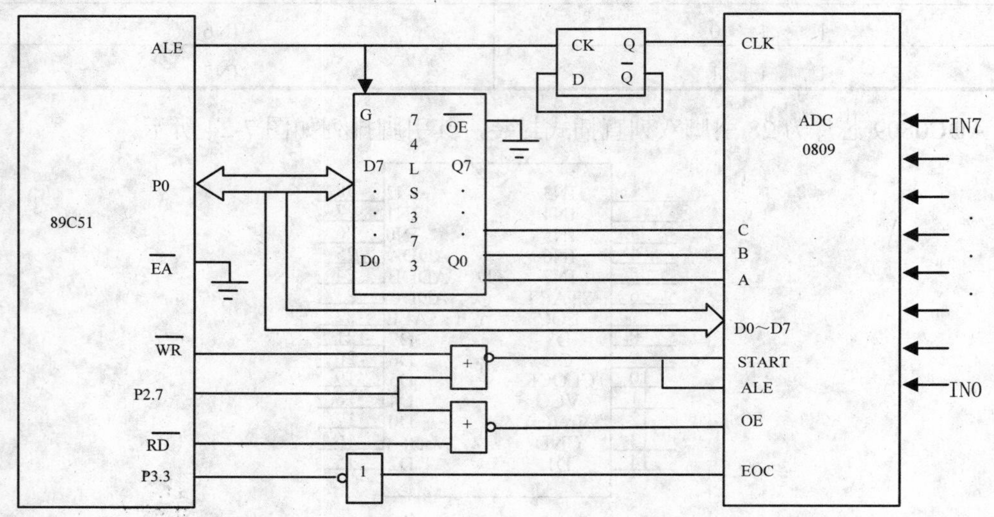

图 7-25 ADC0809 与单片机的接口电路

ALE 的引脚的频率是单片机时钟频率的 1/6，如果单片机的时钟频率为 6MHz，则 ALE 引脚的频率为 1MHz。再经二分频后为 500kHz，所以 ADC0809 能可靠工作。

ADC0809 具有输出三态锁存器，故其 8 位数据输出线可直接与单片机数据总线相连。单片机的低 8 位地址信号在 ALE 的作用下锁存在 74LS373 中。74LS373 输出的低 3 位信号分别与 ADC0809 的通道选择端 A、B、C 相连，作为通道编码。

单片机的 P2.7 口作为片选信号，与 $\overline{WR}$ 进行或非操作得到一个正脉冲，加到 ADC0809 的 ALE 和 START 引脚。由于 ALE 和 START 是在一起相连的，ADC0809 在锁存信道地址的同时也启动转换。在读取结果时，用单片机的读信号 $\overline{RD}$ 和 P2.7 引脚经或非操作得到一个正脉冲，加到 ADC0809 的 OE 引脚，用以打开三态输出锁存器。在上述操作中，P2.7 应为低电平，所以 8 路通道 IN0~IN7 的地址分别为 7FF8H~7FFFH。

ADC0809 的 EOC 端经反相器连接到 P3.3($\overline{INT1}$)引脚，作为查询和中断信号。

(1) 查询方式

下面的程序采用查询方式，分别对 8 路信号轮流采样一次，并把转换结果存储到片内 RAM 以 DAT 为起始地址的连续单元中。具体程序如下：

```
MAIN:
        MOV  R1, #DAT                ; 置数据区首地址
        MOV  DPTR, #7FF8H            ; 指向 0 通道
        MOV  R7, #08H                ; 置通道数
LOOP:
        MOVX  @DPTR, A               ; 启动 A/D 转换
WAIT:
        JB  P3.3, HER                ; 查询 A/D 转换结束
        MOVX  A, @DPTR               ; 读取 A/D 转换结果
        MOV  @R1, A                  ; 存储数据
        INC  DPTR                    ; 指向下一个通道
        INC  R1                      ; 修改数据区指针
        DJNZ  R7, LOOP               ; 8 个通道转换完否?
        ...
```

(2) 中断方式

下面的程序采用中断方式，读取 IN0 信道的模拟量转换结果，并送至片内 RAM 以 DAT 为首地址的连续单元中。具体程序如下：

```
        ORG  0013H                   ; 中断服务程序入口
        AJMP  EX_INT1
        ORG  0030H
MAIN:
        MOV  R1, #DAT                ; 置数据区首地址
        SETB  IT1                    ; 为边沿触发方式
        SETB  EA                     ; 开中断
        SETB  EX1                    ; 允许中断
        MOV  DPTR, #7FF8H            ; 指向 IN0 通道
        MOVX  @DPTR, A               ; 启动 A/D 转换
LOOP:
        NOP                          ; 等待中断
        AJMP  LOOP
EX_INT1:
        PUSH  PSW                    ; 保护现场
        PUSH  ACC
        PUSH  DPL
        PUSH  DPH
        MOV  DPTR, #7FF8H
        MOVX  A, @DPTR               ; 读取转换后数据
        MOV  @R1, A                  ; 数据存入以 DATA 为首地址的 RAM 中
        INC  R1                      ; 修改数据区指针
        MOVX  @DPTR, A               ; 再次启动 A/D 转换
        POP  DPH                     ; 恢复现场
        POP  DPL
        POP  ACC
        POP  PSW
        RETI                         ; 中断返回
```

7.7.3 ADC0809 电压测量电路

ADC0809 电压测量电路原理图如图 7-26 所示。P0 口作为数据端口，为 ADC0809 和

TC1602A 提供 8 位数据线，除此之外，ADC0809 的通道选择引脚 A、B、C 也连接在 P0.0~P0.2 上，进行信道的选择；P2.0 口作为片选信号与 $\overline{WR}$ 和 $\overline{RD}$ 控制 ADC0809 的读写；ADC0809 的时钟信号由外部提供，频率为 500kHz。P2.1~P2.3 分别连接 TC1602A 的 RS、R/$\overline{W}$ 和 E 引脚，控制 TC1602A 的读写操作。

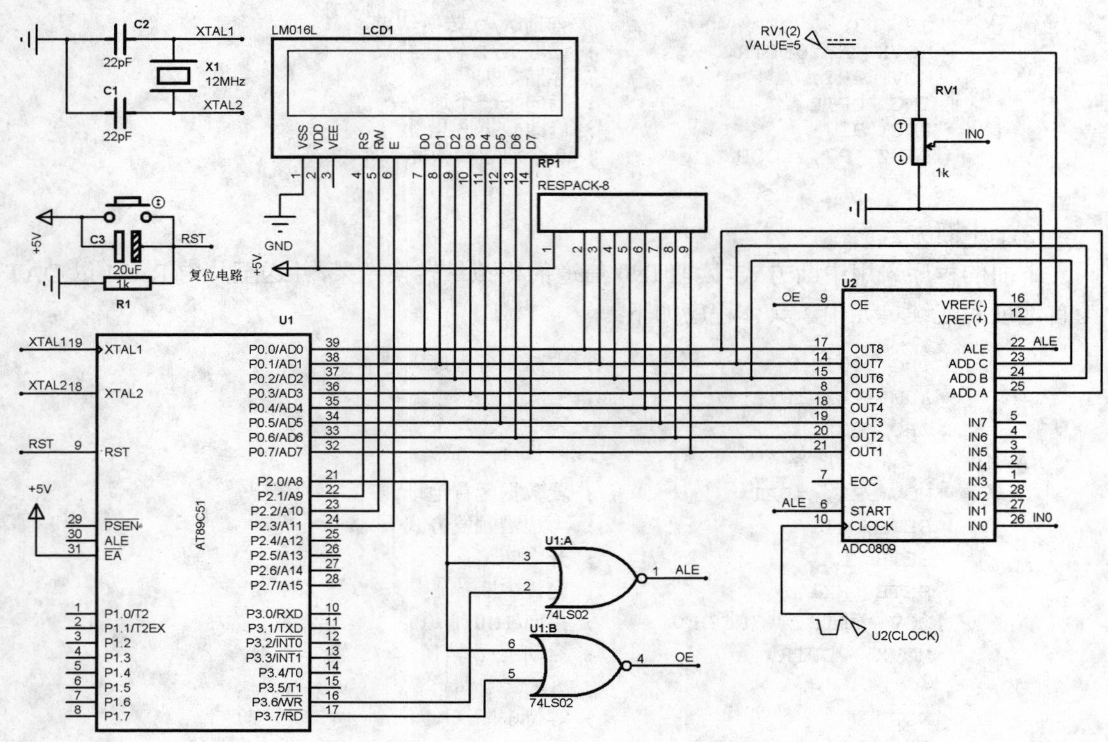

图 7-26　ADC0809 电压测量电路原理图

在数据转换过程中，需要使 TC1602A 处于无效状态，不占用数据总线，可以置 E=0、R/$\overline{W}$=1、RS=1，使得 TC1602A 无效。因此，通道 0 的地址为 F6F8H。

7.7.4　控制程序

以下程序完成对图 7-26 中 RV1 电阻的电压测量，并把结果显示出来。ADC0809 的转换采用查询方式，在定时器中完成，而电压的显示是在主程序中完成的。

由于 ADC0809 的分辨率为 $5V\times1/2^8$=20mV，可使用常数 196(当输入电压为 5V 时，读得的数据为 255 再乘以 2，得 510，用 510×98%得 499，显示值与输入值基本吻合。因此可使用 2×98=196 作为数据和电压值的转换常数)乘以转换数据，近似地得到测量电压的真值。

程序清单如下：

```
BUF  EQU 30H                    ; 显示缓冲区 30H~35H
BAK  EQU 40H                    ; 暂存转换结果
COM  EQU 50H                    ; TC1602A 命令
DAT  EQU 51H                    ; TC1602A 数据
```

```
    RS  EQU P2.1                        ; LCD寄存器选择信号
    RW· EQU P2.2                        ; LCD读/写选择信号
    E  EQU P2.3                         ; LCD使能信号
    ORG  0000H
    LJMP  MAIN
    ORG  000BH
    LJMP  INT_TIMER0                    ; T0中断入口
    ORG  0030H                          ; 主程序入口
MAIN:
    MOV  SP, #60H
    LCALL  INT
    MOV  BUF, #30H
    MOV  BUF+1, #0A5H
    MOV  BUF+2, #30H
    MOV  BUF+3, #30H
    MOV  BUF+4, #30H
    MOV  R7, #30H
    LCALL  DIS_LINE1                    ; 显示“Voltage Value”
    LCALL  DIS_LINE2                    ; 显示“V=     v”
;**************************定时器初始化程序***********************
    MOV  TMOD, #00H
    MOV  TH0, #00H
    MOV  TL0, #00H
    SETB  TR0
    MOV  24H, #03H
    MOV  IE, #82H
;**************************主循环*********************************
MAIN_LOOP:
    MOV  R7, #30H                       ; 显示缓冲区首地址
    LCALL  DISPLY
    SJMP  MAIN_LOOP                     ; 循环显示
;************************** *****************************************
;定时器中断服务程序，读取0809第0通道的转换结果并转换为显示值
INT_TIMER0:
    PUSH  ACC
    PUSH  PSW
    MOV  PSW, #00H
    SETB  RS0
    CLR  TR0
    MOV  TH0, #00H
    MOV  TL0, #00H
    DEC  24H
    MOV  A, 24H
    JNZ  RTN1
    MOV  24H, #03H
    MOV  DPTR, #0F6F8H
    MOV  A, #00H
    MOVX  @DPTR, A
    MOV  R7, #0CCH
```

```
        DJNZ  R7, $
        MOVX  A, @DPTR
        MOV  40H, A
RTN:
        MOV  B, #196
        MUL  AB                       ; AD*196
        MOV  R7, B
        MOV  R6, A
        MOV  R5, #27H
        MOV  R4, #10H
        CALL  N2_DIV                  ; (AD*196)/10000
        MOV  BUF, R0
        MOV  A, R3
        MOV  R7, A
        MOV  A, R2
        MOV  R6, A
        MOV  R5, #03H
        MOV  R4, #0E8H
        CALL  N2_DIV                  ; ((AD*196)%10000)/1000
        MOV  BUF+2, R0
        MOV  A, R3
        MOV  R7, A
        MOV  A, R2
        MOV  R6, A
        MOV  R5, #00H
        MOV  R4, #64H
        CALL  N2_DIV                  ; (((AD*196)%10000)%1000)/100
        MOV  BUF+3, R0
        MOV  A, R2
        MOV  B, #0AH
        DIV  AB
        MOV  BUF+4, A
RTN1:
        SETB  TR0
        ORL  BUF, #30H
        MOV  BUF+1, #0A5H
        ORL  BUF+2, #30H
        ORL  BUF+3, #30H
        ORL  BUF+4, #30H
        POP  PSW
        POP  ACC
        RETI
;*****************************************************************
;双字节除以双字节运算
;入口参数：R7R6 为被除数，R7 为高位；R5R4 为除数，R5 为高位
;出口参数：R0 为商；R3R2 为余数，R3 为高位
N2_DIV:
        MOV  R0, #00H                 ; 本次计算为用减法实现除法，R0 为商的存储器
DIV_LOOP:
```

```
        CLR  C
        MOV  A, R6
        MOV  R2, A                          ; 暂存余数低位 R2
        SUBB  A, R4
        MOV  R6, A
        MOV  A, R7
        MOV  R3, A                          ; 暂存余数高位 R3
        SUBB  A, R5
        MOV  R7, A
        JC  DIV_OVER                        ; 如果 R7R6 小于 R5R4 则跳转到结束
        INC  R0
        AJMP  DIV_LOOP
DIV_OVER:
        RET
;**********************************************************************
;测量电压值显示子程序
DISPLY:
        MOV  COM, #0C6H
        LCALL  WRCLCD
        MOV  R1, #05H
        MOV  R0, #30H
L:
        MOV  DAT, @R0
        LCALL  WRDLCD
        INC  R0
        DJNZ  R1, L
        RET
;**********************************************************************
;第一行显示子程序
DIS_LINE1:
        MOV  COM, #01H
        LCALL  WRCLCD
        MOV  COM, #06H
        LCALL  WRCLCD
        MOV  COM, #0CH
        LCALL  WRCLCD
        MOV  COM, #82H
        LCALL  WRCLCD
        MOV  DPTR, #TAB
        MOV  R2, #13
WRIN1:
        MOV  R3, #00H
WRIN:
        MOV  A, R3
        MOVC  A, @A+DPTR
        MOV  DAT, A
        LCALL  WRDLCD
        INC  R3
        DJNZ  R2, WRIN
```

```
        RET
;******************************************************************
;第二行显示子程序
DIS_LINE2:
        MOV  COM, #06H
        LCALL  WRCLCD
        MOV  COM, #0C4H
        LCALL  WRCLCD
        MOV  DPTR, #TAB1
        MOV  R2, #9H
        SJMP  WRIN1
TAB:    DB "Voltage Value"
TAB1:   DB "V=     v"
;******************************************************************
;初始化子程序
INT:
        LCALL  DELAY                    ; 调用延时子程序
        MOV  COM, #3CH                  ; 设置工作方式
        LCALL  WRCLCD
        MOV  COM, #01H                  ; 清屏
        LCALL  WRCLCD
        MOV  COM, #06H                  ; 设置输入方式
        LCALL  WRCLCD
        MOV  COM, #080H                 ; 设置显示方式
        LCALL  WRCLCD
        RET
;******************************************************************
;延时子程序
DELAY:
        MOV  R6, #0FH
        MOV  R7, #00H
DELAY1: NOP
        DJNZ  R7, DELAY1
        DJNZ  R6, DELAY1
        RET
;******************************************************************
; TC1602A 写指令代码子程序
WRCLCD:
        PUSH  ACC
        CLR  RS                         ; 指令寄存器
        SETB  RW
WRCLCD1:
        MOV  P0, #0FFH                  ; P0 置位，准备读
        SETB  E
        LCALL  DELAY
        NOP
        MOV  A, P0
        CLR  E
        JB  ACC.7, WRCLCD1              ; BF=1
```

```
        CLR  RW
        MOV  P0, COM
        SETB  E
        CLR  E
        POP  ACC
        RET
;*****************************************************************
; TC1602A 写显示数据程序
WRDLCD:
        PUSH  ACC
        CLR  RS
        SETB  RW
WRDLCD1:
        MOV  P0, #0FFH
        SETB  E
        LCALL  DELAY
        MOV  A, P0                    ; 读 BF 和 AC6-4
        CLR  E
        JB  ACC.7, WRDLCD1
        SETB  RS
        CLR  RW
        MOV  P0, DAT                  ; 写入数据高 4 位
        SETB  E
        CLR  E
        POP  ACC
        RET
        END
```

习　题　7

(1) 采用图 7-1 的电路，编写程序，实现流水灯的循环移动。

(2) 七段 LED 数码管静态显示和动态显示有什么特点，实际设计中应如何选择？

(3) 实现 LED 数码管动态显示，可使用子程序调用和定时器两种方法，比较两种方法的特点。

(4) 简述键盘的去抖的软件实现方法。

(5) 采用图 7-12 的电路，编写程序，实现 0~99999.9 的计时。

(6) 采用图 7-16 的电路，编写程序，显示“LCD-DEMO”。

第 8 章　MCS-51 单片机应用系统的设计

随着微电子技术的快速发展，各种高性能、低价格的单片机不断涌现，同时为了满足特定场合的需要，还在单片机内部增加了很多特殊的功能，如双串口、I^{2}C 通信、A/D 转换等，这给用户开发系统提供了很大的便利。用户可根据所要设计的应用系统的性能要求，设计不同的单片机应用系统。本章主要介绍通过 16×16 LED 显示和电子钟的设计掌握单片机应用系统的设计方法。

8.1　单片机应用系统概述

8.1.1　单片机应用系统的特点

单片机本身是个集成芯片，它集成了 CPU、存储器、基本的 I/O 接口以及定时/计数器。如果是一些简单的控制对象，只要在单片机外围加上少量的电路就可以构成控制系统。对于复杂的系统，单片机的应用和 I/O 接口扩展也比较方便。从单片机系统的实际应用来看，单片机具有以下特点。

(1) 由于系统规模较小，本身不具备自我开发的能力，需要借助专业的开发工具进行系统的开发和调试，使得应用系统简单实用、成本低、效益好。

(2) 系统的配置以满足对象的控制要求为出发点，使系统具有较高的性价比。

(3) 应用系统通常将程序存放在 ROM 中，使得系统不易受外界干扰，可靠性强，而且可以进行加密。

(4) 应用系统所用的存储器芯片可选用 EPROM、EEPROM、OTP 芯片、掩膜 ROM 或 Flash，这些芯片与单片机有很好的兼容性，便于开发和量产。

(5) 单片机本身体积较小，功能强，便于安装在控制设备内部，大大地推动了机电一体化产品的开发。

8.1.2　MCS-51 单片机应用系统设计方法

一般情况下，一个实际的单片机应用系统的设计过程主要包括以下 5 个阶段。

(1) 系统的总体设计方案。

(2) 硬件设计。

(3) 软件设计。

(4) 系统仿真调试。

(5) 系统安装运行。

这 5 个阶段不是完全独立的部分，往往是相互联系的整体，在总体设计中，就已经开

始考虑硬件设计和软件设计的问题。图 8-1 为单片机应用系统设计的流程图。

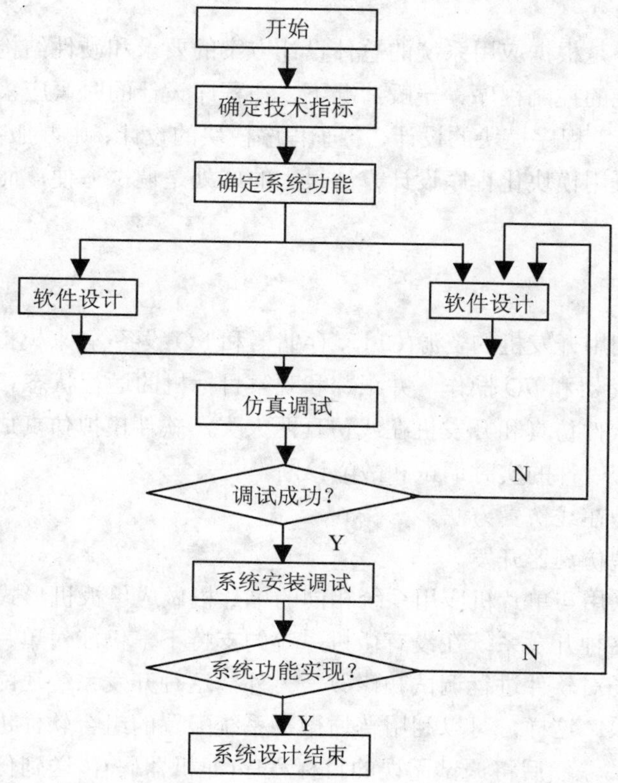

图 8-1 单片机应用系统设计流程图

1. 系统的总体设计方案

单片机作为控制核心，它所控制的对象是多种多样的，所实现的控制要求也是各不相同的。无论控制的对象是一个具体设备还是一个工业过程，都要对被控对象的工作过程进行深入的调查和分析，了解系统的控制要求以及信号的种类、数量和应用环境等，并进行调研，参考国内外同类产品的资料，进行必要的理论分析和计算，在综合考虑可靠性、可维护性、成本和经济效益等要求的基础上，提出合理的技术指标。

2. 硬件设计

所谓硬件设计，就是为实现应用系统功能，确定系统扩展所需要的存储器、I/O 接口电路、A/D 和 D/A 电路以及其他的外围电路，然后设计出系统的电路原理图，并根据设计出来的电路原理图制作实验板或印刷电路板的过程。

硬件设计不是孤立的，它要在系统总体方案确定的前提下进行，如总体方案所选定的单片机采用片内无存储器的芯片或者单片机内的存储器不能满足系统要求时，则硬件设计时就应该在系统硬件中考虑外扩存储器芯片。

3. 软件设计

软件设计的任务是根据应用系统的总体设计方案的要求和硬件结构，设计出能够实现系统要求的各种功能的控制程序。一般情况下，在程序设计的时候应采用模块化的程序设计方法，其内容包括主程序模块的设计、各子程序模块的设计、中断服务程序模块的设计、查表程序的设计。采用模块化程序设计方法最大的好处是调试方便，而且有较强的可移植性，便于分工合作。

4. 系统仿真设计

仿真的目的是利用开发机的资源(CPU、存储器和I/O设备等)来模拟欲开发的单片机应用系统的CPU、存储器和I/O操作，并跟踪和观察目标机的运行状态。

仿真可以分为软件仿真和开发机在线仿真两大类，软件模拟仿真成本低，使用方便，但不能进行应用系统硬件的实时调试和故障诊断。

现实中常用的是在线仿真方法。

(1) 利用独立型仿真器开发

独立型仿真器采用与单片机应用系统相同的单片机做成单板机形式，板上配置LED显示器和简易键盘。这种开发系统在没有微机系统的支持下，仍能对单片机应用系统进行在线仿真，便于在现场对软件进行调试和修改。另外，这种开发系统还配有串行接口，能与普通微机系统相联系。这样，可以利用普通微机系统配置的组合软件进行源程序的编辑、汇编和联机仿真调试。然后将调试无误的目标程序(即机器码)传送到仿真器，利用仿真器进行程序的固化。

(2) 利用非独立型仿真器开发

这种仿真器采用普通微机加仿真器构成。仿真器与通用微机间以串行通信的方式连接。这种开发方式必须有微机的支持，利用微机系统配备的组合软件进行源程序的编辑汇编和联机仿真调试。这些仿真接口上还配有EPROM写入插座，可以将开发调试完成的用户应用程序写入EPROM芯片。与前一种相比，此种开发方式现场参数的修改和调试不够方便。

以上两种开发方式均是在开发时拔掉目标系统的单片机芯片和程序存储芯片，插上从开发机上引出的仿真头，把开发机上的单片机借给目标机。仿真调试无误后，拔掉仿真头，再插回单片机芯片，把开发机中调试好的程序固化到EPROM芯片中并插到目标机的程序存储器上，目标机就可以独立运行了。

5. 系统安装运行

系统进行在线仿真调试成功后，即可确定硬件设计和软件设计基本上正确，这时可以将程序固化到存储器中，用单片机芯片替换仿真器后运行系统，观察系统运行是否达到系统的设计要求，若达不到要求，则可能需要对软件做少量的改动。若实际单片机运行正常，则整个系统的开发工作就完成了。

8.2 课程设计——16×16 LED 显示

8.2.1 设计要求

LED 大屏幕显示器不仅能显示文字，还可以显示图形、图像，而且能产生各种动画效果，是广告宣传、新闻传播的有力工具。LED 大屏幕不仅有单色显示，还有彩色显示，其应用越来越广，已渗透到人们的日常生活之中。这里要求设计并制作出可以显示单个汉字的 16×16 单色 LED 点阵。

8.2.2 16×16 LED 显示总体设计方案

1. 16×16 点阵连接方案

无论是单个 LED(发光二极管)还是 LED 七段码显示器(数码管)，都不能显示字符(含汉字)及更为复杂的图形信息，这主要是因为它们没有足够的信息显示单位。LED 点阵显示是把很多的 LED 按矩阵方式排列在一起，通过对各 LED 发光与不发光的控制来完成各种字符或图形的显示。最常见的 LED 点阵显示模块有 5×7(5 列 7 行)、7×9、8×8 结构，前两种主要用于显示各种西文字符，后一种可用于大型电子显示屏的基本组建单元，可以用来显示汉字。本系统中采用 4 个 8×8 LED 点阵组成 16×16 点阵。

8×8 LED 点阵的外观及引脚图如图 8-2 所示，其等效电路图如图 8-3 所示。图 8-3 中只要各 LED 处于正偏(Y 方向为 1，X 方向为 0)，则对应的 LED 发光。如 Y7(0)=1，X7(H)=0 时，则其对应的右下角的 LED 会发光。各 LED 还需接上限流电阻，实际应用时，限流电阻既可接在 X 轴，也可接在 Y 轴。

在本系统中，采用如图 8-4 所示的方式连接 4 个 8×8 LED 点阵，把编号 I、II 和 III、IV 的 8×8 LED 点阵的行线(Y 方向)连接在一起组成 16 行，并把 I、III 和 II、IV 相应的列线(X 方向)连接在一起组成 16 列，形成 16×16 点阵。

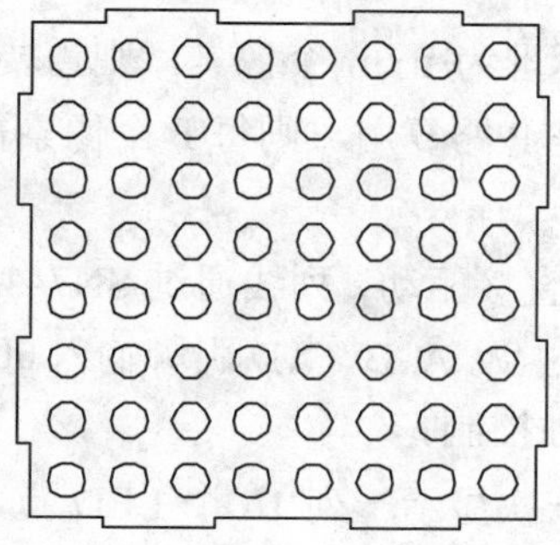

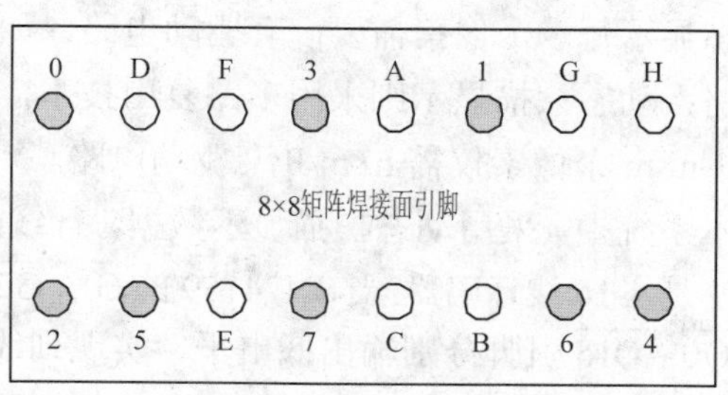

图 8-2 8×8 点阵的外观及引脚图

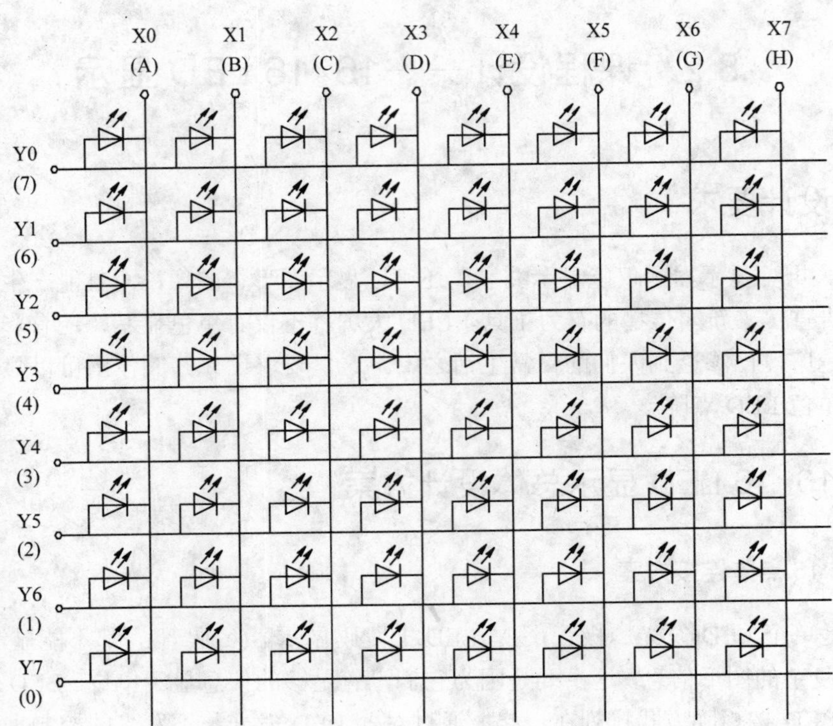

图 8-3　8×8 点阵的等效电路

I 8×8 LED	II 8×8 LED
III 8×8 LED	IV 8×8 LED

图 8-4　16×16 点阵连接方案

2. 16×16 点阵显示方案

LED 大屏幕显示可分为静态显示和动态扫描显示两种。

静态显示每一个像素需要一套驱动电路，如果显示屏为 n×m 个像素，则需要 n×m 套驱动电路；动态扫描显示则采用多路复用技术，如果是 P 路复用，则每 P 个像素需一套驱动电路，n×m 个像素仅需 n×m/P 套驱动电路。

在本系统中，采用动态扫描显示数据，行线由 I/O 直接驱动，列线通过 SN74159 控制。SN74159 是 4-16 线译码器，当 SN74159 的 $\overline{G1}$、$\overline{G2}$ 接地时，从 A、B、C、D 引脚输入 0000~1111 时，从 $\overline{Q0}$ ~ $\overline{Q15}$ 引脚分别输出低电平，实现列线的单独控制。

显示工作以行扫描方式进行，扫描显示过程是每一次显示一列 16 个 LED 点，显示时间称为行周期，16 行扫描显示完成后开始新一轮扫描，这段时间称为场周期。

8.2.3　硬件设计

根据总体方案设计，16×16 点阵采用 AT89C51 单片机为主控芯片，P2 口和 P3 口分别控制 I、II 和 III、IV 号 8×8 LED 的行线，P1.0~P1.3 控制 SN74159 的输入端，进而控制 I、III 和 II、IV 号的列线。16×16 点阵的电路原理图如图 8-5 所示。

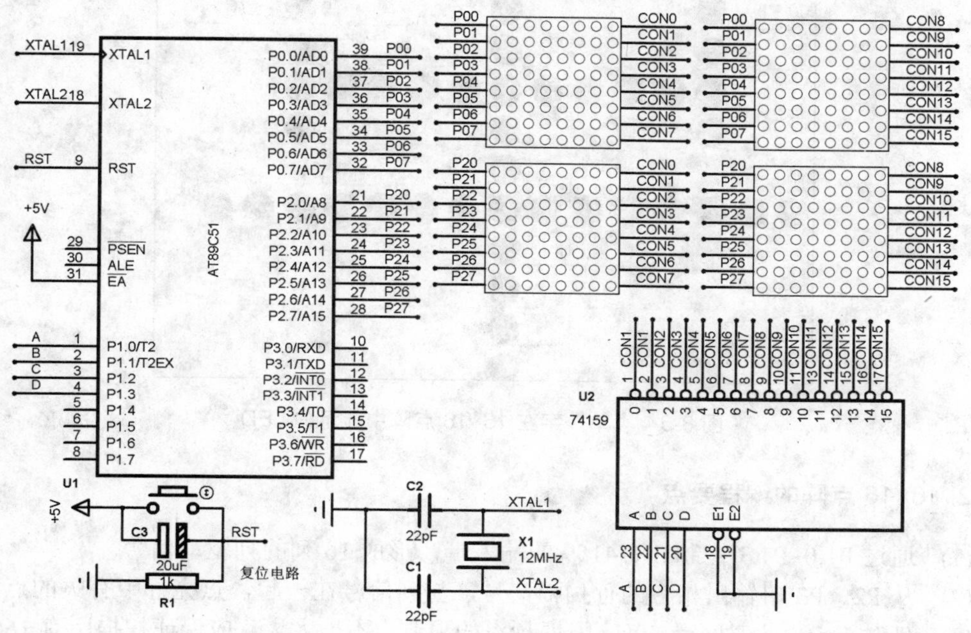

图 8-5　16×16 点阵原理图

本系统中，每次显示一个汉字，显示时间为 1s，循环显示“单片机世界欢迎您”。

8.2.4　编程要点及软件设计

1. 字库的建立

当要显示一个 16×16 点阵的汉字时，需要建立每列显示 LED 的位置数据，称这种数据信息为字库。每个汉字需要 32 个字节数据表示(每列 2 个字节，共 16 列)，例如“单”字在 16×16 点阵中需要显示的 LED 如图 8-6 所示，根据图示和硬件连接，可以得到“单”字的字库为：

00H，08H，00H，08H，F8H，09H，28H，09H，29H，09H，2EH，09H，2AH，09H，F8H，FFH

28H，09H，2CH，09H，2BH，09H，2AH，09H，F8H，09H，00H，08H，00H，08H，00H，00H

用同样的方法，可以得到其他汉字的字库。

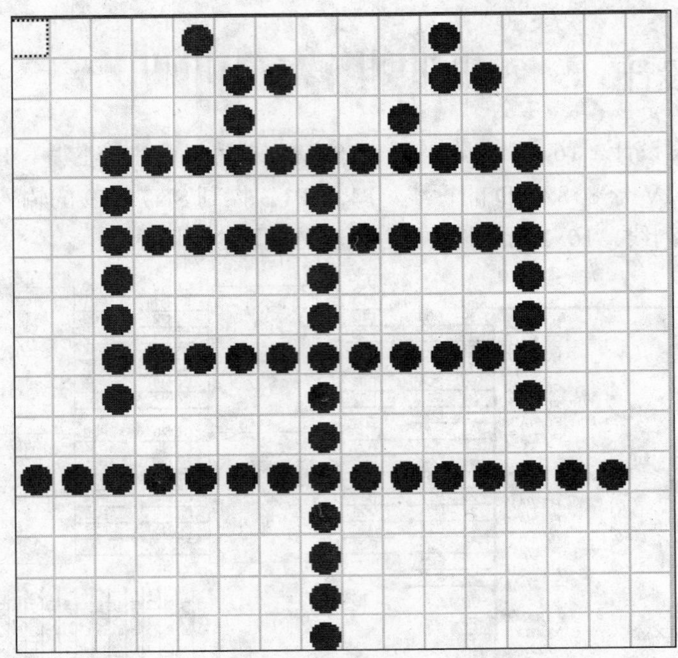

图 8-6 “单”字在 16×16 点阵中显示的 LED

2. 16×16 点阵的编程要点

(1) 通过 P1.0~P1.3 控制 SN74159 的输入端，形成 16 列的列驱动信号。

(2) 从 P2、P3 口输出相应的行扫描信号，与列信号在一起，点亮行中有关的点。

(3) 延时 1ms。此时间受 50Hz 闪烁频率的限制，不能太大，应保证扫描所有 16 行(即一帧数据)所用时间之和在 20ms 以内。

(4) 改变列驱动信号，从 P2、P3 口输出下一行扫描信号并延时 1ms，完成下一行的显示。

(5) 重复上述操作，直到所有 16 行全扫描显示一次，即完成一个汉字数据的显示。

(6) 重复上述操作， 完成一秒显示。

(7) 重新扫描显示第一行，开始下一个汉字数据的扫描显示工作，如此不断地循环，即可完成全部汉字的显示。

3. 软件设计

根据系统设计方案，软件的编写如下：

```
LOW_DATA   EQU  P0          ; 行数据端口 1
HIGH_DATA   EQU  P3         ; 行数据端口 2
CON_PORT   EQU  P1          ; P1.0~P1.3 为列控制信号
DIS_FLAG   EQU  20H.0       ; 每列显示控制
CON_FLAG   EQU  20H.1       ; 汉字显示控制。1-显示下一个汉字
ADDR_LOW   EQU  30H         ; 行数据 1 的地址
ADDR_HIGH   EQU  31H        ; 行数据 2 的地址
```

```
        ADDR_CON  EQU 32H              ; 数据地址
        COUNT  EQU 40H                 ; 行显示控制
        TIME_COUNT  EQU 41H            ; 1s 显示计时
        ORG  0000H
        LJMP  START
        ORG  000BH
        LJMP  TIMER0_INT
        ORG  001BH
        LJMP  TIMER1_INT
        ORG  100H
START:
        MOV  SP, #60H
        MOV  R0, #7FH
CLEAR_RAM:
        MOV  @R0, #0
        DJNZ  R0, CLEAR_RAM            ; 清空 RAM
        MOV  ADDR_LOW, #0FEH
        MOV  ADDR_HIGH, #0FFH
        MOV  ADDR_CON, #0FFH
        MOV  COUNT, #0FFH
        MOV  DPTR, #DAN
        PUSH  DPH
        PUSH  DPL
        MOV  TMOD, #11H
        MOV  TH0, #0FCH
        MOV  TL0, #17H
        MOV  TH1, #3CH
        MOV  TL1, #0AFH
        SETB  ET0
        SETB  ET1
        SETB  PT0
        SETB  EA
        SETB  TR0
        SETB  TR1
LOOP:
        NOP
        NOP
        JBC  DIS_FLAG, DIS_NEXT_BIT
        JMP  LOOP
DIS_NEXT_BIT:                          ; 显示一列数据
        MOV  CON_PORT, #0FFH
        POP  DPL
        POP  DPH
        MOV  A, ADDR_LOW
        MOVC  A, @A+DPTR
```

```
        MOV  LOW_DATA, A          ; 行数据低位
        MOV  A, ADDR_HIGH
        MOVC  A, @A+DPTR
        MOV  HIGH_DATA, A         ; 行数据高位
        PUSH  DPH
        PUSH  DPL
        MOV  DPTR, #TABLE
        MOV  A, ADDR_CON
        MOVC  A, @A+DPTR
        MOV  CON_PORT, A          ; 列控制信号
        JMP  LOOP

;*************************************************************
;TIMER0 中断 1ms, 完成显示控制
TIMER0_INT:
        PUSH  ACC
        PUSH  PSW
        CLR  RS1
        SETB  RS0
        MOV  TH0, #0FCH
        MOV  TL0, #17H
        JNB  CON_FLAG, DIS_START
        MOV  A, COUNT
        CJNE  A, #0FH, DIS_START
        MOV  COUNT, #0FFH
        CLR  CON_FLAG
        MOV  ADDR_CON, #0FFH
DIS_START:
        SETB  DIS_FLAG
        INC  COUNT
        MOV  A, COUNT
        CJNE  A, #10H, ADDR_ADD
        MOV  COUNT, #0FFH
        CLR  C
        MOV  A, ADDR_LOW
        SUBB  A, #32
        MOV  ADDR_LOW, A
        CLR  C
        MOV  A, ADDR_HIGH
        SUBB  A, #32
        MOV  ADDR_HIGH, A
        CLR  C
        MOV  A, ADDR_CON
        SUBB  A, #16
        MOV  ADDR_CON, A
```

```
        CLR  DIS_FLAG
        JMP  ADDR_JUDGE_END
ADDR_ADD:
        INC  ADDR_LOW
        INC  ADDR_LOW
        INC  ADDR_HIGH
        INC  ADDR_HIGH
        INC  ADDR_CON
ADDR_JUDGE_END:
TIMER0_INT_END:
        POP  PSW
        POP  ACC
        RETI

;************************************************************
;TIMER1 中断 50ms,完成 1s 显示控制
TIMER1_INT:
        PUSH  ACC
        PUSH  PSW
        CLR  RS0
        SETB  RS1
        MOV  TH1, #3CH
        MOV  TL1, #0AFH
        INC  TIME_COUNT
        MOV  A, TIME_COUNT
        CJNE  A, #40, TIMER1_INT_END
        MOV  TIME_COUNT, #0
        SETB  CON_FLAG
TIMER1_INT_END:
        POP  PSW
        POP  ACC
        RETI

;************************************************************
;"单片机世界欢迎您"字库
DAN:                                    ;单
DB   00H,08H,00H,08H,0F8H,09H,28H,09H
DB   29H,09H,2EH,09H,2AH,09H,0F8H,0FFH
DB   28H,09H,2CH,09H,2BH,09H,2AH,09H
DB   0F8H,09H,00H,08H,00H,08H,00H,00H
PIAN:                                   ;片
DB   00H,80H,00H,40H,00H,30H,0FEH,0FH
DB   10H,01H,10H,01H,10H,01H,10H,01H
DB   10H,01H,1FH,01H,10H,01H,10H,0FFH
DB   10H,00H,18H,00H,10H,00H,0H,00H
```

```
JI:                                         ;机
DB   08H,04H,08H,03H,0C8H,00H,0FFH,0FFH
DB   48H,00H,88H,41H,08H,30H,00H,0CH
DB   0FEH,03H,02H,00H,02H,00H,02H,00H
DB   0FEH,3FH,00H,40H,00H,78H,00H,00H
SHI:                                        ;世
DB   40H,00H,40H,00H,40H,00H,0FEH,3FH
DB   40H,20H,40H,20H,0FEH,23H,40H,22H
DB   40H,22H,40H,22H,40H,22H,0FEH,23H
DB   40H,30H,40H,20H,40H,00H,00H,00H
JIE:                                        ;界
DB   00H,00H,00H,08H,00H,08H,7FH,84H
DB   49H,44H,49H,22H,49H,1DH,0FFH,00H
DB   0C9H,00H,49H,0FDH,49H,02H,49H,02H
DB   7FH,04H,00H,0CH,00H,04H,00H,00H
HUAN:                                       ;欢
DB   14H,20H,24H,10H,44H,4CH,84H,43H
DB   64H,43H,1CH,2CH,20H,20H,18H,10H
DB   0FH,0CH,0E1H,03H,08H,06H,08H,0CH
DB   28H,30H,18H,60H,08H,20H,00H,00H
YING:                                       ;迎
DB   40H,40H,41H,20H,0CEH,1FH,04H,20H
DB   00H,40H,0FCH,47H,04H,42H,02H,41H
DB   02H,40H,0FCH,5FH,04H,40H,04H,42H
DB   04H,44H,0FCH,43H,00H,40H,00H,00H
NIN:                                        ;您
DB   80H,00H,40H,20H,30H,38H,0FCH,03H
DB   03H,38H,90H,40H,68H,40H,06H,49H
DB   04H,52H,0F4H,41H,04H,40H,24H,70H
DB   44H,00H,8CH,09H,04H,30H,00H,00H
TABLE:
DB   00H,01H,02H,03H,04H,05H,06H,07H
DB   08H,09H,0AH,0BH,0CH,0DH,0EH,0FH
END
```

4. 软件流程图

软件的设计分为以下几个模块。

- 主程序：初始化、显示执行。
- 显示控制：在 TIMER0 中完成。
- 1s 显示计时：在 TIMER1 中完成。

其中主程序中显示执行在编程要点中已做过分析，1s 显示计时用定时器 1 完成，完成 1s 计时后置位 CON_FLAG。

显示控制部分的流程图如图 8-7 所示。

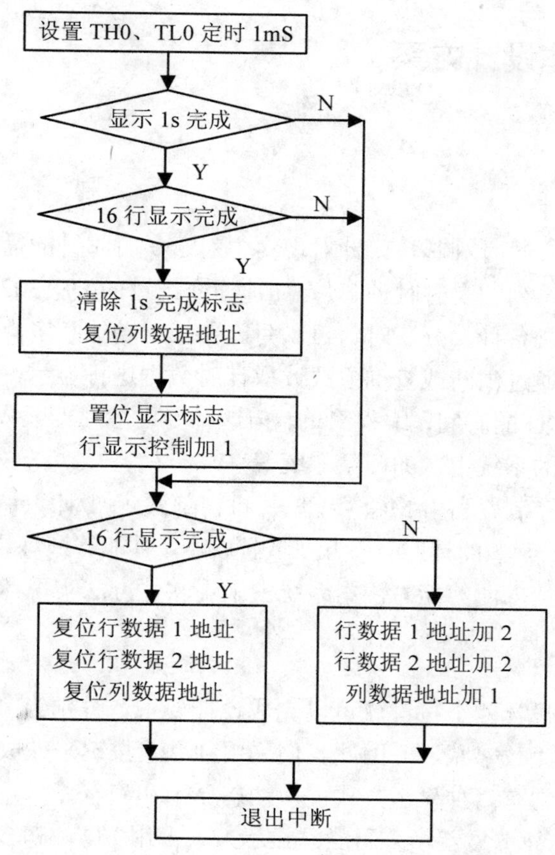

图 8-7　显示控制部分的流程图

8.3　课程设计——电脑钟

8.3.1　设计要求

除了专用的时钟、计时显示牌外，许多应用系统常常需要实时时钟，如家用电器、工业过程控制、门禁系统及智能化仪器仪表等。实现实时时钟的方式有多种多样，应根据系统要求及成本综合考虑。

本设计要求通过最低的成本完成电脑钟的设计，锻炼独立设计、制作应用系统的能力，深入领会单片机系统软硬件开发过程。

设计并制作出具有以下功能的电脑钟：

- 自动计时，可显示时、分、秒。
- 具备闹铃功能。
- 时间和闹铃可调整。

8.3.2 电脑钟总体设计方案

1. 计时方案

计时方案有如下两种。

- 方案一：采用实时时钟芯片。针对现实中对于实时时钟的需求，各大芯片生产商陆续推出了一系列的实时时钟芯片，如前面介绍过的DS1302和PCF8563、DS1287等。这些芯片具备秒、分、时、日、月、年计时功能和多点定时功能，计时数据自动更新，可通过中断或查询方式读取计时数据进行显示，因此，计时功能的实现无须占用CPU的时间，编程简单。但这种专用芯片一般成本较高，多用在对于时间要求严格的系统中，如门禁系统等。
- 方案二：软件控制。利用MCS-51单片机内部的定时/计数器进行定时，使用软件方法实现时、分、秒的计时。该方案节省成本，且能够锻炼读者对于定时/计数器、中断及程序设计方面的能力，本系统中采用软件方法实现计时。

2. 键盘和显示方案

在本系统中，只需设计四个按键就可以完成设计要求，分别为“调整时间”，“调整闹钟”，“数字加”，“数字减”，因此我们采用独立式按键来完成。

对于显示系统，通常有两种显示方式——动态显示和静态显示。

- 方案一：LED静态显示。采用静态显示方式占用I/O端口多，硬件开销大，不适合本系统。
- 方案二：共阳极LED动态显示。该方案硬件连接简单，但动态显示需要占用CPU较多的时间，在单片机没有太多实时任务的情况下可以采用。

本系统中选择动态显示方式。

8.3.3 硬件设计

1. 电路原理图

电脑钟电路使用AT89C51单片机为主控芯片，其内部带有4KB的Flash ROM，无须扩展程序存储器；片内的128字节的RAM也能满足电脑钟的数据暂存和运算的需求，也无须扩展RAM。

I/O端口分配方面：P3口作为共阳极数码管的数据端；通过三极管控制数码的阳极，实现动态显示，由单片机的P1.0~1.5控制；按键由单片机的P0.0~0.3组成独立按键；闹铃显示电路由P1.6和P1.7完成。

电脑钟系统的电路原理图如图8-8所示。

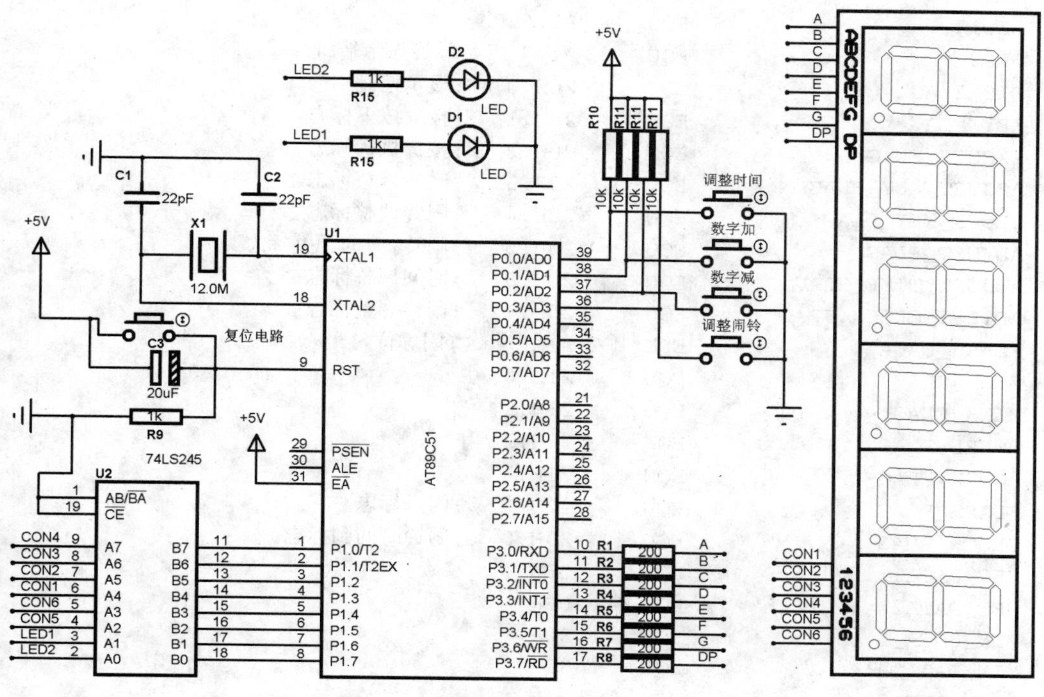

图 8-8　电脑钟原理图

2. 功能描述

电脑钟使用 6 位 LED 数码管来显示时间或闹铃时间，使用按键来调整时间或闹铃时间，功能与常见的电子表的功能相同，具体描述如下。

(1)　用 24 小时制进行计时，上电后先检测数码管是否显示正常，6 位数码管先全亮 0.5 秒，再全灭 0.5 秒；然后从 12:00:00 开始计时；闹钟的初始时间为 00:00:00。

(2)　按键的功能分别为“调整时间”、“数字加”、“数字减”、“调整闹钟”；调整时间时按“调整时间”键，每次按键依次调整分低位、分高位、时低位、时高位、完成调整；秒位不调，该位在调整时显示为 00，在调整某位时，该位显示开始闪烁，按加减按键可以按逻辑进行时间的调整；调整闹钟的方式与调整时间相似，在调整闹钟的过程中，计时继续，但显示闹钟的时间，调整完成，仍然显示计时时间。

(3)　闹铃时间到时，两个发光二极管闪烁 10 次后熄灭。

8.3.4　软件设计及流程图

1. 软件设计

根据系统设计方案和功能，软件的编写如下：

```
PORT_LED                    EQU     P3        ;控制数码管数据端
PORT_CS                     EQU     P1        ;控制数码管阳极
PORT_KEY                    EQU     P0        ;按键端口
```

```
LED1                    EQU     P1.6
LED2                    EQU     P1.7      ;闹铃显示端口
DIS_FLAG                EQU     20H.0     ;显示控制
KEY_FLAG                EQU     20H.1     ;按键按下标志
EXCUTE_FLAG             EQU     20H.2     ;按键执行标志
ADJUST_KEY_FLAG         EQU     20H.3     ;时间调整标志 1
CLOCK_KEY_FLAG          EQU     20H.4     ;闹铃调整标志 1
ADJUST_FLAG             EQU     20H.5     ;闹铃/时间调整标志
ADJUST_TIME_FLAG        EQU     20H.6     ;时间调整标志 2
ADJUST_CLOCK_FLAG       EQU     20H.7     ;闹铃调整标志 2
FLASH_DATA              EQU     21H       ;闪烁位
MINL_FLAG               EQU     21H.0
MINH_FLAG               EQU     21H.1
HOURL_FLAG              EQU     21H.2
HOURH_FLAG              EQU     21H.3
FLASH_FLAG              EQU     22H.0     ;闪烁标志
CLOCK_FLAG              EQU     23H.0     ;闹铃时间到标志
SEC_DATA1               EQU     0EH
SEC_DATA2               EQU     0FH
MIN_DATA_L              EQU     30H
MIN_DATA_H              EQU     31H
HOUR_DATA_L             EQU     32H
HOUR_DATA_H             EQU     33H       ;计时 RAM(分 时)
MIN_CLOCK_L             EQU     34H
MIN_CLOCK_H             EQU     35H
HOUR_CLOCK_L            EQU     36H
HOUR_CLOCK_H            EQU     37H       ;闹钟 RAM(分 时)
BAK_MIN_L               EQU     38H
BAK_MIN_H               EQU     39H
BAK_HOUR_L              EQU     3AH
BAK_HOUR_H              EQU     3BH       ;显示 RAM(分 时)
SEC_DATA_L              EQU     3CH
SEC_DATA_H              EQU     3DH       ;计时 RAM(秒)
BAK_SEC_L               EQU     3EH
BAK_SEC_H               EQU     3FH       ;显示 RAM(秒)
KEY_NEW                 EQU     40H       ;按键新键值
KEY_OLD                 EQU     41H       ;按键旧键值
KEY_COUNT               EQU     42H       ;去抖动计数
HOTKEY_COUNT            EQU     43H       ;连续加减按键计数
KEY_DATA                EQU     44H       ;按键键值
HOTKEY_COUNT1           EQU     45H
DIS_COUNT               EQU     50H       ;显示位控制
ADJUST_COUNT            EQU     51H
FLASH_COUNT1            EQU     52H
FLASH_COUNT2            EQU     53H
HALF_MIN_DATA           EQU     54H
        ORG     0000H
        LJMP    START
        ORG     000BH
```

```
        LJMP    INT_TIME0
        ORG     001BH
        LJMP    INT_TIME1
        ORG     100H
START:
        MOV     SP,#60H
        MOV     PORT_LED,#00H
        MOV     PORT_CS,#00H
        MOV     PORT_KEY,#0FFH
        MOV     R0,#7FH
CLEAR_RAM:
        MOV     @R0,#0
        DJNZ    R0,CLEAR_RAM                ;清空 RAM
        MOV     DIS_COUNT,#20H
        MOV     SEC_DATA_L,#0
        MOV     SEC_DATA_H,#0
        MOV     MIN_DATA_L,#0
        MOV     MIN_DATA_H,#0
        MOV     HOUR_DATA_L,#2
        MOV     HOUR_DATA_H,#1
        MOV     MIN_CLOCK_L,#0
        MOV     MIN_CLOCK_H,#0
        MOV     HOUR_CLOCK_L,#0
        MOV     HOUR_CLOCK_H,#0
        MOV     BAK_SEC_L,#0
        MOV     BAK_SEC_H,#0
        MOV     BAK_MIN_L,#0
        MOV     BAK_MIN_H,#0
        MOV     BAK_HOUR_L,#2
        MOV     BAK_HOUR_H,#1
        MOV     TMOD,#11H
        MOV     TH0,#0F8H
        MOV     TL0,#30H
        MOV     TH1,#0FEH
        MOV     TL1,#0CH
        SETB    ET0
        SETB    ET1
        SETB    PT0
        SETB    EA
        SETB    TR0
        SETB    TR1
        MOV     PORT_LED,#00H
        MOV     PORT_CS,#00H
        MOV     HALF_MIN_DATA,#0
LIGHT_ALL:
        NOP
        NOP
        MOV     A,HALF_MIN_DATA
        CJNE    A,#1,LIGHT_ALL
```

```
        MOV     PORT_LED,#00H
        MOV     PORT_CS,#03FH
NOT_LIGHT:
        NOP
        NOP
        MOV     A,HALF_MIN_DATA
        CJNE    A,#2,NOT_LIGHT
LOOP:
        JNB     EXCUTE_FLAG,DISPLAY_READ
        CLR     EXCUTE_FLAG
        CALL    KEY_EXCUTE                  ;按键执行
DISPLAY_READ:
        JNB     DIS_FLAG,END_DISPLAY
        CLR     DIS_FLAG
        CALL    DISPLAY                     ;显示执行
END_DISPLAY:
        JMP     LOOP
;************************************************************
;中断 0，时间计数
INT_TIME0:
        PUSH    PSW
        PUSH    ACC
        SETB    RS0
        CLR     RS1
        MOV     TH0,#0F0H
        MOV     TL0,#50H
        CALL    TIME_EXECUTE
        POP     ACC
        POP     PSW
        RETI
;************************************************************
;中断 1，按键判断和显示控制
INT_TIME1:
        PUSH    PSW
        PUSH    ACC
        SETB    RS1
        CLR     RS0
        MOV     TH1,#0F8H
        MOV     TL1,#2FH
        SETB    DIS_FLAG
        CALL    SCAN_KEY
        JNB     ADJUST_FLAG,INT_TIME1_END
        INC     FLASH_COUNT1
        MOV     A,FLASH_COUNT1
        CJNE    A,#250,INT_TIME1_END
        MOV     FLASH_COUNT1,#0
        INC     FLASH_COUNT2
        MOV     A,FLASH_COUNT2
        CJNE    A,#3,INT_TIME1_END
```

```
        MOV     FLASH_COUNT2,#0
        CPL     FLASH_FLAG
INT_TIME1_END:
        POP     ACC
        POP     PSW
        RETI
;**********************************************************
;计时控制子程序
TIME_EXECUTE:
        JB      ADJUST_TIME_FLAG,NOT_ADD_SEC
        INC     R7
        CJNE    R7,#125,NOT_CPLLED
        INC     HALF_MIN_DATA
NOT_CPLLED:
        CJNE    R7,#247,NOT_ADD_SEC
        MOV     R7,#0
        CALL    TIME_ADD
NOT_ADD_SEC:
        JNB     CLOCK_FLAG,TIME_EXECUTE_END
        CPL     LED1
        CPL     LED2
        MOV     A,HALF_MIN_DATA
        CJNE    A,#10,TIME_EXECUTE_END
        CLR     CLOCK_FLAG
        CLR     LED1
        CLR     LED2
TIME_EXECUTE_END:
        RET
;**********************************************************
;时间计数子程序
TIME_ADD:
        INC     SEC_DATA_L
        MOV     A,SEC_DATA_L
        CJNE    A,#10,TIME_ADD_END
        MOV     SEC_DATA_L,#0
        INC     SEC_DATA_H
        MOV     A,SEC_DATA_H
        CJNE    A,#6,TIME_ADD_END
        MOV     SEC_DATA_H,#0
        INC     MIN_DATA_L
        CALL    CLOCK_TEST
        MOV     A,MIN_DATA_L
        CJNE    A,#10,TIME_ADD_END
        MOV     MIN_DATA_L,#0
        INC     MIN_DATA_H
        MOV     A,MIN_DATA_H
        CJNE    A,#6,TIME_ADD_END
        MOV     MIN_DATA_H,#0
        INC     HOUR_DATA_L
```

```
        MOV     A,HOUR_DATA_L
        CJNE    A,#4,HOUR_DATA_JUDGE
        MOV     A,HOUR_DATA_H
        CJNE    A,#2,TIME_ADD_END
        MOV     HOUR_DATA_L,#0
        MOV     HOUR_DATA_H,#0
        JMP     TIME_ADD_END
HOUR_DATA_JUDGE:
        MOV     A,HOUR_DATA_L
        CJNE    A,#10,TIME_ADD_END
        MOV     HOUR_DATA_L,#0
        INC     HOUR_DATA_H
        JMP     TIME_ADD_END
TIME_ADD_END:
        JB      ADJUST_CLOCK_FLAG,TIME_ADD_END1
        CALL    DATA_BACK
TIME_ADD_END1:
        RET
;************************************************************
;闹铃时间判断子程序
CLOCK_TEST:
        MOV     A,HOUR_DATA_H
        XRL     A,HOUR_CLOCK_H
        JNZ     CLOCK_TEST_END
        MOV     A,HOUR_DATA_L
        XRL     A,HOUR_CLOCK_L
        JNZ     CLOCK_TEST_END
        MOV     A,MIN_DATA_H
        XRL     A,MIN_CLOCK_H
        JNZ     CLOCK_TEST_END
        MOV     A,MIN_DATA_L
        XRL     A,MIN_CLOCK_L
        JNZ     CLOCK_TEST_END
        SETB    CLOCK_FLAG
        MOV     HALF_MIN_DATA,#0
CLOCK_TEST_END:
        RET
;************************************************************
BACK_DATA:
        MOV     A,MIN_DATA_L
        MOV     BAK_MIN_L,A
        MOV     A,MIN_DATA_H
        MOV     BAK_MIN_H,A
        MOV     A,HOUR_DATA_L
        MOV     BAK_HOUR_L,A
        MOV     A,HOUR_DATA_H
        MOV     BAK_HOUR_H,A
        MOV     A,SEC_DATA_L
        MOV     BAK_SEC_L,A
```

```
        MOV     A,SEC_DATA_H
        MOV     BAK_SEC_H,A
        RET
;********************************************************
;显示控制子程序
DISPLAY:
        MOV     A,DIS_COUNT
        RL      A
        MOV     DIS_COUNT,A
        CJNE    A,#40H,DISPLAY_MIN_DATA_H
DISPLAY_MIN_DATA_L:
        MOV     DIS_COUNT,#1
        CALL    DISPLAY_MIN_DATA_LOW
        JMP     DISPLAY_END
DISPLAY_MIN_DATA_H:
        CJNE    A,#2,DISPLAY_HOUR_DATA_L
        CALL    DISPLAY_MIN_DATA_HIGH
        JMP     DISPLAY_END
DISPLAY_HOUR_DATA_L:
        CJNE    A,#4,DISPLAY_HOUR_DATA_H
        CALL    DISPLAY_HOUR_DATA_LOW
        JMP     DISPLAY_END
DISPLAY_HOUR_DATA_H:
        CJNE    A,#8,DISPLAY_SEC_DATA_L
        CALL    DISPLAY_HOUR_DATA_HIGH
        JMP     DISPLAY_END
DISPLAY_SEC_DATA_L:
        CJNE    A,#10H,DISPLAY_SEC_DATA_H
        CALL    DISPLAY_SEC_DATA_LOW
        JMP     DISPLAY_END
DISPLAY_SEC_DATA_H:
        CJNE    A,#20H,DISPLAY_MIN_DATA_L
        CALL    DISPLAY_SEC_DATA_HIGH
        JMP     DISPLAY_END
DISPLAY_END:
        RET
;********************************************************
;显示分低位子程序
DISPLAY_MIN_DATA_LOW:
        JNB     ADJUST_FLAG,DISPLAY_MIN_DATA_LOW1
        JNB     MINL_FLAG,DISPLAY_MIN_DATA_LOW1
        JNB     FLASH_FLAG,DISPLAY_MIN_DATA_LOW1
        CALL    CLR_PORT_CS
        JMP     DISPLAY_MIN_DATA_LOW_END
DISPLAY_MIN_DATA_LOW1:
        CALL    SET_PORT_CS
        MOV     A,BAK_MIN_L
        MOV     DPTR,#TABLE
        MOVC    A,@A+DPTR
```

```
        MOV        PORT_LED,A
DISPLAY_MIN_DATA_LOW_END:
        RET
;*******************************************************
;显示分高位子程序
DISPLAY_MIN_DATA_HIGH:
        JNB        ADJUST_FLAG,DISPLAY_MIN_DATA_HIGH1
        JNB        MINH_FLAG,DISPLAY_MIN_DATA_HIGH1
        JNB        FLASH_FLAG,DISPLAY_MIN_DATA_HIGH1
        CALL       CLR_PORT_CS
        JMP        DISPLAY_MIN_DATA_HIGH_END
DISPLAY_MIN_DATA_HIGH1:
        CALL       SET_PORT_CS
        MOV        A,BAK_MIN_H
        MOV        DPTR,#TABLE
        MOVC       A,@A+DPTR
        MOV        PORT_LED,A
DISPLAY_MIN_DATA_HIGH_END:
        RET
;*******************************************************
;显示时低位子程序
DISPLAY_HOUR_DATA_LOW:
        JNB        ADJUST_FLAG,DISPLAY_HOUR_DATA_LOW1
        JNB        HOURL_FLAG,DISPLAY_HOUR_DATA_LOW1
        JNB        FLASH_FLAG,DISPLAY_C/THOUR_DATA_LOW1
        CALL       CLR_PORT_CS
        JMP        DISPLAY_HOUR_DATA_LOW_END
DISPLAY_HOUR_DATA_LOW1:
        CALL       SET_PORT_CS
        MOV        A,BAK_HOUR_L
        MOV        DPTR,#TABLE
        MOVC       A,@A+DPTR
        MOV        PORT_LED,A
DISPLAY_HOUR_DATA_LOW_END:
        RET
;*******************************************************
;显示时高位子程序
DISPLAY_HOUR_DATA_HIGH:
        JNB        ADJUST_FLAG,DISPLAY_HOUR_DATA_HIGH1
        JNB        HOURH_FLAG,DISPLAY_HOUR_DATA_HIGH1
        JNB        FLASH_FLAG,DISPLAY_HOUR_DATA_HIGH1
        CALL       CLR_PORT_CS
        JMP        DISPLAY_HOUR_DATA_HIGH_END
DISPLAY_HOUR_DATA_HIGH1:
        CALL       SET_PORT_CS
        MOV        A,BAK_HOUR_H
        MOV        DPTR,#TABLE
        MOVC       A,@A+DPTR
        MOV        PORT_LED,A
```

```
DISPLAY_HOUR_DATA_HIGH_END:
        RET
;**********************************************************
;显示秒低位子程序
DISPLAY_SEC_DATA_LOW:
        CALL    SET_PORT_CS
        JNB     ADJUST_FLAG,DISPLAY_SEC_DATA_LOW1
        MOV     A,#0
        JMP     DISPLAY_SEC_DATA_LOW_END
DISPLAY_SEC_DATA_LOW1:
        MOV     A,BAK_SEC_L
DISPLAY_SEC_DATA_LOW_END:
        MOV     DPTR,#TABLE
        MOVC    A,@A+DPTR
        MOV     PORT_LED,A
        RET
;**********************************************************
;显示秒高位子程序
DISPLAY_SEC_DATA_HIGH:
        CALL    SET_PORT_CS
        JNB     ADJUST_FLAG,DISPLAY_SEC_DATA_HIGH1
        MOV     A,#0
        JMP     DISPLAY_SEC_DATA_HIGH_END
DISPLAY_SEC_DATA_HIGH1:
        MOV     A,BAK_SEC_H
DISPLAY_SEC_DATA_HIGH_END:
        MOV     DPTR,#TABLE
        MOVC    A,@A+DPTR
        MOV     PORT_LED,A
        RET
;**********************************************************
;控制数码管阳极子程序
SET_PORT_CS:
        MOV     A,PORT_CS
        ANL     A,#0C0H
        ORL     A,DIS_COUNT
        CPL     A
        MOV     PORT_CS,A
        NOP
        NOP
        RET
;**********************************************************
;关显示子程序
CLR_PORT_CS:
        MOV     A,PORT_CS
        ORL     A,#3FH
        MOV     PORT_CS,A
        RET
TABLE:
```

```
DB      0C0H,0F9H,0A4H,0B0H,99H,92H,82H,0F8H,80H,90H
;**************************************************************
;扫描按键子程序
SCAN_KEY:
        JB      KEY_FLAG,CONTINUE_KEY
        MOV     A,PORT_KEY
        ANL     A,#1FH
        MOV     R6,A
        XRL     A,#1FH
        JZ      SCAN_KEY_END
        MOV     A,R6
        MOV     KEY_NEW,A
        XRL     A,KEY_OLD
        JNZ     RE_KEY_JUDGE
        INC     KEY_COUNT
        MOV     A,KEY_COUNT
        CJNE    A,#40,SCAN_KEY_END
        MOV     A,KEY_OLD
        MOV     KEY_DATA,A
        SETB    KEY_FLAG
        SETB    EXCUTE_FLAG
        JMP     SCAN_KEY_END
RE_KEY_JUDGE:
        MOV     A,KEY_NEW
        MOV     KEY_OLD,A
        MOV     KEY_COUNT,#0
        MOV     HOTKEY_COUNT,#0
        JMP     SCAN_KEY_END
CONTINUE_KEY:
        MOV     A,PORT_KEY
        ANL     A,#1FH
        MOV     R7,A
        XRL     A,#1FH
        JZ      KEY_FINISHED
        ANL     A,#06H
        JZ      SCAN_KEY_END
        MOV     A,R7
        XRL     A,KEY_OLD
        JNZ     SCAN_KEY_END
        INC     HOTKEY_COUNT
        MOV     A,HOTKEY_COUNT
        CJNE    A,#200,SCAN_KEY_END
        MOV     HOTKEY_COUNT,#0
        MOV     A,KEY_OLD
        MOV     KEY_DATA,A
        SETB    EXCUTE_FLAG
        MOV     HOTKEY_COUNT,#0
        JMP     SCAN_KEY_END
KEY_FINISHED:
```

```
        CLR     KEY_FLAG
        MOV     KEY_COUNT,#0
        MOV     HOTKEY_COUNT,#0
        MOV     HOTKEY_COUNT1,#0
        JMP     SCAN_KEY_END
SCAN_KEY_END:
        RET
;************************************************************
;按键执行控制子程序
KEY_EXCUTE:
        CLR     FLASH_FLAG
        MOV     FLASH_COUNT1,#0
        MOV     FLASH_COUNT2,#0
        MOV     A,KEY_OLD
        CJNE    A,#1EH,ADD_KEY_JUDGE
        CALL    ADJUST_KEY_EXCUTE
        JMP     KEY_EXCUTE_END
ADD_KEY_JUDGE:
        CJNE    A,#1BH,DEC_KEY_JUDGE
        CALL    ADD_KEY_EXCUTE
        JMP     KEY_EXCUTE_END
DEC_KEY_JUDGE:
        CJNE    A,#1DH,CLOCK_KEY_JUDGE
        CALL    DEC_KEY_EXCUTE
        JMP     KEY_EXCUTE_END
CLOCK_KEY_JUDGE:
        CJNE    A,#17H,KEY_EXCUTE_END
        CALL    CLOCK_KEY_EXCUTE
        JMP     KEY_EXCUTE_END
KEY_EXCUTE_END:
        RET
;************************************************************
;执行时间调整控制子程序
ADJUST_KEY_EXCUTE:
        JB      CLOCK_KEY_FLAG,ADJUST_KEY_END
        JB      ADJUST_KEY_FLAG,ADJUST_KEY_EXCUTE1
        SETB    ADJUST_KEY_FLAG
        SETB    ADJUST_FLAG
        SETB    ADJUST_TIME_FLAG
        MOV     FLASH_DATA,#80H
        CLR     FLASH_FLAG
        MOV     SEC_DATA_L,#0
        MOV     SEC_DATA_H,#0
        MOV     A,SEC_DATA_L
        MOV     BAK_SEC_L,A
        MOV     A,SEC_DATA_H
        MOV     BAK_SEC_H,A
        MOV     A,MIN_DATA_L
        MOV     BAK_MIN_L,A
```

```
        MOV     A,MIN_DATA_H
        MOV     BAK_MIN_H,A
        MOV     A,HOUR_DATA_L
        MOV     BAK_HOUR_L,A
        MOV     A,HOUR_DATA_H
        MOV     BAK_HOUR_H,A
ADJUST_KEY_EXCUTE1:
        MOV     A,FLASH_DATA
        RL      A
        MOV     FLASH_DATA,A
        INC     ADJUST_COUNT
        MOV     A,ADJUST_COUNT
        CJNE    A,#5,ADJUST_KEY_END
        MOV     ADJUST_COUNT,#0
        MOV     FLASH_COUNT1,#0
        MOV     FLASH_DATA,#80H
        CLR     ADJUST_KEY_FLAG
        CLR     ADJUST_FLAG
        CLR     ADJUST_TIME_FLAG
        MOV     A,BAK_MIN_L
        MOV     MIN_DATA_L,A
        MOV     A,BAK_MIN_H
        MOV     MIN_DATA_H,A
        MOV     A,BAK_HOUR_L
        MOV     HOUR_DATA_L,A
        MOV     A,BAK_HOUR_H
        MOV     HOUR_DATA_H,A
        JMP     ADJUST_KEY_END
ADJUST_KEY_END:
        RET
;************************************************************
;执行闹钟调整控制子程序
CLOCK_KEY_EXCUTE:
        JB      ADJUST_KEY_FLAG,CLOCK_KEY_END
        JB      CLOCK_KEY_FLAG,CLOCK_KEY_EXCUTE1
        SETB    CLOCK_KEY_FLAG
        SETB    ADJUST_FLAG
        SETB    ADJUST_CLOCK_FLAG
        MOV     FLASH_DATA,#80H
        CLR     FLASH_FLAG
        MOV     ADJUST_COUNT,#0
        MOV     FLASH_COUNT1,#0
        CLR     LED1
        CLR     LED2
        MOV     A,MIN_CLOCK_L
        MOV     BAK_MIN_L,A
        MOV     A,MIN_CLOCK_H
        MOV     BAK_MIN_H,A
        MOV     A,HOUR_CLOCK_L
```

```
        MOV     BAK_HOUR_L,A
        MOV     A,HOUR_CLOCK_H
        MOV     BAK_HOUR_H,A
CLOCK_KEY_EXCUTE1:
        MOV     A,FLASH_DATA
        RL      A
        MOV     FLASH_DATA,A
        INC     ADJUST_COUNT
        MOV     A,ADJUST_COUNT
        CJNE    A,#5,CLOCK_KEY_END
        CLR     CLOCK_KEY_FLAG
        CLR     ADJUST_FLAG
        CLR     ADJUST_CLOCK_FLAG
        MOV     ADJUST_COUNT,#0
        MOV     FLASH_DATA,#80H
        MOV     A,BAK_MIN_L
        MOV     MIN_CLOCK_L,A
        MOV     A,BAK_MIN_H
        MOV     MIN_CLOCK_H,A
        MOV     A,BAK_HOUR_L
        MOV     HOUR_CLOCK_L,A
        MOV     A,BAK_HOUR_H
        MOV     HOUR_CLOCK_H,A
        MOV     A,MIN_DATA_L
        MOV     BAK_MIN_L,A
        MOV     A,MIN_DATA_H
        MOV     BAK_MIN_H,A
        MOV     A,HOUR_DATA_L
        MOV     BAK_HOUR_L,A
        MOV     A,HOUR_DATA_H
        MOV     BAK_HOUR_H,A
        JMP     CLOCK_KEY_END
CLOCK_KEY_END:
        RET
;***********************************************************
;执行时间/闹铃数据加子程序
ADD_KEY_EXCUTE:
        JNB     ADJUST_FLAG,ADD_KEY_EXCUTE_END
        MOV     A,ADJUST_COUNT
        CJNE    A,#1,ADD_MIN_H
ADD_MIN_L:
        INC     BAK_MIN_L
        MOV     A,BAK_MIN_L
        CJNE    A,#10,ADD_KEY_EXCUTE_END
        MOV     BAK_MIN_L,#0
        JMP     ADD_KEY_EXCUTE_END
ADD_MIN_H:
        CJNE    A,#2,ADD_HOUR_L
        INC     BAK_MIN_H
```

```
        MOV      A,BAK_MIN_H
        CJNE     A,#6,ADD_KEY_EXCUTE_END
        MOV      BAK_MIN_H,#0
        JMP      ADD_KEY_EXCUTE_END
ADD_HOUR_L:
        CJNE     A,#3,ADD_HOUR_H
        INC      BAK_HOUR_L
        MOV      A,BAK_HOUR_L
        CJNE     A,#4,ADD_HOUR_L1
        MOV      A,BAK_HOUR_H
        CJNE     A,#2,ADD_KEY_EXCUTE_END
        MOV      BAK_HOUR_L,#0
        JMP      ADD_KEY_EXCUTE_END
ADD_HOUR_L1:
        CJNE     A,#10,ADD_KEY_EXCUTE_END
        MOV      BAK_HOUR_L,#0
        JMP      ADD_KEY_EXCUTE_END
ADD_HOUR_H:
        CJNE     A,#4,ADD_HOUR_H
        INC      BAK_HOUR_H
        MOV      A,BAK_HOUR_H
        CJNE     A,#2,ADD_HOUR_H1
        MOV      A,BAK_HOUR_L
        CLR      C
        SUBB     A,#3
        JC       ADD_KEY_EXCUTE_END
        MOV      BAK_HOUR_H,#0
        JMP      ADD_KEY_EXCUTE_END
ADD_HOUR_H1:
        CJNE     A,#3,ADD_KEY_EXCUTE_END
        MOV      BAK_HOUR_H,#0
        JMP      ADD_KEY_EXCUTE_END
ADD_KEY_EXCUTE_END:
        RET
;************************************************************
;执行时间/闹铃数据减子程序
DEC_KEY_EXCUTE:
        JNB      ADJUST_FLAG,DEC_KEY_EXCUTE_END
        MOV      A,ADJUST_COUNT
        CJNE     A,#1,DEC_MIN_H
DEC_MIN_L:
        DEC      BAK_MIN_L
        MOV      A,BAK_MIN_L
        CJNE     A,#0FFH,DEC_KEY_EXCUTE_END
        MOV      BAK_MIN_L,#9
        JMP      DEC_KEY_EXCUTE_END
DEC_MIN_H:
        CJNE     A,#2,DEC_HOUR_L
        DEC      BAK_MIN_H
```

```
        MOV     A,BAK_MIN_H
        CJNE    A,#0FFH,DEC_KEY_EXCUTE_END
        MOV     BAK_MIN_H,#5
        JMP     DEC_KEY_EXCUTE_END
DEC_HOUR_L:
        CJNE    A,#3,DEC_HOUR_H
        DEC     BAK_HOUR_L
        MOV     A,BAK_HOUR_L
        CJNE    A,#0FFH,DEC_KEY_EXCUTE_END
        MOV     A,BAK_HOUR_H
        CJNE    A,#2,DEC_HOUR_L1
        MOV     BAK_HOUR_L,#3
        JMP DEC_KEY_EXCUTE_END
DEC_HOUR_L1:
        MOV     BAK_HOUR_L,#9
        JMP     DEC_KEY_EXCUTE_END
DEC_HOUR_H:
        CJNE    A,#4,DEC_HOUR_H
        DEC     BAK_HOUR_H
        MOV     A,BAK_HOUR_H
        CJNE    A,#0FFH,DEC_KEY_EXCUTE_END
        MOV     A,BAK_HOUR_L
        CLR     C
        SUBB    A,#4
        JNC     DEC_HOUR_H1
        MOV     BAK_HOUR_H,#2
        JMP     DEC_KEY_EXCUTE_END

DEC_HOUR_H1:
        MOV     BAK_HOUR_H,#1
        JMP     DEC_KEY_EXCUTE_END

DEC_KEY_EXCUTE_END:
        RET
        END
```

2. 流程图

软件的设计分为以下几个模块。

- 主程序：初始化、显示执行和按键执行。
- 计时和闹铃判断：在 TIMER0 中完成。
- 按键判断和显示时间：在 TIMER1 中完成。

由于动态扫描和按键判断的流程图在以前章节已有介绍，这里只给出主程序、计时和闹铃判断模块的流程图。

主程序的流程图如 8-9 所示。

计时和闹铃判断模块的流程图如图 8-10 所示。

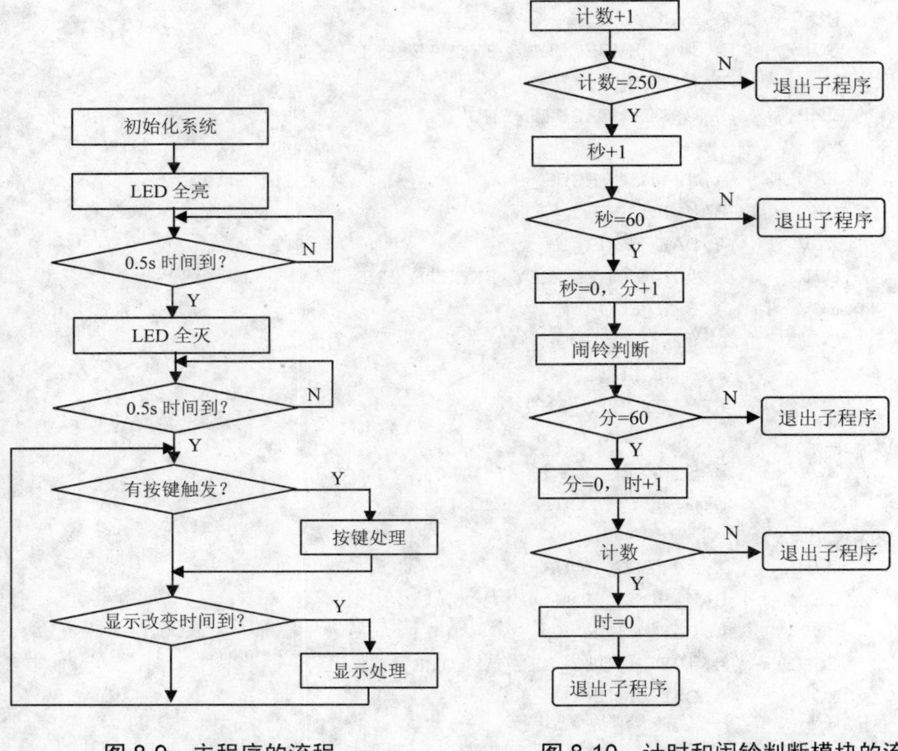

图 8-9　主程序的流程

图 8-10　计时和闹铃判断模块的流程

习　题　8

(1)　根据 LED 大屏幕扩展原则，设计出 320×32 点阵的 LED 大屏幕显示电路，并简述编程要点。

(2)　电脑钟是如何实现时、分、秒的计时的？试调整电子钟程序中的计时模块，使计时的误差更小。

第 9 章　MCS-51 单片机的 C51 程序设计

随着开发工具及集成电路技术的发展，在开发大型的单片机应用系统时，使用高级语言更加有利。专门针对 8051 系列单片机开发出来的 C 语言编译器(简称 C51)可编译生成能够在 8051 系列单片机上运行的目标程序。目前针对 8051 系列单片机开发出来的编译器有多种，包括 Franklin C51、Keil C51 for Windows 等。本章主要介绍单片机高级语言 C51 的语法、数据结构、语句函数的分类以及简单的 C51 程序设计，重点要求掌握 C51 的语法、数据结构、语句函数等，以达到设计简单的应用程序的目的。

9.1　C51 语言概述和程序结构

9.1.1　C51 语言的特点

C 语言是一种通用的计算机程序设计语言，在国际上十分流行，它既可用来编写计算机的系统程序，也可用来编写一般的应用程序。以前计算机的系统软件主要是用汇编语言编写的，对于单片机应用系统来说更是如此。由于汇编语言程序的可读性和可移植性都较差，采用汇编语言编写单片机应用系统程序的周期长，而且调试和除错也比较困难。为了提高编制计算机系统和应用程序的效率，改善程序的可读性和可移植性，最好采用高级语言编程。一般的高级语言难以实现像汇编语言那样对于计算机硬件直接进行操作(如对内存地址的操作、移位操作等)的功能。而 C 语言既具有一般高级语言的特点，又能直接对计算机的硬件进行操作，并且采用 C 语言编写的程序能够很容易地在不同类型的计算机之间进行移植，因此，C 语言的应用范围越来越广泛。与其他计算机高级语言相比，C 语言具有其自身的特点。可以用 C 语言来编写科学计算或其他应用程序，但 C 语言更适合于编写计算机的操作系统程序以及其他一些需要对机器硬件进行操作的程序，有的大型应用软件也采用 C 语言进行编写，这主要是因为 C 语言具有很好的可移植性和硬件控制能力，另外 C 语言表达和运算能力也比较强。许多以前只能采用汇编语言来解决的问题，现在可以改用 C 语言来解决。概括地说，C 语言具有以下一些特点。

(1)　语言简洁，使用方便灵活。C 语言是现有程序设计语言中规模最小的语言之一，而小的语言体系往往能设计出较好的程序。C 语言的关键字很少，ANSIC 标准一共只有 32 个关键字，9 种控制语句，压缩了一切不必要的成分。C 语言的书写形式比较自由，表示方法简洁。使用一些简单的方法就可以构造出相当复杂的数据类型和程序结构。

(2)　可移植性好。即使是功能完全相同的一种程序，对于不同的机器，也必须采用不同的汇编语言来编写。这是因为汇编语言完全依赖于机器硬件，因而通常具有不可移植性。C 语言是通过编译来得到可执行代码的。统计资料表明，不同机器上的 C 语言编译程序 80% 的代码是通用的，C 语言的编译程序便于移植，从而使在一种机器上使用的 C 语言程序，

可以不加修改或稍加修改，即可方便地移植到另一种机器上去。

(3) 表达能力强。C 语言具有丰富的数据结构类型和多种运算符，可以根据需要采用整型、实型、字符型、数组类型、指针类型、结构类型、联合类型等多种数据类型来实现各种复杂的数据结构运算。C 语言还具有多种运算符，灵活使用各种运算符可以实现其他高级语言难以实现的运算。

(4) 表达方式灵活。利用 C 语言提供的多种运算符，可以组成各种表达式，还可以采用多种方法来获得表达式的值，从而使用户在程序设计中具有更大的灵活性。C 语言的语法规则不太严格，程序设计的自由度比较大，程序的书写格式自由灵活，程序主要用小写字母来编写，而小写字母比较容易阅读，这些充分体现了 C 语言灵活、方便和实用的特点。

(5) 可进行结构化程序设计。C 语言以函数作为程序设计的基本单位，C 语言程序中的函数相当于一般语言中的子程序。C 语言对于输入和输出的处理也是通过函数调用来实现的。各种 C 语言编译器都会提供一个函数库，其中包含有许多标准函数，如各种数学函数、标准输入输出函数等。此外 C 语言还具有自定义函数的功能，用户可以根据自己的需要编制满足需要的自定义函数，实际上，C 语言程序就是由许多个函数组成的，一个函数即相当于一个程序模块，因此 C 语言可以很容易地进行结构化程序设计。

(6) 可以直接操作计算机硬件。C 语言具有直接访问机器物理地址的能力，Keil 51 的 C51 编译器和 Franklin 的 C51 编译器都可以直接对 8051 单片机的内部特殊功能寄存器和 I/O 口进行操作，可以直接访问片内或片外存储器，还可以进行各种位操作。

(7) 生成的目标代码质量高。众所周知，汇编语言程序目标代码的效率是最高的，这就是为什么汇编语言仍是编写计算机系统软件的主要工具的原因。但是统计表明，对于同一个问题，用 C 语言编写的程序生成代码的效率仅比用汇编语言编写的程序低 10%~20%，Keil 51 的 C51 编译器和 Franklin 的 C51 编译器都能够产生极其简洁、效率极高的程序代码，在代码质量上可以与汇编语言程序相媲美。

尽管 C 语言具有很多优点，但与其他任何一种程序设计语言一样也有其自身的缺点，如不能自动检查数组的边界、各种运算符的优先级别太多、某些运算符具有多种用途等。但总的来说，C 语言的优点远远超过了它的缺点，经验表明，程序设计人员一旦学会了使用 C 语言，就会对它爱不释手，尤其是单片机应用系统的程序设计人员更是如此。

9.1.2 程序结构

C 语言程序是由若干个函数单元组成的，每个函数都是完成某个特殊任务的子程序段。

组成一个程序的若干个函数可以保存在一个源程序文件中，也可以保存在几个源程序文件中，最后再将它们连接在一起。

C 语言源程序文件的扩展名为“.C”，例如 SAMPLE1.C、SAMPLE1.C 等。

一个 C 语言程序必须有而且只能有一个名为 main()的函数，它是一个特殊的函数，也称为该程序的主函数，程序的执行都是从 main()函数开始的。

下面我们先来看一个简单的程序例子。

【例 9-1】已知 x=10，y=20，计算 z=x+y 的结果。

可以编写如下 C 语言程序：

```
main()                          /*主函数名*/
{                               /*主函数体开始*/
    int x, y, z;                /*主函数内部变量类型说明*/
    x=10; y=20;                 /*变量赋值*/
    z=x+y;                      /*计算 z=x+y 的值*/
}                               /*程序结束*/
```

本例中 main 是主函数名，要执行的主函数的内容称为主函数体，主函数体用花括号{}围起来。函数体中包含若干条将被执行的程序语句，每条语句都必须以分号“;”为结束符。

为了使程序便于阅读和理解，可以给程序加上一些注释。C 语言的注释部分由符号“/*”开始，由符号“*/”结束，或在符号“//”之后。在“/*”和“*/”之间的内容即为注释内容，注释内容可在一行写完，也可以分成几行来写。注释部分不参加编译，编译时注释的内容不产生可执行代码。注释在程序中的作用是很重要的，一个良好的程序设计者应该在程序中使用足够的注释来说明整个程序的功能、有关算法和注意事项等。需要注意的是，C 语言中的注释不能嵌套，即在“/*”和“*/”之间不允许再次出现“/*”和“*/”。

本例的程序是很简单的，它只有一个主函数 main()。一般情况下，一个 C 语言程序除了必须有一个主函数之外，还可能有若干个其他的功能函数。下面我们再来看一个例子。

【例 9-2】求最大值。程序代码如下：

```
#include <stdio.h>                  /*预处理命令*/
#include <reg51.h>
main()                              /*主函数名*/
{                                   /*主函数体开始*/
    int a, A, c;                    /*主函数的内部变量类型说明*/
    int max(int x, int y);          /*功能函数 max 及其形式参数说明*/
    SCON = 0x52;                    /*8051 单片机串行口初始化*/
    TMOD = 0x20;
    TCON = 0x69;
    TH1 = 0x0f3;
    TL1 = 0x0f3;
    scanf("%d%d", &a, &A);          /*输入变量 a 和 A 的值*/
    c = max(a, A);                  /*调用 max 函数*/
    printf("max=%d", c);            /*输出变量 c 的值*/
}                                   /*主程序结束*/
int max(int x, int y)               /*定义 max 函数，x、y 为形式参数*/
{                                   /*max 函数体开始*/
    int z;                          /*max 函数内部变量类型说明*/
    if(x>y) z=x;                    /*计算最大值*/
    else z=y;
    return(z);                      /*将计算得到的最大值返回到调用处*/
}                                   /*max 函数结束*/
```

在本例程序的开始处使用了预处理命令#include，它告诉编译器在编译时将头文件 stdio.h 和 reg51.h 读入后一起编译。在头文件 stdio.h 中包括了对标准输入输出函数的说明，在头文件 reg51.h 中包括了对 8051 单片机特殊功能寄存器的说明。本程序中除了 main0 函数之外，还用到了功能函数调用。函数 max 是一个被调用的功能函数，其作用是将变量 x 和 y 中较大者的值赋给变量 z，并通过 return 语句将它的值返回到 main()函数的调用处。变量 x 和 y 在函数 max 中是一种形式变量，它的实际值是通过 main()函数中的调用语句传送过来的。此外，ANSIC 标准规定函数必须要“先说明，后调用”，因此在 main()函数的开始处，将函数 max 与变量一起进行了说明。

本例在 main()函数中调用了库函数 scanf 和 printf，它们分别是输入库函数和输出库函数，C 语言本身没有输入输出功能，输入输出是通过函数调用来实现的。需要说明的一点是，Franklin 的 C51 和 Keil 51 的 C51 提供的输入输出库函数是通过 8051 系列单片机的串行口来实现输入输出的，因此在调用库函数 scanf 和 printf 之前，必须先对 8051 单片机的串行口进行初始化。但是对于单片机应用系统来说，由于具体要求的不同，应用系统的输入输出方式多种多样，不可能一律采用串行口作输入和输出。因此应该根据实际需要，由应用系统的研制人员自己来编写满足特定需要的输入输出函数，这一点对于单片机应用系统的开发研制人员来说是十分重要的。

另外，我们在程序中还可以看到小写字母 a 和大写字母 A，它们分别是两种不同的变量，C 语言规定同一个字母由于其大小写的不同可以代表两个不同的变量，这也是 C 语言的一个特点。一般的习惯是在普通情况下采用小写字母，对于一些具有特殊意义的变量或常数采用大写字母，如本例中所用到的 8051 单片机特殊功能寄存器 SCON、TMOD、TCON 和 TH1 等(注意 SCON 和 scon 因大小写不同，所以是两个完全不同的变量)。

从以上两个例子可以看到，一般 C 语言程序具有如下的结构：

```
#include <reg51.h>          /*预处理命令*/
long fun1();                /*函数说明*/
float fun2();
fun1()                      /*功能函数 1*/
{
    ...                     /*函数体*/
}
main()                      /*主函数*/
{
    ...                     /*主函数体*/
}
fun2()                      /*功能函数 2*/
{
    ...                     /*函数体*/
}
```

C 语言程序的开始部分通常是预处理命令，如上面程序中的#include 命令。这个预处理命令通知编译器在对程序进行编译时，将所需要的头文件读入后再一起进行编译。一般在头文件中包含有程序在编译时的一些必要的信息，通常 C 语言编译器都会提供若干个不同用途的头文件。头文件的读入是在对程序进行编译时才完成的。

C 语言程序是由函数所组成的。一个 C 语言程序至少应包含一个主函数 main()，也可以包含若干个其他的功能函数。函数之间可以相互调用，但 main()函数只能调用其他的功能函数，而不能被其他函数所调用。功能函数可以是 C 语言编译器提供的库函数，也可以由用户按实际需要自行编写。不管 main()函数处于程序中的什么位置，程序总是从 main()函数开始执行。

一个函数由“函数定义”和“函数体”两个部分组成。函数定义部分包括由函数类型、函数名、形式参数说明等，函数名后面必须跟一个圆括号()，形式参数说明在()内进行。函数也可以没有形式参数，如 main()。函数体由一对花括弧{}组成，在{}里面的内容就是函数体，如果一个函数有多个{}，则最外面的一对{}为函数体的范围。函数体的内容为若干条语句，一般有两类语句，一类为说明语句，用来对函数中将要用到的变量进行定义；另一类为执行语句，用来完成一定的功能或算法。有的函数体仅有一对{}，其中既没有变量定义语句，也没有执行语句，这也是合法的，称为“空函数”。

C 语言源程序可以采用任何一种编辑器来编写，如 edit 或记事本等。C 语言程序的书写格式十分自由。一条语句可以写成一行，也可以写成几行，还可以在一行内写多条语句。但是需要注意的是，每条语句都必须以分号“;”作为结束符。虽然 C 语言程序不要求具有固定的格式，但我们在实际编写程序时还是应该遵守一定的规则，一般应按程序的功能以“缩进”形式来写程序，同时还应在适当的地方加上必要的注释。注释对于比较大的程序来说是十分重要的，一个较大的程序如果没有注释，过了一段时间之后，恐怕连程序编制者自己也难以明白原来程序的内容，更不用说让别人来阅读或修改程序了。

9.2 标识符和关键字

C 语言的标识符是用来标识源程序中某个对象名字的。这些对象可以是函数、变量、常量、数组、数据类型、存储方式和语句等。一个标识符由字符串、数字和下划线等组成，第一个字符必须是字母或下划线，通常以下划线开头的标识符是编译系统专用的，因此在编写 C 语言源程序时一般不要使用以下划线开头的标识符。C51 编译器规定标识符最长可达 255 个字符，但只有前面 32 个字符在编译时有效，因此在编写源程序时标识符的长度不要超过 32 个字符，这对于一般应用程序来说已经足够了。前面已经指出，C 语言是对大小写字母敏感的，如“max”与“MAX”是两个完全不同的标识符。

程序中对于标识符的命名应当简洁明了，含义清晰，便于阅读理解，如用标识符“max”表示最大值，用“T1ME0”表示定时器 0 等。

关键字是一类具有固定名称和特定含义的特殊标识符，有时又称为保留字。在编写 C 语言源程序时一般不允许将关键字另作它用，换句话说，就是对于标识符的命名不要与关键字相同。

与其他计算机语言相比，C 语言的关键字是比较少的，ANSIC 标准一共规定了 32 个关键字，表 9-1 按用途列出了 ANSIC 标准的关键字。

表 9-1 ANSIC 标准的关键字

关 键 字	用 途	说 明
auto	存储类型说明	用以说明局部变量
break	程序语句	退出最内层循环体
case	程序语句	switch 语句中的选择项
char	数据类型说明	单字节整型数或字符型数据
const	存储类型说明	在程序执行过程中不可修改的变量值
continue	程序语句	转向下一次循环
default	程序语句	switch 语句中的失败选择项
do	程序语句	构成 do ... while 循环结构
double	数据类型说明	双精度浮点数

续表

关键字	用途	说明
else	程序语句	构成 if ... else 选择结构
enum	数据类型说明	枚举
extern	存储类型说明	在其他程序模块中说明的全局变量
float	数据类型说明	单精度浮点数
for	程序语句	构成 for 循环结构
goto	程序语句	构成 goto 转移结构
if	程序语句	构成 if ... else 转移结构
int	数据类型说明	基本整型数
long	数据类型说明	长整型数
register	存储类型说明	使用 CPU 内部寄存器的变量
return	程序语句	函数返回
short	数据类型说明	短整型数
signed	数据类型说明	有符号数，二进制数据的最高位为符号位
sizeof	运算符	计算表达式或数据类型的字节数
static	存储类型说明	静态变量
struct	数据类型说明	结构类型数据
switch	程序语句	构成 switch 选择结构
typedef	数据类型说明	数据类型定义
union	数据类型说明	联合类型数据
unsigned	数据类型说明	无符号数据
void	数据类型说明	无类型数据
volatile	数据类型说明	说明该变量在程序执行中可被隐含地改变
while	程序语句	构成 while 和 do ... while 循环结构

C51 编译器除了支持 ANSIC 标准的关键字以外，还扩展了如表 9-2 所示的关键字。

表 9-2　C51 编译器扩展的关键字

关键字	用途	说明
bit	位变量说明	声明一个位变量或位类型的函数
sbit	位变量说明	声明一个可位寻址的变量
sfr	8 位特殊功能寄存器声明	声明一个特殊功能的寄存器(8 位)
sfr16	16 位特殊功能寄存器声明	声明一个特殊功能的寄存器(16 位)
data	存储器类型说明	直接寻址的 8051 内部数据存储器
bdata	存储器类型说明	可位寻址的 8051 内部数据存储器
idata	存储器类型说明	间接寻址的 8051 内部数据存储器
pdata	存储器类型说明	“分页”寻址的 8051 外部数据存储器

续表

关 键 字	用 途	说 明
xdata	存储器类型说明	8051 外部数据存储器
code	存储器类型说明	8051 程序存储器
interrupt	中断函数声明	定义一个中断函数
reentrant	再入函数声明	定义一个再入函数
using	寄存器组定义	定义一个 8051 的工作寄存器组

9.3　C51 语言数据类型和运算符

9.3.1　C51 语言的数据类型

任何程序设计都离不开对数据的处理。数据在计算机内存中的存放情况由数据结构决定。C 语言的数据结构是以数据类型出现的，数据类型可分为基本数据类型和构造数据类型两种。

1. 基本数据类型

C51 编译器支持的数据类型、数据长度和其值域如表 9-3 所示。

表 9-3　基本数据类型的长度

数据类型	位 数	字 节 数	值 域
bit	1		0 ~ 1
signed char	8	1	−128 ~ +127
unsigned char	8	1	0 ~ 255
enum	16	2	−32768 ~ +32767
signed short	16	2	−32768 ~ +32767
unsigned short	16	2	0 ~ 65535
signed int	16	2	−32768 ~ +32767
unsigned int	16	2	0 ~ 65535
signed long	32	4	−2147483648 ~ 2147483647
unsigned long	32	4	0 ~ 4294967295
float	32	4	0.175494E−38 ~ 0.402823E+38
sbit	1		0 ~ 1
sfr	8	1	0 ~ 255
sfr16	16	2	0 ~ 65535

(1)　C51 数据存储类型修饰符：C51 编译器可以通过将变量、常量定义成不同的存储

类型(data、bdata、idata、pdata、xdata、code)的方法，将它们定义在不同的存储区中。C51存储类型修饰符及其寻址空间、长度如表 9-4 所示。

表 9-4　C51 存储类型修饰符

存储类型	寻址空间	长度(bit)	值域范围	存取命令	备　注
data	直接寻址片内数据存储区	8	0~127	MOV	访问速度快
bdata	可位寻址片内数据存储区	-	0~127	用 MOV 按字节进行寻址，还可以直接进行位寻址	片内 RAM 0x20 ~ 0x2F 空间
idata	间接寻址片内数据存储区	8	0~255	MOV	可访问片内全部 RAM 地址空间
pdata	分页寻址片外数据存储区	8	0~255	MOVX @Ri	
xdata	寻址片外数据存储区(64KB)	16	0~65535	MOVX @DPTR	
code	寻址程序存储区(64KB)	16	0~65535	MOVC @DPTR MOVC @PC	程序存储区全部空间

当使用存储类型修饰符 data、bdata 定义常量和变量时，C51 编译器会将它们定位在内部数据存储区中。片内 RAM 是存放临时性传递变量或使用频率较高变量的理想场所。访问片内数据存储器(data、bdata、idata)比访问片外数据存储器(xdata、pdata)相对快一些，因此可将经常使用的变量置于片内数据存储器，而将规模较大的或不常使用的数据置于片外数据存储器中。

如果在变量定义时省略类型标志符，编译器会自动使用默认存储类型。默认的存储类型进一步由 SMALL、COMPACT 和 LARGE 存储模式指令限制，参见表 9-5。

表 9-5　存储模式及说明

存储模式	说　明
SMALL	函数的参数及局部变量放入可直接寻址的片内存储器(最大 128B，默认存储类型是 data)，因此访问十分方便。另外所有对象，包括栈，都必须嵌入片内 RAM。栈长很关键，因为实际栈长依赖于不同函数的嵌套层数
COMPACT	函数的参数及局部变量放入分页片外存储区(最大 256B，默认的存储类型是 pdata)，通过寄存器 R0 和 R1 间接寻址，栈空间位于内部数据存储区中
LARGE	函数的参数及局部变量直接放入片外数据存储区(最大 64KB，默认存储类型为 xdata)，使用数据指针 DPTR 进行寻址。用此数据指针访问的效率较低，尤其是对两个或多个字节的变量，这种数据类型的访问机制直接影响代码长度，另一不方便之处在于这种数据指针不能对称操作

存储模式决定了变量的默认存储类型、参数传递区和无明确存储类型的说明。例如，Char ch1 在 SMALL 存储模式下，ch1 被定位在 data 存储区；在 COMPACT 模式下，ch1 被定在 idata 存储区；在 LARGE 模式下，ch1 被定在 xdata 存储区中。

(2) C51 定义 SFR：MCS-51 单片机内有 21 个特殊功能寄存器(SFR)只能用直接寻址方式访问。特殊功能寄存器中还有 11 个可进行位寻址的寄存器。

在 C51 中，特殊功能寄存器及其可位寻址的位是通过关键字 sfr 和 sbit 来定义的，这种方法与标准 C 不兼容，只适用于 C51。例如：

```
sfr PSW = 0xD0;     /*定义程序状态字 PSW 的地址为 D0H*/
sfr TMOD = 0x89;    /*定义定时器/计数器方式控制寄存器 TMOD 的地址为 89H*/
```

PSW 是可位寻址的 SFR，其中各位可用 sbit 定义。例如：

```
sbit CY = 0xD7;      /*定义进位标志 CY 的地址为 7DH*/
sbit AC = 0xD0^6;    /*定义辅助进位标志 AC 的地址为 D6H*/
sbit RS0 = 0xD0^3;    /*定义 RS0 的地址为 D3H*/
```

值得注意的是，sfr 和 sbit 只能在函数外使用，一般放在程序的开头。

实际上大部分特殊功能寄存器及其可位寻址的位的定义在 reg51.h、reg52.h 等头文件中已经给出，使用时只需在源文件中包含相应的头文件，即可使用 sfr 及其可位寻址的位。而对于未定义的位，使用前必须先定义。例如：

```
#include "reg51.h"
sbit P10 = P^0;
```

(3) C51 定义位变量：MCS-51 单片机具有位运算器，C51 相应地设置了位数据类型。

① 位变量的定义：位变量用关键字“bit”来定义，它的值是一个二进制位。例如：

```
bit lock;          /*将 lock 定义为位变量*/
bit flag;            /*将 flag 定义为位变量*/
```

② 函数参数和返回值的类型：函数可以有 bit 类型的参数，也可以有 bit 类型的返回值。例如：

```
bit func(bit bit0, bit bit1)
{
   bit x;
   ...
   return x;
}
```

2. 构造数据类型

(1) 数组类型

数组是一组有序数据的集合，数组中的每一个数据元素都属于同一个数据类型。数组中的各个元素可以用数组名和下标来唯一确定。一维数组只有一个下标，多维数组有两个以上的下标。在 C 语言中，数组必须先定义，然后才能使用。一维数组的定义形式如下：

```
数据类型　数组名[常量表达式];
```

其中，“数据类型”说明了数组中各个元素的类型。“数组名”是整个数组的标识符，它的命名方法与变量的命名方法一样。“常量表达式”说明了该数组的长度，即该数组中

的元素个数。常数表达式必须用方括号[]括起来，而且其中不能含有变量。下面是几个定义一维数组的例子：

```
char xx[15];          //定义字符型数组xx，它有15个元素
mnt yy[20];          //定义整型数组yy，它有20个元素
float zz[15];         //定义浮点型数组zz，它有15个元素
```

定义多维数组时，只要在数组名后面增加相应维数的常量表达式即可。对于二维数组的定义形式为：

```
数据类型  数组名[常量表达式][常量表达式];
```

需要指出的是，C 语言中数组的下标是从 0 开始的。在引用数值数组时，只能逐个引用数组中的各个元素，而不能一次引用整个数组；但如果是字符数组，则可以一次引用整个数组。

(2) 指针类型

指针类型数据在 C 语言程序中的使用十分普遍。正确地使用指针类型数据，可以有效地表示复杂的数据结构，直接访问内存地址，而且可以更为有效地使用数组。

① 指针和地址

一个程序的指令、常量和变量等都要存放在机器的内存单元中，而机器的内存是按字节来划分存储单元的。给内存中每个字节都赋予一个编号，这就是存储单元的地址。

各个存储单元中所存放的数据，称为该存储单元的内容。计算机在执行任何一个程序时要涉及到许多寻址操作，所谓寻址，就是按照内存单元的地址来访问该存储单元中的内容，即按地址来读或写该单元的数据。由于通过地址可以找到所需要的存储单元，因此可以说地址是指向存储单元的。

在 C 语言中为了能够实现直接对内存单元进行操作，引入了指针类型的数据。指针类型数据是专门用来确定其他类型数据地址的，因此一个变量的地址就称为该变量的指针。

② 指针变量的定义

指针变量定义的一般格式：

```
数据类型 [存储器类型] *标识符;
```

其中，“标识符”是所定义的指针变量名。“数据类型”说明该指针变量所指向的变量的类型。“存储器类型”是可选项，它是 C51 编译器的一种扩展，如果带有此选项，指针被定义为存储器的指针，无此选项时，被定义为一般指针。这两种指针的区别在于它们的存储字节不同。一般指针在内存中占用 3 个字节，第一字节存放该指针存储器类型的编码，第二和第三字节分别存放该指针的高位和低位地址的偏移量。

③ 指针变量的引用

指针变量是含有一个数据对象地址的特殊变量，指针变量中只能存放地址。有关的运算符有两个，它们是地址运算符“&”和间接访问运算符“*”。例如&a 为变量 a 地址，*p 为指针变量 p 所指向的变量。

【例 9-3】 输入两个整数 x 和 y，经比较后按大小顺序输出。程序代码如下：

```
#include <stdio.h>
extern serial_initial();  /*声明外部定义的串口初始化函数*/
main()
```

```
{
    int x, y;
    int*p, *p1, *p2;
    serial_initial();
    printf("Input x and y: \n");
    scanf("%d  %d", &x, &y);
    p1 = &X;
    p2 = &y;
    if(x<y) {p1=p2; p2=p;}
    printf("max=%d, min=%din", *p1, *p2);
    while(1);
}
```

程序执行结果：

```
Input x and y:
4 8(回车)
max=8, min=4
```

(3) 结构类型

结构是一种构造类型的数据，它是将若干不同类型的数据变量有序地组合在一起而形成的一种数据的集合体。组成该集合的各个数据变量称为结构成员，整个集合体使用一个单独的结构变量名。一般来说，结构中的各个变量之间是存在某些关系的。由于结构是将一组相关联的数据变量作为一个整体来进行处理，因此在程序中使用结构将有利于对一些复杂而又具有内在联系的数据进行有效的管理。

① 结构变量的定义

有三种定义结构变量的方法，分述如下。

第一种，先定义结构类型再定义结构变量名。定义结构类型的一般格式为：

```
struct 结构名
{结构元素表}
```

其中，“结构元素表”为该结构中的各个成员(又称为结构的域)，由于结构可以由不同类型的数据组成，因此对结构中的各个成员都要进行类型说明。

定义好一个结构类型之后，就可以用它来定义结构变量。一般格式为：

```
struct 结构名 结构变量名1, 结构变量名2, 结构变量名3, ..., 结构变量名n;
```

第二种，在定义结构类型的同时定义结构变量名。一般格式为：

```
struct 结构名
{结构元素表} 结构变量名1, 结构变量名2, 结构变量名3, ..., 结构变量名n;
```

第三种，直接定义结构变量。一般格式为：

```
struct
{结构元素表} 结构变量名1, 结构变量名2, 结构变量名3, ..., 结构变量名n;
```

② 结构变量的引用

在定义了一个结构变量之后，就可以对它进行引用，即可以进行赋值、访问和运算。一般情况下，结构变量的引用是通过对其结构元素的引用来实现的。引用结构元素的一般格式为：

```
结构变量名.结构元素
```

其中“.”符号是访问结构元素成员的运算符。

【例 9-4】给外部结构变量赋初值。具体代码如下：

```
#include <stdio.h>
extern serial_initial();
struct mepoint
{
   unsigned char name[11];
   unsigned char pressure;
   unsigned char temperature;
} p01 = {"firstpoint", 0x99, 0x64};
void main(void)
{
   serial_initial();
   printf{"name: %s\n pressure: %bx\n temperature: %bx\n",
     pol.name, p01.pressure, p01.temperature);
   while(1);
}
```

程序执行结果：

```
name: firstpoint
pressure: 99
temperature: 64
```

(4) 联合类型

联合也是 C 语言中一种构造类型的数据结构。在一个联合中可以包含多个不同类型的数据元素，例如可以将一个 float 型变量、一个 int 型变量和一个 char 型变量放在同一个地址开始的内存单元中，如图 9-1 所示。以上 3 个变量在内存中的字节数不同，但却都从同一个地址开始存放，即采用了所谓“覆盖技术”。这种技术可使不同的变量分时使用同一个内存空间，提高内存的利用效率。

起始地址

float i			
int j			
char k			

图 9-1 联合数据中变量的存储方法

① 联合的定义

联合类型变量的一般定义方法为：

```
union 联合类型名
{成员列表} 变量列表;
```

例如，定义一个 data 联合：

```
union data
{
```

```
    float i;
    int j;
    char k;
} a, b, c;
```

② 联合变量的引用

与结构变量类似，对联合变量的引用也是通过对其联合元素的引用来实现的。引用元素的一般格式为：

```
联合变量名.联合元素      /*或“联合变量名->联合元素”*/
```

【例 9-5】利用联合将整型数转变成两个字节输出。代码如下：

```
#include <stdio.h>
extern serial_initial();
union
{
    int i;
    struct{unsigned char high, unsigned char low} bytes;
} word;
main()
{
    int k;
    k = 0x67ab;
    serial_initial();
    word.i = k;
    printf("The high is: \n", word.bytes.high);
    printf("The low is: \n", word.bytes.low);
}
```

程序执行结果：

```
The high is 0x67
The low is 0xab
```

(5) 枚举类型

在 C 语言中，用作标志的变量通常只能被赋予下述两个值的一个：True 或 False。但由于疏忽，我们有时会将一个在程序中作为标志使用的变量，赋予了除 True 或 False 以外的值。

另外，这些变量通常被定义成 int 数据类型，从而使它们在程序中的作用模糊不清。如果我们可以定义标志类型的数据变量，然后指定这种被说明的数据变量只能赋值 True 或 False，不能赋予其他值，就可以避免上述情况的发生。枚举数据类型正是因这种需要而产生的。

① 枚举的定义

枚举数据类型是一个有名字的某些整数型常数的集合。这些整数型常数是该类型变量可取的所有合法值。枚举定义应当列出该类型变量的可取值。

枚举定义说明语句的一般格式为：

```
enum 枚举名 {枚举值列表} 变量列表;
```

枚举的定义和说明也可以分成两句完成：

```
enum 枚举名 {枚举值列表};
enum 枚举名 变量列表;
```

② 枚举变量的取值

枚举列表中，每一项符号代表一个整数值。在默认情况下，第一项符号取值为 0，第二项符号取值为 1，第三项符号取值为 2，……，依次类推。此外，也可以通过初始化，指定某些项的符号值。某项符号初始化后，该项后续各项符号值随之依次递增。

【例 9-6】将颜色为红、绿、蓝的 3 个球作全排列，共有几种排法？打印出每种组合的三种颜色。程序代码如下：

```
#include <reg51.h>
#include <stdio.h>
extern serial_initial();
main()
{
    enum color(red, green, blue);  /*定义枚举类型*/
    enum color i, j, k, st;        /*定义枚举类型变量*/
    int n = 0, lp;
    serial_initial();
    for(i=red; i<=blue; i++)
        for(j=red; j<=blue; j++)
            for(k=red; k<=blue; k++)
            {
                n = n + 1;
                printf("%-4d", n);
                for(1p=1; lp<3; lp++)
                {
                    switch(1p)
                    {
                        case 1:  st=i; break;
                        case 2:  st=j; break;
                        case 3:  st=k; break;
                        default: break;
                    }
                    switch(st)
                    {
                        case red: printf("%-10s", "red"); break;
                        case green: printf("%-10s", "green"); break;
                        case blue: printf("%-10s", "blue"); break;
                        default: break;
                    }
                }
                printf("\n");
            }
    while(1);
}
```

根据排列组合的知识，上述程序运行之后，共可以获得 27 种排法。限于篇幅，这里不再把结果一一列出。

9.3.2　C51 语言的运算符

C 语言对数据有很强的表达能力，具有十分丰富的运算符，利用这些运算符可以组成各种各样的表达式及语句。运算符就是完成某种特定运算的符号。表达式则是由运算符及运算对象所组成的具有特定含义的一个式子。由运算符或表达式可以组成 C 语言程序的各种语句。C 语言是一种表达式语言，在任意一个表达式的后面加一个分号“;”就构成了一个表达式语句。运算符按其在表达式中所起的作用，可分为赋值运算符、算术运算符、增量与减量运算符、关系运算符、逻辑运算符、位运算符、复合赋值运算符、逗号运算符、条件运算符、指针和地址运算符、强制类型转换运算符和 sizeof 运算符等。运算符按其在表达式中与运算对象的关系又可分为单目运算符、双目运算符和三目运算符等。单目运算符只需要有一个运算对象，双目运算符要求有两个运算对象，三目运算符要求有 3 个运算对象。掌握各个运算符的意义和使用规则，对于编写正确的 C 语言程序是十分重要的。C 语言运算符见表 9-6。

表 9-6　C 语言运算符

运 算 符	范　例	说　明
+	A+b	A 变量和 b 变量相加
–	A–b	A 变量和 b 变量相减
*	A*b	A 变量乘以 b 变量
/	A/b	A 变量除以 b 变量
%	A%b	取 A 变量除以 b 变量值的余数
=	A=6	A 变量的值等于 6
+=	A+=b	等同于 A=A+b
–=	A–=b	等同于 A=A–b
*=	A*=b	等同于 A=A*b
/=	A/=b	等同于 A=A/b
%=	A%=b	等同于 A=A%b
++	A++	等同于 A=A+1
--	A--	等同于 A=A–1
>	A>b	测试 A 是否大于 b
<	A<b	测试 A 是否小于 b
==	A==b	测试 A 是否等于 b
>=	A>=b	测试 A 是否大于或等于 b
<=	A<=b	测试 A 是否小于或等于 b
!=	A!=b	测试 A 是否不等于 b

续表

<table>
<tr><th>运算符</th><th>范例</th><th>说明</th></tr>
<tr><td>&&</td><td>A&&b</td><td>逻辑与运算</td></tr>
<tr><td>||</td><td>A || b</td><td>逻辑或运算</td></tr>
<tr><td>!</td><td>!A</td><td>逻辑取反运算</td></tr>
<tr><td>>></td><td>A>>b</td><td>将 A 按位右移 b 位，左侧补零</td></tr>
<tr><td><<</td><td>A<<b</td><td>将 A 按位左移 b 位，右侧补零</td></tr>
<tr><td>|</td><td>A | b</td><td>按位或运算</td></tr>
<tr><td>&</td><td>A&b</td><td>按位与运算</td></tr>
<tr><td>^</td><td>A^b</td><td>按位异或运算</td></tr>
<tr><td>~</td><td>~A</td><td>按位取反运算</td></tr>
<tr><td>&</td><td>A=&b</td><td>将 b 变量的地址存入 A 寄存器中</td></tr>
<tr><td>*</td><td>*A</td><td>用来取寄存器所指地址内的值</td></tr>
</table>

1. 算术运算和算术表达式

(1) 基本的算术运算符

C51 最基本的算术运算符有以下 5 种：

- 加法运算符(+)。
- 减法运算符(-)。
- 乘法运算符(*)。
- 除法运算符(/)。
- 模运算或取余运算符(%)。

对于除法运算符——若两个整数相除，结果为整数(即取整)。

对于模运算符——要求%两侧的操作数均为整型数据，所得结果的符号与左侧操作数的符号相同。

(2) 自增、自减运算符

++为自增运算符，--为自减运算符。例如++j、j++、--i、i--。

(3) 算术表达式和运算符的优先级

用算术运算符和括号将运算对象连接起来的式子称为算术表达式。其中的运算对象包括常量、变量、函数、数组、结构等。例如 35+b*exp(x)/d。C51 规定算术运算符的优先级为：先乘除模，后加减，括号最优先。如果一个运算符两侧的数据类型不同，则必须通过数据类型转换将数据转换成同种类型。转换方式有两种。一种是自动类型转换，即在程序编译时，由 C 编译器自动进行数据类型转换。转换规则如图 9-2 所示。

一般来说，当运算对象的数据类型不相同时，先将优先级较低的数据类型转换成优先级较高的数据类型，运算结果为优先级较高的数据类型。

另一种是强制类型转换，使用强制类型转换运算符，其形式为：

```
(类型名)(表达式)
```

例如，设 x-y 均为 float 类型，(int)(x-y)将 x-y 强制转换成 int 类型，而不是 float。

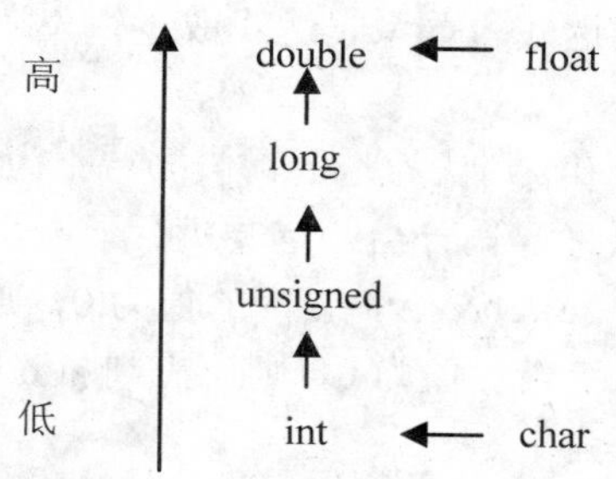

图 9-2 数据类型转换规则

2. 关系运算符和关系表达式

(1) 关系运算符及其优先级

关系运算即比较运算。C51 提供了以下 6 种关系运算符：

- 小于(<)
- 小于等于(<=)
- 大于(>)
- 大于等于(>=)
- 等于(==)
- 不等于(!=)

优先级关系是：<、<=、>、>=这 4 个运算符的优先级相同，处于高优先级；==和!=这两个运算符的优先级相同，处于低优先级。关系运算符的优先级低于算术运算符的优先级，而高于赋值运算符的优先级。

(2) 关系表达式

用关系运算符将运算对象连接起来的式子称为关系表达式。如 3>2、a+b>c+d、(a=3)<(b=2)都是合法的关系表达式。

关系表达式的值为逻辑值：真和假。C51 中用 0 表示假，用 1 表示真。

例如有关系表达式 a>=b，若 a 的值是 5，b 的值是 3，关系表达式的值就为 1，即逻辑真；若 a 的值是 2，关系表达式的值就为 0，即逻辑假。

3. 逻辑运算符和逻辑表达式

(1) 逻辑运算符及其优先级

逻辑运算是对逻辑量进行运算。C51 提供了如下三种逻辑运算符：

- 逻辑与(&&)
- 逻辑或(||)
- 逻辑非(!)

它们的优先级关系是："!"的优先级最高，而且高于算术运算符；"||"的优先级最低，它低于关系运算符，却高于赋值运算符。

(2) 逻辑表达式

用逻辑运算符将运算对象连接起来的式子称为逻辑表达式。运算对象可以是表达式或

逻辑量，而表达式可以是算术表达式、关系表达式或逻辑表达式。逻辑表达式的值也是逻辑量，即真或假。

对于算术表达式，其值若为 0，则认为是逻辑假；若不为 0，则认为是逻辑真。

逻辑表达式不一定完全被执行，只有当一定要执行下一个逻辑运算符才能确定表达式的值时，才执行该运算符。例如 a&&b&&c，若 a 的值为 0，则不需判断 b 和 c 的值就可确定表达式的值为 0。又如 a || b || c，若 a 值为 0，则还需判断 b 的值，若 b 的值为 1，则不需判断 c 的值就可确定表达式的值为 1。

4. 位运算符及其表达式

位运算的操作对象只能是整型和字符型数据，不能是浮点型数据。C51 提供以下 6 种位运算：

- 按位与(&)——相当于 ANL 指令。
- 按位或(|)——相当于 ORL 指令。
- 按位异或(^)——相当于 XRL 指令。
- 按位取反(~)——相当于 CPL 指令。
- 左移(<<)——相当于 RL 指令。
- 右移(>>)——相当于 RR 指令。

5. 赋值运算符和赋值表达式

(1) 赋值运算符

赋值运算符就是赋值符号“=”，赋值运算符优先级低，结合性是右结合性。

(2) 赋值表达式

将一个变量与表达式用赋值号连接起来就构成赋值表达式。格式如下：

```
变量 = 表达式;
```

赋值表达式中表达式包括变量、算术运算表达式、关系运算表达式、逻辑运算表达式等，甚至可以是另一个赋值表达式。赋值过程是将“=”右边表达式的值赋给“=”左边的一个变量，赋值表达式的值就是被赋值变量的值。例如：

```
A = b = 5;                    /*该表达式的值为 5*/
A = (b = 4) + (c = 6);        /*该表达式的值为 10*/
```

(3) 赋值的类型转换规则

在赋值运算中，当“=”两侧的类型不一致时，系统自动将右边表达式的值转换成左侧变量的类型，再赋给该变量。转换规则如下：

- 浮点型数据赋给整型变量时，舍弃小数部分。
- 整型数据赋给实型变量时，数值不变，但以浮点数形式存储在变量中。
- 长整型数据赋给短整型变量时，实行截断处理。如将 long 型数据赋给 int 型变量时，将 long 型数据的低两字节数据赋给 int 型变量，而将 long 型数据的高两字节的数据丢弃。
- 短整型数据赋给长整型变量时，实行符号扩展。如将 int 型数据赋给 long 型变量时，将 int 型数据赋给 long 型变量的低两字节，而将 long 型数据的高两字节的每

一位都设为 int 型数据的符号值。

6. 复合赋值运算符

赋值号前加上其他运算符就构成了复合运算符。C51 提供以下 10 种复合运算符：+=、-=、*=、/=、%=、&=、|=、^=、<<=、>>=。例如：

- x* = a + b 等价于 x=(x*(a+b))。
- a&=b 等价于 a=(a&b)。
- a<<=4 等价于 a=(a<<4)。

9.4 C51 程序的基本结构

9.4.1 if 语句

if 语句有 4 种形式。

(1) 第一种：

```
if(条件表达式)
{动作}
```

如果条件表达式的值为真(非零的数)，则执行{}内的动作，如果条件表达式为假，则忽略该动作而继续往下执行。

(2) 第二种：

```
if(条件表达式)
{动作 1}
else
{动作 2}
```

- 动作 1：条件表达式的值为真时才会执行。
- 动作 2：条件表达式的值为假时才会执行。

(3) 第三种：

```
if(条件表达式 1)
    if(条件表达式 2)
        if(条件表达式 3)
        {动作 1}
        else
        {动作 2}
    else
    {动作 3}
else
{动作 4}
```

- 动作 1：是条件表达式 1、2、3 都成立时才会执行。
- 动作 2：是条件表达式 1、2 成立，但条件表达式 3 不成立时才会执行。
- 动作 3：是条件表达式 1 成立，但条件表达式 2 不成立时才会执行。
- 动作 4：是条件表达式 1 不成立时才会执行。

(4) 第四种：

```
if(条件表达式1)
{动作1}
else if(条件表达式2)
{动作2}
else if(条件表达式3)
{动作3}
else if(条件表达式4)
{动作4}
```

- 动作1：是条件表达式1成立时才会执行。
- 动作2：是条件表达式1不成立，但条件表达式2成立时才会执行。
- 动作3：是条件表达式1、2不成立，但条件表达式3成立时才会执行。
- 动作4：是条件表达式1、2、3不成立，但条件表达式4成立时才会执行。

9.4.2 switch case 语句

其一般格式为：

```
switch(条件表达式)
{
   case 条件值1:
      动作1
      break;
   case 条件值2:
      动作2
      break;
   case 条件值3:
      动作3
      break;
   case 条件值4:
      动作4
      break;
   ...
   default: break;
}
```

switch内的条件表达式的结果必须为整数或字符。switch以条件表达式的值来与各case的条件值对比，如果与某个条件值相符合，则执行该case的动作，如果所有的条件值都不符合，则执行default的动作，每一个动作之后一般要写break，否则就会继续执行下一个case的动作，这是我们不希望看到的。另外，case之后的条件值必须是数据常数，不能是变量，而且不可以重复，即条件值必须各不相同，当有数种case所做的动作一样时，也可以写在一起，即上下并列。一般当程序必须做多选1时，可以采用switch语句。

break是跳出循环的语句，任何由switch、for、while、do-while构成的循环，都可以用break来跳出，必须注意的是，break一次只能跳出一层循环，通常都和if连用，当某些条件成立后就跳出循环。

当所有case的条件值都不成立时，就执行default所指定的动作，执行完成后也要使用break指令跳出switch循环。

9.4.3 循环语句

1. do while 循环语句

其一般格式为：

```
do
{动作}
while(条件表达式)
```

先执行动作后，再测试条件表达式是否成立。当条件表达式为真时，则继续回到前面执行的动作，如此反复直到条件表达式为假为止，不论条件表达式的结果为何，至少会做一次动作，使用时要避免条件永远为真，造成死循环。

2. while 循环语句

其一般格式为：

```
while(条件表达式)
{动作}
```

先测试条件表达式是否成立，当条件表达式为真时，则执行循环内的动作，做完后又继续跳回条件表达式做测试，如此反复直到条件表达式为假为止，使用时要避免条件永真，造成死循环。

3. for 循环语句

其一般格式为：

```
for(表达式 1; 表达式 2; 表达式 3)
{动作}
```

- 表达式 1：通常是设定起始值。
- 表达式 2：通常是条件判断式，如果条件为真时，则执行动作，否则终止循环。
- 表达式 3：通常是步长表达式，执行动作完毕后，必须再回到这里做运算，然后再到表达式 2 中做判断。

4. goto 循环语句

编写程序时，尽量不要使用 goto 语句，以避免程序阅读困难。但是，如果确实需要跳离很多层循环，则可以使用 goto 语句。goto 的目标位置必须在同一个程序文件内，不能跳到其他程序文件。标签的写法和变量是一样的，标签后面必须加一个冒号。goto 经常和 if 连用，如果程序中检查到异常时，即使用 goto 语句去处理。

5. continue 循环语句

continue 语句是一种中断语句，它一般用在循环结构中，其功能是结束本次循环，即跳过循环体中下面尚未执行的语句，把程序流程转移到当前循环语句的下一个循环周期，并根据循环控制条件决定是否重复执行该循环体。

continue 语句的一般形式为：

```
continue;
```

continue 语句通常和条件语句一起用在由 while、do-while 和 for 语句构成的循环结构中，它也是一种具有特殊功能的无条件转移语句，但它与 break 语句不同，continue 语句并不跳出循环体，而只是根据循环控制条件确定是否继续执行循环语句。

9.5 C51 函数和预处理命令

9.5.1 函数的分类和定义

1. 函数的分类

函数的分类：程序通常由一个或多个函数组成，函数是 C 程序的基本模块，是构成结构化程序的基本单元。每个函数完成一定的功能，函数之间通过调用关系完成总体功能。从用户的角度看，C 函数可分为标准库函数和用户定义函数两类。

标准函数是系统定义的，又称库函数，C 语言提供了丰富的库函数，分别存放在不同的头文件中。用户只要用#include 包含其所在的头文件后即可直接使用它们。

用户定义函数是用户为解决自己的特定问题自行定义的。从技术角度讲，用户完全可以不用库函数，全部由自己设计，但库函数是一种系统资源，充分利用它们，可以大大减轻程序设计的负担。

函数定义的形式可以划分为无参数函数、有参数函数和空函数。

- 无参数函数：这种函数被调用时，既无参数输入，也不返回结果给调用函数，它是为完成某种操作而编写的。
- 有参数函数：在调用此类函数时，必须提供实际的输入参数，必须说明与实际参数一一对应的形式参数，并在函数结束时返回结果供调用它的函数使用。
- 空函数：这种函数体内无语句，是空白的。调用这种函数时，什么工作也不做。而定义此类函数的目的并不是为了执行某种操作，而是为了以后程序功能的扩充。

2. 函数的定义

函数定义一般形式为：

```
返回值类型 函数名(形式参数列表)
{
    函数体
}
```

- 返回值类型：可以是基本数据类型(int、char、float、double 等)及指针类型，当函数没有返回值时，用标识符 void 说明该函数没有返回值。若没有指定返回值类型，默认返回值为整型类型。一个函数只能有一个返回值，该返回值是通过函数中的 return 语句获得的。

- 函数名：必须是一个合法标识符。
- 形式参数列表：包括了函数所需全部参数的定义。此时函数的参数称为形式参数，简称为形参。形参可以是基本数据类型的数据、指针类型数据、数组等。在没有调用函数时，函数的形参和函数内部的变量未被分配内存单元，即它们是不存在的。
- 函数体：由两部分组成——函数内部变量定义和函数体其他语句。

各函数的定义是独立的。函数的定义不能在另一个函数的内部。

3. 函数的调用

函数调用的一般形式为：

```
函数名(实际参数列表);
```

在一个函数中需要用到某个函数的功能时，就调用该函数。调用者称为主调函数，被调用者称为被调函数。若被调函数是有参函数，则主调函数必须把被调函数所需的参数传递给被调函数。传递给被调函数的数据称为实际参数，简称实参。实参是有确定值的常量、变量或表达式，若有多个参数，各参数间需要用逗号分开。

下面对函数的调用做几点说明。

(1) 在实参表中，实参的个数与顺序必须和形参的个数与顺序相同，实参的数据类型必须和对应的形参数据类型相同。

(2) 若被调函数为无参数调用，调用时函数名后的括号不能省略。

函数间可以互相调用，但不能调用 main()函数。实参对形参的数据传递是单向的，即只能将实参传递给形参。

(3) 函数的嵌套调用与递归调用：C 语言中函数的定义都是互相平行、独立的。一个函数的定义内不能包含另一个函数。这就是说 C 语言是不能嵌套定义函数的，但 C 语言允许嵌套调用函数。所谓嵌套调用就是在调用一个函数并在执行该函数时，又调用另一个函数的情况。

函数的递归调用就是一个函数在其函数体内调用自己。递归调用是一种特殊的循环结构。在 C51 编程中，递归函数必须是可重入的，可重入的函数必须加关键字 reentrant。

(4) 指向函数的指针变量：在把程序调入内存运行时，每一个函数都被分配了内存单元。将函数的第一条指令所在的地址单元称为该函数的入口地址，可以定义一个指针变量来存放函数的地址，然后通过该指针变量就可调用此函数。

指向函数的指针变量的定义的一般形式：

```
类型说明符(*指针变量名)(参数列表);
```

其中，类型说明符指定了指针所指函数的返回值类型，形参列表指定了指针函数的参数个数及类型。

一旦定义了一个指向某类函数的指针变量后，这个指针变量就只能指向该类函数，即返回值相同、参数的个数、类型、顺序都相同的一类函数，而不能是任意的函数。

9.5.2 中断服务函数

C51 编译器支持在 C 语言源程序中直接编写 8051 单片机的中断服务函数程序。定义中断服务函数的一般形式为：

```
函数类型  函数名(形式参数数表)(interrupt m)(using n)
```

其中 interrupt 为关键字，其后 m 是中断号，m 的取值范围为 0~31。编译器从 8m+3 处产生中断向量，具体的中断号 m 和中断向量取决于不同的 8051 系列单片机芯片。

using 为关键字，专门用来选择 8051 单片机中不同的工作寄存器组。using 后面的 n 是一个 0~3 的常整数，分别选择 4 个不同的工作寄存器组。在定义一个函数时，using 是一个选项，如果不用该选项，则由编译器选择一个寄存器组作绝对寄存器组访问。需要注意的是，关键字 using 和 interrupt 的后面都不允许跟一个带运算符的表达式。

(1) 关键字 using 对函数目标代码的影响

在函数的入口处将当前工作寄存器组保护到堆栈中：指定的工作寄存器内容不会改变；函数返回之前将被保护的工作寄存器组从堆栈中恢复。

使用关键字 using 在函数中确定一个工作寄存器组时必须十分小心，要保证任何寄存器组的切换都只在控制的区域内发生，如果做不到这一点将产生不正确的函数结果。另外，还要注意，带 using 属性的函数，原则上不能返回 bit 类型的值，并且关键字 using 不允许用于外部函数。

(2) 关键字 interrupt 对中断函数目标代码的影响

关键字 interrupt 也不允许用于外部函数。在进入中断函数时，特殊功能寄存器 ACC、B、DPH、DPL、PSW 将被保存入栈；如果不使用寄存器组切换，则将中断函数中所用到的全部工作寄存器都入栈：函数返回之前，所有的寄存器内容出栈；中断函数由 8051 单片机指令 RETI 结束。

(3) 编写 8051 单片机中断函数时应遵循的规则

① 中断函数不能进行参数传递，中断函数中包含任何参数声明都将导致编译出错。

② 中断函数没有返回值，如果企图定义一个返回值将得到不正确的结果。因此建议在定义中断函数时将其定义为 void 类型，以明确说明没有返回值。

③ 在任何情况下都不能直接调用中断函数，否则会产生编译错误。因为中断函数的返回是由 8051 单片机指令 RETI 完成的，RETI 指令影响 8051 单片机的硬件中断系统。如果在没有实际中断请求的情况下直接调用中断函数，RETI 指令的操作结果会产生一个致命的错误。

④ 如果中断函数中用到浮点运算，必须保存浮点寄存器的状态，当没有其他程序执行浮点运算时可以不保存。C51 编译器的数学函数库 math. h 中，提供了保存浮点寄存器状态的库函数 pfsave 和恢复浮点寄存器状态的库函数 restore。

⑤ 如果在中断函数中调用了其他函数，则被调用函数所使用的寄存器组必须与中断函数相同。用户必须保证按要求使用相同的寄存器组，否则会产生不正确的结果，这一点必须引起足够的注意。如果定义中断函数时没有使用 using 选项，则由编译器选择一个寄存器组作绝对寄存器组访问。另外，由于中断的产生不可预测，中断函数对其他函数的调

用可能形成违规调用，需要时可将被中断函数所调用的其他函数定义成可再入函数。

⑥ C51 编译器从绝对地址 8m+3 处产生一个中断向量，其中 m 为中断号。该向量包含一个到中断函数入口地址的绝对跳转。在对源程序编译时，可用编译控制指令 NOINTVECTOR 抑制中断向量的产生，从而使用户能够从独立的汇编程序模块中提供中断向量。

9.5.3 C51 的库函数

C51 编译器提供了丰富的库函数，使用这些库函数大大提高了编程效率，用户可以根据需要随时调用。每个库函数都在相应的头文件中给出了函数的原型，使用时只需在源程序的开头用编译预处理命令#include 将相关的头文件包含进来即可。下面对一些常用的 C51 库函数做一些介绍。

1. 字符函数库 ctype.h

(1) extern bit isalpha(char)：检查参数字符是否为英文字母，是则返回 1，否则返回 0。

(2) extern bit isalnum(char)：检查参数字符是否为英文字母或数字字符，是则返回 1，否则返回 0。

(3) extern bit iscntrl(char)：检查参数字符是否为控制字符，即 ASCII 码值为 0x000~xlf 或 0x7f 的字符，是则返回 1，否则返回 0。

(4) extern bit islower(char)：检查参数字符是否为小写英文字母，是则返回 1，否则返回 0。

(5) extern bit isuppet(char)：检查参数字符是否为大写英文字母，是则返回 1，否则返回 0。

(6) extern bit isdigit(char)：检查参数字符是否为数字字符，是则返回 1，否则返回 0。

(7) extern bit isxdigit(char)：检查参数字符是否为十六进制数字字符，是则返回 1，否则返回 0。

(8) extern char toint(char)：将 ASCII 字符的 0~9、a~f(大小写无关)转换为十六进制数字。

(9) extern char toupper(char)：将小写字母转换成大写字母，如果字符不在 A~Z 之间，则不做转换直接返回该字符。

(10) extern char tolower(char)：将大写字母转换成小写字母，如果字符不在 A~Z 之间，则不做转换直接返回该字符。

2. 标准函数库 stdib.h

(1) extern float atof(char *s)：将字符串 s 转换成浮点数值并返回。参数字符串必须包含与浮点数规定相符的数。

(2) extern long atol(char *s)：将字符串 s 转换成长整型数值并返回。参数字符串必须包含与长整型数规定相符的数。

(3) extern int atoi(char *s)：将字符串 s 转换成整型数值并返回。参数字符串必须包含与整型数规定相符的数。

(4) void *malloc(unsigned int size)：返回一块大小为 size 个字节的连续内存空间的指针。如果返回值为 NULL，则无足够的内存空间可用。

(5) void free(void *p)：释放由 malloc 函数分配的存储器空间。

(6) void int_mempool(void *p, unsigned int size)：清除由 malloc 函数分配的存储器空间。

3. 数学函数库 math.h

(1) extern int abs(int val)、extern char abs(char val)、extern float abs(float val)、extern long abs(1ong val)：计算并返回 val 的绝对值。这 4 个函数的区别在于参数的返回值的类型不同。

(2) extern float exp(floatx)：返回以 e 为底的 x 的幂，即 e^x。

(3) extern float log(float x)、extern float log10(float x)：log 返回 x 的自然对数，即 lnx；log10 返回以 10 为底的 x 的对数，即 $\log_{10}x$。

(4) extern float sprt(float x)：返回 x 的平方根。

(5) extern float sin(float x)、extern float cos(float x)、extern float tan(floatx)：sin 返回值为 sin(x)；cos 返回值为 cos(x)；tan 返回值为 tan(x)。

(6) extern float pow(float x, float y)：返回值为 x^y。

4. 绝对地址访问头文件 absacc.h

(1) 对存储器空间进行绝对地址访问：

```
#include CBYTE((unsigned char *)0xS0000L)
#include DBYTE((unsigned char *)0x40000L)
#include PBYTE((unsigned char *)0x30000L)
#include XBYTE((unsigned char *)0x20000L)
```

用来对 MCS-51 系列单片机的存储器空间进行绝对地址访问，以字节为单位寻址。

CBYTE 寻址 code 区，DBYTE 寻址 data 区，PBYTE 寻址 xdata 的 00H~0FFH 区域(用 MOVX @Ri 指令访问)，XBYTE 寻址 xdata 区(用 MOVX @DPTR 指令方法)。

(2) 双字节宏定义：

```
#include CWORD((unsigned int *)0x50000L)
#include DWORD((unsigned int *)0x40000L)
#include PWORD((unsigned int *)0x30000L)
#include XWORD((unsigned int *)0x20000L)
```

这些宏定义用来对各种存储空间按 int 数据类型进行绝对地址访问。

5. 内部函数库 intrins.h

(1) 循环左移：

```
unsigned char_crol(unsigned char val, unsigned char n);
unsigned int_irol(unsigned int val, unsigned char n);
unsigned long_lrol(unsigned long val, unsigned char n);
```

将变量 val 循环左移 n 位。

(2) 循环右移：

```
unsigned char_cror(unsigned char val, unsigned char n);
unsigned int_iror(unsigned int val, unsigned char n);
unsigned long_lror(unsigned long val, unsigned char n);
```

将变量val循环右移n位。

(3) void _nop_ (void)：该函数产生一个单片机的NOP指令，用于延长一个机器周期。

(4) bit _testbit_(bit x)：该函数测试位参数x是否为1，为1则返回1，同时将该位复位为0；否则返回0。

6. 访问SFR和SFR_bit地址的头文件regxx.h

头文件reg51.h和reg52.h中定义了MCS-51系列单片机的SFR寄存器名和相关的位变量名。

9.5.4 编译预处理命令

1. 文件包含

文件包含是指一个程序文件将另一个指定文件的全部内容包含进来。文件包含命令的功能是用指定文件的全部内容替换该预处理行。

文件包含命令的一般格式为：

```
#include <文件名>   /*或 #include "文件名" */
```

2. 宏定义

宏定义命令为#define，它的作用是用一个宏定义来替换一个字符串，而这个字符串既可以是常数，也可以是其他字符串，甚至还可以是带参数的宏。

宏定义的一般格式：

```
#define 宏名 字符串
```

以一个宏名称来代表一个字符串，即当程序任何地方使用到宏名称时，则将以所代表的字符串来替换。宏的定义可以是一个常数、表达式，或含有参数的表达式，在程序中如果多次使用宏，则会占用较多的内存，但执行速度较快。

3. 条件编译

一般情况下对C语言程序进行编译时，所有的程序行都参加编译，但是有时希望对其中的一部分内容只在满足一定条件时才进行编译，这就是所谓的条件编译。条件编译可以选择不同的编译范围，从而产生不同的代码。

条件编译命令格式：

```
#if 表达式
...
#else
...
#endif
```

如果表达式成立，则编译#if 下的程序，否则编译#else 下的程序，#endif 为结束条件表达式编译。另一种格式为：

```
#ifdef 标识符          /*如果标识符已被定义过，则编译以下的程序*/
...
#ifndef 标识符         /*如果标识符未被定义过，则编译以下的程序*/
...
```

条件表达式编译通常用来调试，保留程序(但不编译)，或者在编写有两种状况需做不同处理的程序时使用。

4. 用 typedef 重新定义数据类型的名称

在 C 语言中除了可以采用前面介绍的数据类型之外，用户还可以根据自己的需要对数据类型重新定义。数据类型重新定义的方法如下：

```
typedef 已有的数据类型 新的数据类型名;
```

例如：

```
typedef bit bit;                  /*可以用 bit 作为 bit 数据类型*/
typedef bit bool;                 /*可以用 bool 作为 bit 数据类型*/
typedef unsigned char byte;       /*可以用 byte 作为 unsigned char 数据类型*/
typedef unsigned int word;        /*可以用 word 作为 unsigned int 数据类型*/
typedef unsigned long long;       /*可以用 long 作为 unsigned long 数据类型*/
```

9.6 C51 程序设计举例

【例 9-7】例 5-8 利用定时/计数器 T0 的方式 1，产生 10ms 的定时，并使 P1.0 引脚上输出周期为 20ms 的方波，采用中断方式，设系统时钟频率为 12MHz。本例以 C51 语言来实现这些功能。程序代码如下：

```
#include <reg51.h>                /*预处理命令*/
main()                       /*主函数名*/
{                           /*主函数体开始*/
   TMOD = 0x01;             /*设置 timer0 工作于工作方式 1*/
   TH0 = 0x0d8;
   TH1 = 0x0f0;               /*设置定时常数*/
   ET0 = 1;
   EA = 1;
   TR0 = 1;                    /*开定时器*/
   while(1);
}                            /*主程序结束*/
void  Timer0_int(void) interrupt using 1        /*定时中断服务函数*/
{
   TH0 = 0x0d8;
   TH1 = 0x0f0;
   P10 = !P10;
}
```

【例 9-8】按第 7 章图 7-1 所示，实现流水灯的效果。程序代码如下：

```
#include <reg51.h>              /*预处理命令*/
delay(int t)                      /*延时函数*/
{
    int i, j;                   /*采用默认的存储类型*/

    for(i=0; i<t; i++)  /*用双重空循环延时*/
        for(j=0; j<10; j++);
}
main()                          /*主函数*/
{
    unsigned char data i, s;
    while(1)            /*无穷循环*/
    {
        s = 0xfe;                   /*设置初值，最低一位为 0 */
        P1 = s;              /*P1 送出数据，令接 P1.0 的 LED 亮*/
        delay(500);
        for(i=0; i<8; i++)
        {
            s = s<<1;       /*s 值左移一位，最低位补 0 */
            s = s|0x01;       /*将最低位置 1 */
            P1 = s;         /*由 P1 送出数据，令对应的 LED 亮*/
            delay(500);
        }
    }
}
```

习　题　9

(1) 输入一行字符，统计其中有多少个单词，单词之间用空格分隔开。

(2) 从键盘输入 10 个实数，求出最大值。

(3) 从键盘输入 10 个实数，按从大到小的顺序排列起来。

(4) 用定时/计数器 T0 的方式 2，产生 100μs 的定时，并使 P1.0 引脚上输出周期为 100μs 的方波。设系统时钟频率为 12MHz。

(5) 采用如图 7-5 所示的电路，编写 C51 程序，实现数码管的动态显示。

(6) 采用如图 7-9 所示的电路，编写 C51 程序，实现按键的控制。

附录 1 MCS-51 指令表

序 号	指令助记符	操 作 数	机 器 码(H)
1	ACALL	add11	*
2	ADD	A, Rn	28~2F
3	ADD	A, direct	25 direct
4	ADD	A, @Ri	26~27
5	ADD	A, #data	24 data
6	ADDC	A, Rn	38~3F
7	ADDC	A, direct	35 direct
8	ADDC	A, @Ri	36~37
9	ADDC	A, #data	34 data
10	AJMP	add11	*
11	ANL	A, Rn	58~5F
12	ANL	A, direct	55 direct
13	ANL	A, @Ri	56~57
14	ANL	A, #data	54 data
15	ANL	direct, A	52 direct
16	ANL	direct, #data	53 direct data
17	ANL	C, bit	82 bit
18	ANL	C, /bit	B0 bit
19	CJNE	A, direct, rel	B5 direct rel
20	CJNE	A, #data, rel	B4 data rel
21	CJNE	Rn, #data, rel	B8~BF data rel
22	CJNE	@Ri, #data, rel	B6~B7 data rel
23	CLR	A	E4
24	CLR	C	C3
25	CLR	bit	C2 bit
26	CPL	A	F4
27	CPL	C	B3
28	CPL	bit	B2 bit
29	DA	A	D4
30	DEC	A	14
31	DEC	Rn	18~1F

续表

序　号	指令助记符	操 作 数	机 器 码(H)
32	DEC	direct	15 direct
33	DEC	@Ri	16~17
34	DIV	AB	84
35	DJNZ	Rn, rel	D8~DF rel
36	DJNZ	direct, rel	D5 dir rel
37	INC	A	04
38	INC	Rn	08~0F
39	INC	direct	05 direct
40	INC	@Ri	06~07
41	INC	DPTR	A3
42	JB	bit, rel	20 bit rel
43	JBC	bit, rel	21 bit rel
44	JC	rel	40 rel
45	JMP	@A+DPTR	73
46	JNB	bit, rel	30 bit rel
47	JNC	rel	50 rel
48	JNZ	rel	70 rel
49	JZ	rel	60 rel
50	LCALL	add16	12 add16
51	LJMP	add16	02 add16
52	MOV	A, Rn	E8~EF
53	MOV	A, direct	E5 direct
54	MOV	A, @Ri	E6~E7
55	MOV	A, #data	74 data
56	MOV	Rn, A	F8~FF
57	MOV	Rn, direct	A8~AF direct
58	MOV	Rn, #data	78~7F data
59	MOV	direct, A	F5 direct
60	MOV	direct, Rn	88~8F direct
61	MOV	direct1, direct2	85 direct1 direct2
62	MOV	direct, @Ri	86~87 direct
62	MOV	direct, #data	75 direct data
64	MOV	@Ri, A	F6~F7
65	MOV	@Ri, direct	A6~A7 direct
66	MOV	@Ri, #data	76~77 data

续表

序　号	指令助记符	操 作 数	机 器 码(H)
67	MOV	C, bit	A2 bit
68	MOV	bit, C	92 bit
69	MOV	DPTR, #data16	90 data16
70	MOVC	A, @A+DPTR	93
71	MOVC	A, @A+PC	83
72	MOVX	A, @Ri	E2~E3
73	MOVX	A, @ DPTR	E0
74	MOVX	@Ri, A	F2~F3
75	MOVX	@ DPTR, A	F0
76	MUL	AB	A4
77	NOP		00
78	ORL	A, Rn	48~4F
79	ORL	A, direct	45 direct
80	ORL	A, @Ri	46~47
81	ORL	A, #data	44 data
82	ORL	direct, A	42 direct
83	ORL	direct, #data	43 direct data
84	ORL	C, bit	72 bit
85	ORL	C, /bit	A0 bit
86	POP	direct	D0 direct
87	PUSH	direct	C0 direct
88	RET		22
89	RETI		32
90	RL	A	23
91	RLC	A	33
92	RR	A	03
93	RRC	A	13
94	SETB	C	D3
95	SETB	bit	D2 bit
96	SJMP	rel	80 rel
97	SUBB	A, Rn	98~9F
98	SUBB	A, direct	95 direct
99	SUBB	A, @Ri	96~97
100	SUBB	A, #data	94 data
101	SWAP	A	C4

续表

序　号	指令助记符	操 作 数	机 器 码(H)
102	XCH	A, @Rn	C8~CF
103	XCH	A, direct	C5 direct
104	XCH	A, @Ri	C6~C7
105	XCHD	A, @Ri	D6~D7
106	XRL	A, Rn	68~6F
107	XRL	A, direct	65 direct
108	XRL	A, @Ri	66~47
109	XRL	A, #data	64 data
110	XRL	direct, A	62 direct
111	XRL	direct, #data	63 direct data

MCS-51 指令系统所用的符号和含义如下。

- add11：11 位地址。
- add16：16 位地址。
- bit：位地址。
- rel：相对偏移量，为 8 位有符号数(补码形式)。
- direct：直接地址单元(RAM、SFR、I/O)。
- #data：立即数。
- Rn：工作寄存器 R0~R7。
- Ri：i=0, 1，数据指针 R0，R1。
- @：间接寻址方式，表示间接寄存器的符号。

附录2 ASCII表

高3位 低4位	000 (0H)	001 (1H)	010 (2H)	011 (3H)	100 (4H)	101 (5H)	110 (6H)	111 (7H)
0001(0H)	NUL	DLE	SP	0	@	P	`	p
0010(1H)	SOH	DC1	!	1	A	Q	a	q
0011(2H)	STX	DC2	"	2	B	R	b	r
0100(3H)	ETX	DC3	#	3	C	S	c	s
0100(4H)	EOT	DC4	$	4	D	T	d	t
0101(5H)	ENQ	NAK	%	5	E	U	e	u
0110(6H)	ACK	SYN	&	6	F	V	f	v
0111(7H)	BEL	ETB	‘	7	G	W	g	w
1000(8H)	BS	CAN	(	8	H	X	h	x
1001(9H)	HT	EM	)	9	I	Y	i	y
1010(AH)	LF	SUB	*	:	J	Z	j	z
1011(BH)	VT	ESC	+	;	K	[	k	{
1100(CH)	FF	FS	,	<	L	\	l	|
1101(DH)	CR	GS	-	=	M	]	m	}
1110(EH)	SO	RS	.	>	N	^	n	~
1111(FH)	SI	US	/	?	O	-	o	DEL

NUL	空	VT	垂直制表	SYN	空转同步
SOH	标题开始	FF	走纸控制	ETB	信息组传送结束
STX	正文开始	CR	回车	CAN	作废
ETX	正文结束	SO	移位输出	EM	纸尽
EOY	传输结束	SI	移位输入	SUB	置换
ENQ	询问字符	DLE	空格	ESC	换码
ACK	承认	DC1	设备控制 1	FS	文字分隔符
BEL	报警	DC2	设备控制 2	GS	组分隔符
BS	退一格	DC3	设备控制 3	RS	记录分隔符
HT	横向列表	DC4	设备控制 4	US	单元分隔符
LF	换行	NAK	否定	DEL	删除

参考文献

1. 李全利. 单片机原理及应用技术. 第2版. 北京：高等教育出版社，2004
2. 刘守义. 单片机应用技术. 西安：西安电子科技大学出版社，2002
3. 余锡存，曹国华编著. 单片机原理及接口技术. 西安：西安电子科技出版社，2003
4. 唐俊杰等. 微型计算机原理及应用. 北京：高等教育出版社，1993
5. 徐煜明等. 单片机原理及应用教程. 北京：电子工业出版社，2003
6. 赵佩华. 单片机接口技术及应用. 北京：机械工业出版社，2003
7. 丁元杰. 单片微机原理及应用. 第二版. 北京：机械工业出版社，2001
8. 苏平. 单片机原理与接口技术. 北京：电子工业出版社，2003
9. 眭碧霞. 单片机及其应用. 西安：西安电子科技大学出版社，2001
10. 马忠梅等. 单片机的C语言应用程序设计. 北京：北京航空航天大学出版社，1997
11. 汪德彪. MCS-51单片机原理及接口技术. 北京：电子工业出版社，2003
12. 李晓荃. 单片机原理及应用. 北京：电子工业出版社，2000
13. 张伟，王虹. 单片机原理及应用. 北京：机械工业出版社，2002
14. 张志良. 单片机原理与控制技术. 北京：机械工业出版社，2001
15. 朱定华. 单片机原理及接口技术学习辅导. 北京：电子工业出版社，2001
16. 刘国荣，梁景凯. 计算机控制技术与应用. 北京：机械工业出版社，1999
17. 何桥. 单片机原理及应用技术. 北京：中国铁道出版社，2004

读者回执卡

欢迎您立即填妥回函

您好！感谢您购买本书，请您抽出宝贵的时间填写这份回执卡，并将此页剪下寄回我公司读者服务部。
门会在以后的工作中充分考虑您的意见和建议，并将您的信息加入公司的客户档案中，以便向您提供全
的一体化服务。您享有的权益：

免费获得我公司的新书资料；
寻求解答阅读中遇到的问题；
★ 免费参加我公司组织的技术交流会及讲座；
★ 可参加不定期的促销活动，免费获取赠品；

读者基本资料

姓　　名______　性　　别□男　□女　年　　龄______
电　　话______　职　　业______　文化程度______
E-mail______　邮　　编______
通讯地址______

在您认可处打√（6至10题可多选）

您购买的图书名称是什么：______
您在何处购买的此书：______
您对电脑的掌握程度：□不懂　□基本掌握　□熟练应用　□精通某一领域
您学习此书的主要目的是：□工作需要　□个人爱好　□获得证书
您希望通过学习达到何种程度：□基本掌握　□熟练应用　□专业水平
您想学习的其他电脑知识有：□电脑入门　□操作系统　□办公软件　□多媒体设计　□编程知识　□图像设计　□网页设计　□互联网知识
影响您购买图书的因素：□书名　□作者　□出版机构　□印刷、装帧质量　□内容简介　□网络宣传　□图书定价　□书店宣传　□封面，插图及版式　□知名作家（学者）的推荐或书评　□其他
您比较喜欢哪些形式的学习方式：□看图书　□上网学习　□用教学光盘　□参加培训班
您可以接受的图书的价格是：□ 20 元以内　□ 30 元以内　□ 50 元以内　□ 100 元以内
您从何处获知本公司产品信息：□报纸、杂志　□广播、电视　□同事或朋友推荐　□网站
您对本书的满意度：□很满意　□较满意　□一般　□不满意
您对我们的建议：______

100084

贴邮票处

北京100084—157信箱

读者服务部　　收

邮政编码：□□□□□□

技术支持与课件下载：http://www.tup.com.cn　http://www.wenyuan.com.cn

读 者 服 务 邮 箱：service@wenyuan.com.cn

邮　购　电　话：(010)-62791864　(010)-62791865　(010)-62792097-220

组　稿　编　辑：石　伟

投　稿　电　话：(010)-62773995-315

投　稿　邮　箱：swolive@sina.com